职业教育职业培训 改革创新教材
全国高等职业院校、技师学院、技工及高级技工学校规划教材
电子与电气控制专业

电机调速技术与技能训练

王镇宇　王荣欣　主　编
　　　　　石志勇　副主编
李乃夫　黄晓华　主　审

电子工业出版社
Publishing House of Electronics Industry
北京·BEIJING

内 容 简 介

本书根据全国高等职业院校、技师学院"电子与电气控制专业"的教学计划和教学大纲,以"国家职业标准"为依据,按照"以工作过程为导向"的课程改革要求,以典型任务为载体,从职业分析入手,切实贯彻"管用"、"够用"、"适用"的教学指导思想,把理论教学与技能训练很好地结合起来,并按技能层次分模块逐步介绍交流、直流调速系统组成、原理等相关内容的学习和技能操作训练。本书较多地编入新技术、新设备、新工艺的内容,还介绍了许多典型的应用案例,便于读者借鉴,以缩短学校教育与企业需求之间的差距,更好地满足企业用人需求。

本书可作为高等职业院校、技师学院、技工及高级技工学校、中等职业学校电子与电气相关专业的教材,也可作为企业技师培训教材和相关设备维修技术人员的自学用书。

未经许可,不得以任何方式复制或抄袭本书之部分或全部内容。
版权所有,侵权必究。

图书在版编目(CIP)数据

电机调速技术与技能训练 / 王镇宇,王荣欣主编. —北京:电子工业出版社,2013.4
职业教育职业培训改革创新教材　全国高等职业院校、技师学院、技工及高级技工学校规划教材. 电子与电气控制专业
ISBN 978-7-121-17875-7

Ⅰ.①电… Ⅱ.①王… ②王… Ⅲ.①电机－调速－高等职业教育－教材 Ⅳ.①TM3

中国版本图书馆 CIP 数据核字(2012)第 187042 号

策划编辑:关雅莉　杨　波
责任编辑:郝黎明　文字编辑:裴　杰
印　　刷:北京七彩京通数码快印有限公司
装　　订:北京七彩京通数码快印有限公司
出版发行:电子工业出版社
北京市海淀区万寿路 173 信箱　邮编:100036
开　　本:787×1 092　1/16　印张:17.5　字数:448 千字
版　　次:2013 年 4 月第 1 版
印　　次:2024 年 12 月第 6 次印刷
定　　价:33.00 元

凡所购买电子工业出版社图书有缺损问题,请向购买书店调换。若书店售缺,请与本社发行部联系,联系及邮购电话:(010)88254888,88258888。
质量投诉请发邮件至 zlts@phei.com.cn,盗版侵权举报请发邮件至 dbqq@phei.com.cn。
本书咨询联系方式:(010)88254617,luomn@phei.com.cn。

职业教育职业培训改革创新教材
全国高等职业院校、技师学院、技工及高级技工学校规划教材
电子与电气控制专业 教材编写委员会

主任　委员：史术高　　湖南省职业技能鉴定中心（湖南省职业技术培训研究室）

副主任委员：（排名不分先后）

尹南宁	衡阳技师学院
罗亚平	衡阳技师学院
屈美凤	衡阳技师学院
许泓泉	衡阳技师学院
唐波微	衡阳技师学院
谭　勇	衡阳技师学院
彭庆丽	衡阳技师学院
王镇宇	湘潭技师学院
黄　钧	湖南省机械工业技术学院（湖南汽车技师学院）
刘紫阳	湖南省机械工业技术学院（湖南汽车技师学院）
谢红亮	湖南省机械工业技术学院（湖南汽车技师学院）
郑生明	湖南潇湘技师学院
冯友民	湖南潇湘技师学院
何跃明	郴州技师学院
刘一兵	邵阳职业技术学院
赵维城	冷水江市高级技工学校
吴春燕	冷水江市高级技工学校
李荣华	冷水江市高级技工学校
叶　谦	湖南轻工高级技工学校
凌　云	湖南工业大学
王荣欣	河北科技大学
李乃夫	广东省轻工业技师学院（广东省轻工业高级技工学校）
黄晓华	广东省南方技师学院
廖　勇	广东省南方技师学院
王　湘	永州市纺织厂

委　　　员：（排名不分先后）

刘　南	湖南省职业技能鉴定中心（湖南省职业技术培训研究室）
李辉耀	湖南省机械工业技术学院（湖南汽车技师学院）
陈锡文	湖南省机械工业技术学院（湖南汽车技师学院）
马果红	湖南省机械工业技术学院（湖南汽车技师学院）
王　炜	湖南工贸技师学院
罗少华	湘潭技师学院
苏石龙	湘潭技师学院
田海军	湘潭技师学院

陈铁军	湘潭技师学院
何钻明	郴州技师学院
黄先帜	郴州技师学院
刘志辉	郴州技师学院
刘建华	湖南轻工高级技工学校
伍爱平	湖南轻工高级技工学校
易新春	湖南轻工高级技工学校
蔡蔚蓝	湖南轻工高级技工学校
严　均	湖南轻工高级技工学校
石　冰	湖南轻工高级技工学校
徐金贵	冷水江市高级技工学校
刘矫健	邵阳市商业技工学校
王向东	邵阳市高级技工学校
刘石岩	邵阳市高级技工学校
何利民	湖南省煤业集团资兴矿区安全生产管理局
唐湘生	锡矿山闪星锑业有限责任公司
唐祥龙	湖南山立水电设备制造有限公司
石志勇	广东省技师学院
梁永昌	茂名市第二高级技工学校
刘坤林	茂名市第二高级技工学校
卢文升	揭阳捷和职业技术学校
李　明	湛江机电学校
刘竹明	湛江机电学校
魏林安	临洮县玉井职业中专
郭志元	古浪县黄羊川职业技术中学
王为民	广东省技师学院
徐湘和	湖南郴州技师学院
耿立迎	肥城市高级技工学校

秘　书　处：刘　南　杨　波　刘学清

出版说明

百年大计,教育为本。教育是民族振兴、社会进步的基石,是提高国民素质、促进人的全面发展的根本途径,寄托着亿万家庭对美好生活的期盼。2010年7月,国务院颁发了《国家中长期教育改革和发展规划纲要(2010—2020年)》。这份《纲要》把"坚持能力为重"放在了战略主题的位置,指出教育要"优化知识结构,丰富社会实践,强化能力培养。着力提高学生的学习能力、实践能力、创新能力,教育学生学会知识技能,学会动手动脑,学会生存生活,学会做人做事,促进学生主动适应社会,开创美好未来。"这对学生的职前教育、职后培训都提出了更高的要求,需要建立和完善多层次、高质量的职业培养机制。

为了贯彻落实党中央、国务院关于大力发展高等职业教育、培养高等技术应用型人才的战略部署,解决技师学院、技工及高级技工学校、高职高专院校缺乏实用性教材的问题,我们根据企业工作岗位要求和院校的教学需要,充分汲取技师学院、技工及高级技工学校、高职高专院校在探索、培养技能应用型人才方面取得的成功经验和教学成果,组织编写了本套"全国高等职业院校、技师学院、技工及高级技工学校规划教材"丛书。在组织编写中,我们力求使这套教材具有以下特点。

以促进就业为导向,突出能力培养:学生培养以就业为导向,以能力为本位,注重培养学生的专业能力、方法能力和社会能力,教育学生养成良好的职业行为、职业道德、职业精神、职业素养和社会责任。

以职业生涯发展为目标,明确专业定位:专业定位立足于学生职业生涯发展,突出学以致用,并给学生提供多种选择方向,使学生的个性发展与工作岗位需要一致,为学生的职业生涯和全面发展奠定基础。

以职业活动为核心,确定课程设置:课程设置与职业活动紧密关联,打破"三段式"与"学科本位"的课程模式,摆脱学科课程的思想束缚,以国家职业标准为基础,从职业(岗位)分析入手,围绕职业活动中典型工作任务的技能和知识点,设置课程并构建课程内容体系,体现技能训练的针对性,突出实用性和针对性,体现"学中做"、"做中学",实现从学习者到工作者的角色转换。

以典型工作任务为载体,设计课程内容:课程内容要按照工作任务和工作过程的逻辑关系进行设计,体现综合职业能力的培养。依据职业能力,整合相应的知识、技能及职业素养,实现理论与实践的有机融合。注重在职业情境中能力的养成,培养学生分析问题、解决问题的综合能力。同时，课程内容要反映专业领域的新知识、新技术、新设备、新工艺和新方法，突出教材的先进性，更多地将新技术融入其中，以期缩短学校教育与企业需要之间的差距，更好地满足企业用人的需要

以学生为中心，实施模块教学：教学活动以学生为中心、以模块教学形式进行设计和组织。围绕专业培养目标和课程内容，构建工作任务与知识、技能紧密关联的教学单元模块，为学生提供体验完整工作过程的模块式课程体系。优化模块教学内容，实现情境教学，融合课堂教学、动手实操和模拟实验于一体，突出实践性教学，淡化理论教学，采用"教"、"学"、"做"相结合的"一体化教学"模式，以培养学生的能力为中心，注重实用性、操作性、科学性。模块与模块之间层层递进、相互支撑，贯彻以技能训练为主线、相关知识为支撑的编写思路，切实落实"管用"、"够用"、"适用"的教学指导思想。以实际案例为切入点，并尽量采用以图代文的编写形式，降低学习难度，提高学生的学习兴趣。

此次出版的"全国高等职业院校、技师学院、技工及高级技工学校规划教材"丛书，是电子工业出版社作为国家规划教材出版基地，贯彻落实全国教育工作会议精神和《国家中长期教育改革和发展规划纲要（2010—2020年）》，对职业教育理念探索和实践的又一步，希望能为提升广大学生的就业竞争力和就业质量尽自己的绵薄之力。

电子工业出版社　职业教育分社
2012年8月

前　言

本书根据全国高等职业院校、技师学院"电子与电气控制专业"的教学计划和教学大纲，以"国家职业标准"为依据，按照"以工作过程为导向"的课程改革要求，以典型任务为载体，从职业分析入手，切实贯彻"管用"、"够用"、"适用"的教学指导思想，把理论教学与技能训练很好地结合起来，并按技能层次分模块逐步介绍交流、直流调速系统组成、原理等相关内容的学习和技能操作训练。本书较多地编入新技术、新设备、新工艺的内容，还介绍了许多典型的应用案例，便于读者借鉴，以缩短学校教育与企业需求之间的差距，更好地满足企业用人需求。

本书可作为高等职业院校、技师学院、技工及高级技工学校、中等职业学校电子与电气相关专业的教材，也可作为企业技师培训教材和相关设备维修技术人员的自学用书。

本书的编写符合职业学校学生的认知和技能学习规律，形式新颖，职教特色明显；在保证知识体系完备、脉络清晰、论述精准深刻的同时，尤其注重培养读者的实际动手能力和企业岗位技能的应用能力，并结合大量的工程案例和项目来使读者更进一步灵活掌握及应用相关的技能。

● **本书内容**

全书分为 3 篇包括 18 个任务、20 个实训，内容由浅入深，全面覆盖了交流、直流调速系统的知识及相关的操作技能实训。第一篇电力电子技术，主要介绍电力电子器件及其驱动和保护，交流—直流（AD-DC）变换，直流—直流（DC-DC）变换；第二篇直流电机调速技术，主要介绍直流电机的原理和结构，直流电机的继电控制，单闭环直流调速系统，速度、电流双闭环直流调速系统，开环直流脉宽调速系统，集成电路 PWM 调速，单片机控制的 PWM 直流可逆调速系统；第三篇交流电机调速技术，主要介绍三相交流异步电机的调速，多速异步电动机的控制线路，绕线转子异步电动机的控制线路，通用变频器的基础知识和控制原理，变频器的多段调速及应用，变频器的 PID 控制及应用，PLC 的 PID 控制及应用。本书附录还介绍了可控整流电路的调试步骤和方法。

● **配套教学资源**

本书提供了配套的立体化教学资源，包括专业建设方案、教学指南、电子教案等必需的文件，读者可以通过华信教育资源网（www.hxedu.com.cn）下载使用或与电子工业出版社联系（E-mail：yangbo@phei.com.cn）。

● **本书主编**

本书由湘潭技师学院王镇宇、河北科技大学王荣欣主编，广东省技师学院石志勇副主编，广东省轻工业技师学院（广东省轻工业高级技工学校）李乃夫、广东省南方技师学院黄晓华主审，湘潭技师学院罗少华、苏石龙、田海军、陈铁军等参与编写。由于时间仓促，作者水平有限，书中错漏之处在所难免，恳请广大读者批评指正。

● **特别鸣谢**

特别鸣谢湖南省人力资源和社会保障厅职业技能鉴定中心、湖南省职业技术培训研究室对本书编写工作的大力支持，并同时鸣谢湖南省职业技能鉴定中心（湖南省职业技术培训研究室）史术高、刘南对本书进行了认真的审校及建议。

主　编

2013 年 3 月

目 录

第一篇 电力电子技术

任务一 电力电子器件 ·· 3
    1.1 不可控型器件——电力二极管 ·· 4
    1.2 半控型器件——晶闸管 ·· 8
    1.3 典型全控型器件 ·· 15
    实训 1 电力电子器件的认识与判别 ·· 26
任务二 电力电子器件的驱动和保护 ·· 31
    2.1 晶闸管的触发电路 ·· 31
    2.2 全控型器件的驱动电路 ·· 40
    2.3 电力电子器件的保护 ·· 47
    实训 2 触发电路安装与测试 ·· 54
    实训 3 驱动电路安装与测试 ·· 58
任务三 交流-直流（AC-DC）变换 ·· 62
    3.1 单相可控整流电路 ·· 62
    3.2 三相可控整流电路 ·· 71
    实训 4 单相桥式全控整流电路 ·· 82
    实训 5 三相桥式全控整流电路 ·· 86
任务四 直流-直流（DC-DC）变换 ·· 91
    实训 6 直流斩波电路 ·· 94

第二篇 直流电机技术

任务一 直流电机的原理和结构 ·· 98
    1.1 直流电机的种类及其特性 ·· 98
    1.2 直流电机的结构 ·· 100
    1.3 直流电机的工作原理 ·· 103
    1.4 直流电动机的铭牌 ·· 105

		实训 7 直流电机的拆装 ··· 105
任务二	直流电机的继电控制 ·· 108	
	2.1	并励直流电动机的基本控制线路 ··· 108
	2.2	串励直流电动机的基本控制线路 ··· 110
		实训 8 安装调试并检修并励直流电动机正反转及能耗制动控制线路 ······ 114
任务三	单闭环直流调速系统分析调试与维护 ·· 117	
	3.1	调速的基本概念和方法 ··· 117
	3.2	电气调速系统性能指标 ··· 117
	3.3	直流调速的三种基本方法 ··· 119
	3.4	单闭环有静差直流调速系统 ··· 120
	3.5	转速负反馈有静差调速系统 ··· 122
	3.6	单闭环调速系统的限流保护——电流截止负反馈 ························ 124
	3.7	单闭环无静差调速系统 ··· 125
		实训 9 单闭环直流调速系统调试 ·· 126
任务四	速度、电流双闭环直流调速系统 ··· 129	
	4.1	单闭环调速系统存在的问题 ··· 129
	4.2	转速、电流双闭环调速系统的组成 ··· 129
	4.3	双闭环调速系统的静特性 ··· 130
	4.4	系统各变量的稳态工作点和稳态参数计算 ································· 131
	4.5	双闭环调速系统动态特性 ··· 132
		实训 10 双闭环直流调速系统调试 ·· 134
任务五	PWM 控制技术 ··· 138	
	5.1	PWM 控制的基本原理 ·· 138
	5.2	PWM 逆变电路及其控制方法 ·· 139
	5.3	PWM 跟踪控制技术 ·· 151
	5.4	PWM 整流电路及其控制方法 ·· 154
		实训 11 开环直流脉宽调速系统 ·· 157
任务六	集成电路 PWM 调速 ··· 162	
	6.1	SG3525A 脉宽调制器控制电路简介 ··· 162
	6.2	直流脉宽调速主电路 ·· 167
	6.3	脉宽调速系统的开环机械特性 ··· 170
	6.4	直流脉宽调速逻辑延时环节 ··· 171
		实训 12 闭环可逆直流脉宽调速系统 ·· 171
任务七	单片机控制的 PWM 直流可逆调速系统 ·· 178	
	7.1	系统总体设计框图及单片机系统 ·· 178
	7.2	PWM 信号发生电路 ··· 183
	7.3	功率放大驱动电路 ·· 187
	7.4	主电路设计 ··· 188

7.5 测速发电机 190
7.6 滤波电路 191
7.7 A/D 转换 191
7.8 系统软件部分的设计 192

第三篇　交流电机调速技术

任务一　三相交流异步电动机的调速 197
 1.1　调速的原理 197
 1.2　调速的基本方法 197
任务二　多速异步电动机的控制线路 200
 2.1　双速异步电动机的控制线路 200
 2.2　三速异步电动机的控制线路 202
 实训 13　安装与检修时间继电器控制双速电动机的控制线路 204
任务三　绕线转子异步电动机的控制线路 206
 3.1　转子绕组串接电阻启动控制线路 206
 3.2　转子绕组串接频敏变阻器启动控制线路 210
 3.3　凸轮控制器控制线路 212
 实训 14　安装与检修绕线转子异步电动机 214
任务四　通用变频器的基础知识和控制原理 217
 4.1　变频器及其分类 217
 4.2　通用变频器的基本结构 218
 4.3　变频器的工作原理和功能 220
 实训 15　变频器功能参数设置与操作 228
 实训 16　三相异步电机的变频开环调速 230
任务五　变频器的多段调速及应用 232
 5.1　变频器的多段调速 232
 5.2　注意事项 233
 5.3　PLC 控制系统实现电机的多段速度运行应用实例 233
 实训 17　电梯轿厢开关门控制系统 236
任务六　变频器的 PID 控制及应用 241
 6.1　PID 控制概述 241
 6.2　变频器的 PID 功能 242
 6.3　PID 控制实例 245
 实训 18　变频器 PID 控制的恒压供水系统 247
任务七　PLC 的 PID 控制及应用 251
 7.1　PLC 的 PID 指令 251
 7.2　摸拟输入/输出模块 FX_{0N}—3A 252

实训 19　基于 PLC 模拟量方式的变频器闭环调速 ········· 254
实训 20　PLC 的 PID 控制的恒压供水系统 ········· 256

附录 A　可控整流电路的调试步骤和方法

A.1　晶闸管整流电路的主要调试步骤 ········· 261
A.2　调试的主要方法和常见问题 ········· 263

第一篇
电力电子技术

电力电子技术是 20 世纪后半叶诞生和发展的一门崭新的技术。随着 21 世纪电力电子技术的迅猛发展，电力电子技术与运动控制、计算机技术已经成为当今科学技术的两大支柱。电力电子技术的应用范围十分广泛。它不仅广泛应用于工矿企业，也广泛应用于交通运输、电力系统、通信系统、计算机系统、新能源系统等，在照明、空调等家用电器及其他领域中也有着广泛的应用。

电力电子技术是建立在电子学、电工原理和自动控制三大学科上的新兴学科，它是大功率的电子技术，是使用电力电子器件对电能进行变换和控制的技术，即应用于电力拖动、电力电源之电力领域的电子技术。电力电子技术变换的"电力"可大到数百兆瓦甚至吉瓦，也可小到数瓦甚至毫瓦。与电子技术不同，电力电子技术变换的电能是作为能源而不是作为信息传输的载体。电力电子技术是电气工程学科中最为活跃的一个分支。

电力电子技术在电气工程中的应用：高压直流输电、静止无功补偿、电力机车牵引、交直流电力传动、电解、电镀、电加热、高性能交直流电源。

电力电子技术的作用如下。

（1）优化电能使用。通过电力电子技术对电能的处理，使电能的使用达到合理、高效和节约，实现了电能使用最佳化。例如，在节电方面，针对风机水泵、电力牵引、轧机冶炼、轻工造纸、工业窑炉、感应加热、电焊、化工、电解等 14 个方面的调查，潜在节电总量相当于 1990 年全国发电量的 16%，所以，推广应用电力电子技术是节能的一项战略措施，一般节能效果可达 10%～40%，我国已将许多装置列入节能的推广应用项目。

（2）改造传统产业和发展机电一体化等新兴产业。据发达国家预测，今后将有 95%的电能要经电力电子技术处理后再使用，即工业和民用的各种机电设备中，有 95%与电力电子产业有关，特别是，电力电子技术是弱电控制强电的媒体，是机电设备与计算机之间的重要接口，它为传统产业和新兴产业采用微电子技术创造了条件，成为发挥计算机作用的保证和基础。

（3）电力电子技术高频化和变频技术的发展，将使机电设备突破工频传统，向高频化方向发展。实现最佳工作效率，将使机电设备的体积减小几倍、几十倍，响应速度达到高速化，并能适应任何基准信号，实现无噪声且具有全新的功能和用途。

（4）电力电子智能化的进展，在一定程度上将信息处理与功率处理合一，使微电子技术与电力电子技术一体化，其发展有可能引起电子技术的重大改革。有人甚至提出，电子学的下一项革命将发生在以工业设备和电网为对象的电子技术应用领域，电力电子技术将把人们带到第二次电子革命的边缘。

任务一　电力电子器件

电力电子器件（Power Electronic Device）又称为功率半导体器件，用于电能变换和电能控制电路中的大功率（通常指电流为数十至数千安，电压为数百伏以上）的电子器件。

同处理信息的电子器件相比，电力电子器件的一般特征如下：

（1）能处理电功率的能力，一般远大于处理信息的电子器件。

（2）电力电子器件一般都工作在开关状态。

（3）电力电子器件往往需要由信息电子电路来控制。

（4）电力电子器件自身的功率损耗远大于信息电子器件，一般都要安装散热器。

电力电子系统由控制电路、驱动电路和以电力电子器件为核心的主电路组成如图 1-1-1 所示。

控制电路按系统的工作要求形成控制信号，通过驱动电路去控制主电路中电力电子器件的通或断，来完成整个系统的功能。

有的电力电子系统中，还需要有检测电路，对主电路某些参数进行检测并加以控制。

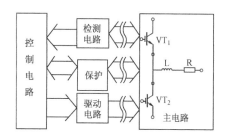

图 1-1-1　电力电子系统的组成

主电路中的电压和电流一般都较大，而控制电路的元器件只能承受较小的电压和电流，因此，在主电路和控制电路连接的路径上，如驱动电路与主电路的连接处或者驱动电路与控制信号的连接处，以及主电路与检测电路的连接处，一般需要进行电气隔离，而通过其他手段，如光、磁等来传递信号。

由于主电路中往往有电压和电流的过冲，而电力电子器件一般比主电路中普通的元器件要昂贵，但承受过电压和过电流的能力却要差一些，因此，在主电路和控制电路中附加一些保护电路，以保证电力电子器件和整个电力电子系统正常可靠运行，这往往是非常必要的。

器件一般有三个端子（或称极），其中两个连接在主电路中，而第三端称为控制端（或控制极）。器件通断是通过在其控制端和一个主电路端子之间加一定的信号来控制的，这个主电路端子是驱动电路和主电路的公共端，一般是主电路电流流出器件的端子。

按照器件能够被控制的程度，电力电子器件分为以下三类。

（1）半控型器件——通过控制信号可以控制其导通而不能控制其关断。例如，晶闸管（Thyristor）及其大部分派生器件就是半控型器件，器件的关断由其在主电路中承受的电压和电流决定。

（2）全控型器件——通过控制信号既可控制其导通又可控制其关断，又称为自关断器件。例如，绝缘栅双极晶体管（Insulated-Gate Bipolar Transistor，IGBT）、电力场效应晶体管（Power MOSFET，电力 MOSFET）、门极可关断晶闸管（Gate-Turn-Off Thyristor，GTO）等。

（3）不可控型器件——不能用控制信号来控制其通断，因此也就不需要驱动电路。例如，电力二极管（Power Diode），只有两个端子，器件的通和断由其在主电路中承受的电压和电流来决定。

按照驱动电路信号的性质，分为以下两类。

（1）电流驱动型——通过从控制端注入或者抽出电流来实现导通或者关断的控制。

（2）电压驱动型——仅通过在控制端和公共端之间施加一定的电压信号就可实现导通或者关断的控制。

一个理想的功率半导体器件，应该具有好的静态和动态特性，在截止状态时能承受高电压且漏电流要小；在导通状态时，能流过大电流和很低的管压降；在开关转换时，具有短的开、关时间；通态损耗、断态损耗和开关损耗均要小，同时能承受高的 dI/dt 和 dU/dt，以及具有全控功能。

1.1 不可控型器件——电力二极管

1.1.1 电力二极管的结构

电力二极管从结构上看是一个面积较大的 PN 结构成的二端半导体器件。因此，它与普通二极管一样具有 PN 结的基本特性。

从外部构成看，也分成管芯和散热器两部分。这是由于二极管工作时管芯中要通过强大的电流，而 PN 结又有一定的正向电阻，管芯要因损耗而发热。为了管芯的冷却，必须配备散热器。一般情况下，200A 以下的管芯采用螺旋型，200A 以上则采用平板型。多个电力二极管以一定结构形式封装在一起而成为模块结构。

图 1-1-2 为电力二极管的外形、结构和电气图形符号及模块外形。

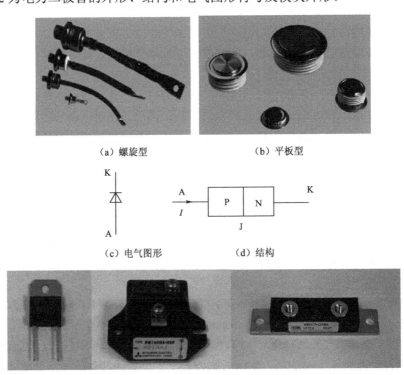

图 1-1-2 电力二极管的外形、结构和电气图形符号及模块外形

1.1.2 电力二极管的基本特性

1. 电力二极管的伏安特性(静态特性)

电力二极管的阳极和阴极间的电压 U_{AK} 与阳极电流 I_A 之间的关系称为伏安特性,如图 1-1-3 所示。第Ⅰ象限为正向特性区,表现为正向导通状态;第Ⅲ象限为反向特性区,表现为反向阻断状态。

当电力二极管承受的正向电压大到一定值(门槛电压 U_{TO})时,正向电流才开始明显增加,处于稳定导通状态。与正向平均电流 I_F 对应的电力二极管两端的电压 U_F 即为其正向压降。当电力二极管承受反向电压时,只有少子引起的微小而数值恒定的反向漏电流。

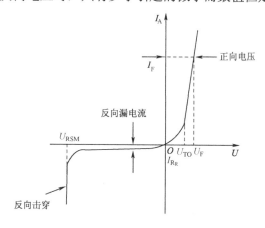

图 1-1-3 电力二极管的伏安特性

2. 电力二极管的开通、关断特性(动态特性)

因结电容的存在,开关状态之间的转换必然有一个过渡过程,此过程中的电压-电流特性是随时间变化的,因此电力二极管具有延迟导通和延迟关断的特征,关断时会出现瞬时反向电流和瞬时反向过电压。

1)电力二极管的开通过程

电力二极管的开通需要一定的过程,初期出现较高的瞬态压降,经过一段时间后才达到稳定,且导通压降很小。图 1-1-4 为电力二极管的正向恢复特性曲线。由图 1-1-4 可见,在正向恢复时间 t_{fr} 内,正在开通的电力二极管上承受的峰值电压 U_{FP} 比稳态管压降高得多,在有些二极管中的峰值电压可达几十伏。

2)电力二极管的关断过程

电力二极管关断时须经过一段短暂的时间才能重新获得反向阻断能力,进入截止状态在关断之前有较大的反向电流出现,并伴随有明显的反向电压过冲。其反向恢复过程中的电流和电压波形如图 1-1-5 所示。

电力二极管应用在低频整流电路时可不考虑其动态过程,但在高频逆变器、高频整流器、缓冲电路等频率较高的电力电子电路中就要考虑电力二极管的开通、关断等动态过程。

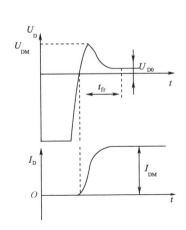 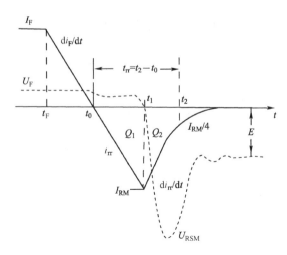

图 1-1-4　电力二极管的正向恢复特性曲线　　图 1-1-5　反向恢复过程中的电压、电流波形

1.1.3　电力二极管的主要参数

1．正向平均电流（额定电流）$I_{F(AV)}$

正向平均电流是指在规定+40℃的环境温度和标准散热条件下，元件结温达额定且稳定时，允许长时间连续流过工频正弦半波电流的平均值。将此电流整化到等于或小于规定的电流等级，则为该二极管的额定电流。在选用大功率二极管时，应按元件允许通过的电流有效值来选取。对应额定电流 $I_{F(AV)}$ 的有效值为 $1.57 I_{DM}$ 其中 I_{DM} 为电力二极管所流过的最大有效值电流。

2．反向重复峰值电压（额定电压）U_{RRM}

在额定结温条件下，元件反向伏安特性曲线（第Ⅲ象限）急剧拐弯处所对应的反向峰值电压，称为反向不重复峰值电压 U_{RSM}。反向不重复峰值电压值的 80% 称为反向重复峰值电压 U_{RRM}。再将 U_{RRM} 整化到等于或小于该值的电压等级，即为元件的额定电压。

3．反向漏电流 I_{RR}

对应于反向重复峰值电压 U_{RRM} 下的平均漏电流，称为反向重复平均电流 I_{RR}。

4．正向压降 U_F

在规定的+40℃环境温度和标准的散热条件下，元件通过工频正弦半波额定正向平均电流时，元件阳、阴极间电压的平均值，有时又称为管压降。元件发热和损耗与 U_F 有关，一般应选用管压降小的元件以降低元件的导通损耗。

5．最高工作结温 T_{JM}

结温是指管芯 PN 结的平均温度，用 T_J 表示。最高工作结温 T_{JM} 是指在 PN 结不致损坏的前提下所能承受的最高平均温度。

任务一 电力电子器件

T_{JM} 通常在 125～175℃范围内。

6. 反向恢复时间 t_{rr}

$t_{rr} = t_d + t_f$，在关断过程中，电流降到 0 起到恢复反向阻断能力止的时间。

7. 大功率二极管的型号

普通型大功率二极管的型号用 ZP 表示，其中，Z 代表整流特性，P 为普通型。普通型大功率二极管型号可表示如下：

ZP[电流等级]—[电压等级/100][通态平均电压组别]

如型号为 ZP50—16 的大功率二极管表示：普通型大功率二极管，额定电流为 50A，额定电压为 1600V。

1.1.4 电力二极管的主要类型

在实际应用时，应根据不同场合的不同要求，选择在正向压降、反向耐压、反向漏电流、反向恢复特性等方面符合要求的电力二极管。

性能上的不同是由半导体物理结构和工艺上的差别造成的。

1. 普通二极管（General Purpose Diode）

普通二极管又称为整流二极管（Rectifier Diode），多用于开关频率不高（1kHz 以下）的整流电路中。其反向恢复时间较长（反向恢复时间为 2～5μs，这在开关频率不高时并不重要），但其正向额定电流和反向额定电压却可以达到很高，分别可达数千安和数千伏。

2. 快速恢复二极管（Fast Recovery Diode，FRD）

恢复过程很短，特别是反向恢复过程很短（一般在 5μs 以下）的二极管称为快速恢复二极管，简称快速二极管，在工艺上多采用了掺金措施，有的采用 PN 结型结构，有的采用改进的 PiN 结构。采用外延型 PiN 结构的快恢复外延二极管（Fast Recovery Epitaxial Diodes，FRED），其反向恢复时间更短（可低于 50ns），正向压降也很低（0.9V 左右），但其反向耐压多在 400V 以下，从性能上可分为快速恢复和超快速恢复两个等级。前者反向恢复时间为数百纳秒或更长，后者则在 100ns 以下，甚至达到 20～30ns。快速二极管的正向恢复特性，如图 1-1-6 所示。

3. 肖特基二极管

以金属和半导体接触形成的势垒为基础的二极管称为肖特基势垒二极管（Schottky Barrier Diode，SBD），简称肖特基二极管。肖特基二极管在信息电子电路中早就得到了应用，但直到 20 世纪 80 年代以来，由于工艺的发展得以在电力电子电路中广泛应用。

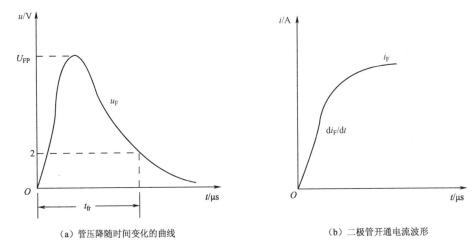

(a) 管压降随时间变化的曲线　　　　　　(b) 二极管开通电流波形

图 1-1-6　快速二极管的正向恢复特性

1）肖特基二极管的优点

（1）反向恢复时间很短（10～40ns）；

（2）在正向恢复过程中不会有明显的电压过冲；

（3）在反向耐压较低的情况下其正向压降也很小，明显低于快速恢复二极管；

（4）其开关损耗和正向导通损耗都比快速二极管还要小，效率高。

2）肖特基二极管的弱点

（1）当反向耐压提高时，其正向压降也会高得不能满足要求，因此多用于 200V 以下；

（2）反向漏电流较大且对温度敏感，因此反向稳态损耗不能忽略，而且必须更严格地限制其工作温度。

1.2　半控型器件——晶闸管

晶闸管（Thyristor）是硅晶体闸流管的简称，又称为可控硅整流器（Silicon Controlled Rectifier，SCR）。1956 年美国贝尔实验室发明了晶闸管，从而开辟了电力电子技术迅速发展和广泛应用的崭新时代，虽然 20 世纪 80 年代以来，开始被性能更好的全控型器件取代，但其能承受的电压和电流容量最高，工作可靠，因此在大容量的场合仍具有重要地位，目前仍是使用量最多、应用最广泛的电力器件。

1.2.1　晶闸管的结构

晶闸管是大功率的半导体器件，从总体结构上看，其外形有螺栓型和平板型两种封装。引出阳极 A、阴极 K 和门极 G（控制端）三个连接端。螺栓型封装，通常螺栓是其阳极，能与散热器紧密连接且安装方便；平板型封装的晶闸管由两个散热器将其夹在中间。

图 1-1-7 为晶闸管的外形、电气图形符号和模块外形。

任务一 电力电子器件

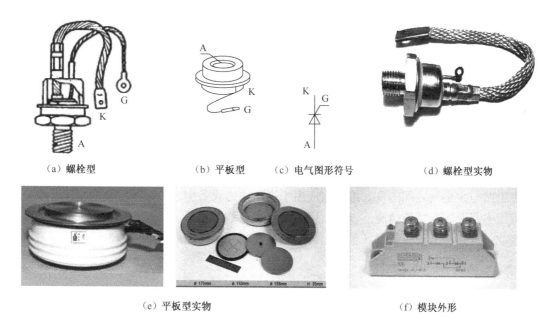

(a) 螺栓型　　　(b) 平板型　(c) 电气图形符号　　　(d) 螺栓型实物

(e) 平板型实物　　　　　　　(f) 模块外形

图 1-1-7　晶闸管的外形、电气图形符号和模块外形

1.2.2　晶闸管的结构与工作原理

晶闸管是一个四层（P1—N1—P2—N2）三端（A、K、G）的功率半导体器件，其内部结构与等效复合三极管效应，如图 1-1-8 所示。

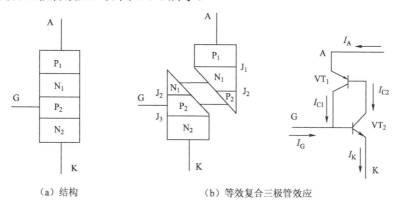

(a) 结构　　　　　　　(b) 等效复合三极管效应

图 1-1-8　晶闸管的结构与等效复合三极管效应

可以看出，两个晶体管连接的特点是，一个晶体管的集电极电流就是另一个晶体管的基极电流，当有足够的门极电流 I_G 流入时，两个相互复合的晶体管电路就会形成强烈的正反馈，导致两个晶体管饱和导通，即晶闸管的导通。

如果晶闸管承受的是反向阳极电压，由于等效晶体管 VT_1、VT_2 均处于反压状态，即使有无门极电流 I_G，晶闸管都不能导通。

因此，得出以下结论。

（1）当晶闸管 A-K 承受反向电压时，不论门极是否有触发电流，晶闸管都不会导通。

（2）当晶体闸管 A-K 承受正向电压时，仅在门极有触发电流的情况下晶闸管才能开通。

故使晶闸管导通的门极电压不必是一个持续的直流电压,只要是一个具有一定宽度的正向脉冲电压即可,脉冲的宽度与晶闸管的开通特性及负载性质有关。这个脉冲常称为触发脉冲。

(3) 晶闸管一旦导通,门极就失去控制作用。

(4) 要使晶闸管关断,只能使晶闸管的电流降到接近于零的某一数值以下。这可以通过增大负载电阻,降低阳极电压至接近于零或施加反向阳极电压来实现。这个能保持晶闸管导通的最小电流称为维持电流,是晶闸管的一个重要参数。

其他几种可能导通的情况:阳极电压升高至相当高的数值造成雪崩效应;阳极电压上升率 du/dt 过高;结温较高;光直接照射硅片,即光触发。在这些情况中,除了光触发可以保证控制电路与主电路之间的良好绝缘而应用于高压电力设备中之外,对于其他情况,在晶闸管的应用中都要采取预防措施,以免出现晶闸管误导通的状况。

因此只有晶闸管门极触发(包括光触发)是最精确、迅速而可靠的控制手段。

1.2.3 晶闸管的基本特性

1. 静态特性

静态特性又称为伏安特性,是指器件端电压与电流的关系。图 1-1-9 为晶闸管的伏安特性。

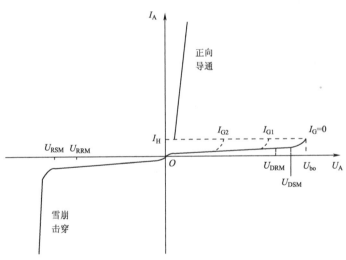

图 1-1-9 晶闸管的伏安特性($I_{G2}>I_{G1}>I_G$)

1) 第 I 象限的是正向特性

当 $I_G=0$ 时,器件两端施加正向电压,只有很小的正向漏电流,为正向阻断状态。正向电压超过正向转折电压 U_{bo},则电流急剧增大,器件开通。随着门极电流幅值的增大,正向转折电压降低。晶闸管本身的压降很小,在 1V 左右。导通期间,如果门极电流为零,并且阳极电流降至接近于零的某一数值 I_H 以下,则晶闸管又回到正向阻断状态。I_H 称为维持电流。

2) 第 III 象限的是反向特性

在晶闸管上施加反向电压时,其反向特性类似二极管的反向特性。在反向阻断状态时,只有极小的反相漏电流流过。当反向电压达到反向击穿电压后,可能导致晶闸管发热损坏。

2. 动态特性

晶闸管常应用于低频的相控电力电子电路,有时也在高频电力电子电路中得到应用,如逆变器等。在高频电路应用时,需要严格地考虑晶闸管的开关特性,即开通特性和关断特性。晶闸管的动态过程及相应的损耗,如图1-1-10所示。

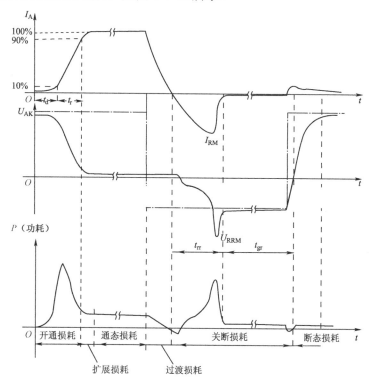

图 1-1-10　晶闸管的动态过程及相应的损耗

1）开通过程

晶闸管由截止转为导通的过程称为开通过程。

(1) 延迟时间 t_d:从门极电流阶跃时刻开始,到阳极电流上升到稳态值的10%的时间。

(2) 上升时间 t_r:阳极电流从10%上升到稳态值的90%所需的时间。

(3) 开通时间 t_{gt}:以上两者之和,即 $t_{gt}= t_d + t_r$。

延迟时间随门极电流的增大而减少,延迟时间和上升时间随阳极电压上升而下降。

普通晶闸管延迟时间为 0.5～1.5μs,上升时间为 0.5～3μs。

2）关断过程

通常采用外加反压的方法将已导通的晶闸管关断。反压可利用电源、负载和辅助换流电路来提供。

(1) 反向阻断恢复时间 t_{rr}:正向电流降为零到反向恢复电流衰减至接近于零的时间。

(2) 正向阻断恢复时间 t_{gr}:晶闸管要恢复其对正向电压的阻断能力还需要的一段时间。在正向阻断恢复时间内如果重新对晶闸管施加正向电压,晶闸管会重新正向导通。

在实际应用中，应对晶闸管施加足够长时间的反向电压，使晶闸管充分恢复其对正向电压的阻断能力，电路才能可靠工作。

关断时间 t_q 为 t_{rr} 与 t_{gr} 之和，即 $t_q=t_{rr}+t_{gr}$。普通晶闸管的关断时间约为几百微秒。

1.2.4 晶闸管的主要参数

要正确使用一个晶闸管，除了了解晶闸管的静态、动态特性外，还必须定量地掌握晶闸管的一些主要参数。

1. 电压参数

1）断态重复峰值电压 U_{DRM}

在门极断路而结温为额定值时，允许重复加在器件上的正向峰值电压。

2）反向重复峰值电压 U_{RRM}

在门极断路而结温为额定值时，允许重复加在器件上的反向峰值电压。

3）通态平均电压 $U_{T(AV)}$

通态平均电压是指在晶闸管通过单相工频正弦半波电流，在额定结温、额定平均电流下，晶闸管阳极与阴极间电压的平均值，又称为管压降。在晶闸管型号中，常按通态平均电压的数值进行分组，以大写英文字母 A～I 表示。通态平均电压影响元件的损耗与发热，应该选用管压降小的元件来使用。

4）晶闸管的额定电压 U_R

通常取晶闸管的 U_{DRM} 和 U_{RRM} 中较小的标值，并整化至等于或小于该值的规定电压等级来作为该器件的额定电压。额定电压在 1000V 以下是每 100V 一个电压等级，1000～3000V 则是每 200V 一个电压等级。选用时，额定电压要留有一定裕量，一般取额定电压为正常工作时晶闸管所承受峰值电压的 2～3 倍。

2. 电流参数

1）通态平均电流 $I_{T(AV)}$（额定电流）

晶闸管在环境温度为 40℃和规定的冷却状态下，稳定结温不超过额定结温时所允许流过的最大工频正弦半波电流的平均值。选用晶闸管时应根据有效电流相等的原则来确定晶闸管的额定电流。由于晶闸管的过载能力小，为保证安全可靠工作，所选用晶闸管的额定电流 $I_{T(AV)}$ 应使其对应有效值电流为实际流过电流有效值的 1.5～2 倍。按晶闸管额定电流的定义，一个额定电流为 100A 的晶闸管，其允许通过的电流有效值为 157A。晶闸管额定电流的选择可按下式计算：

$$I_{T(AV)}=\frac{1.5\sim 2}{1.57}I_T$$

式中　I_T——电流有效值。

2）维持电流 I_H

维持电流是使晶闸管维持导通所必需的最小电流，一般为几十到几百毫安，与结温有关，结温越高，则 I_H 越小，晶闸管越难关断。

3）擎住电流 I_L

擎住电流是指晶闸管刚从断态转入通态并移除触发信号后，能维持导通所需的最小电流。

对同一晶闸管来说，通常 I_L 为 I_H 的 2~4 倍。

4）浪涌电流 I_{TSM}

浪涌电流是指电路异常情况引起的并使结温超过额定结温的不重复性最大正向过载电流。

3．动态参数

除开通时间 t_{gt} 和关断时间 t_q 外，还有以下两种。

1）断态电压临界上升率 du/dt

断态电压临界上升率是指在额定结温和门极开路的情况下，不导致晶闸管从断态到通态转换的外加电压的最大上升率。电压上升率过大，使充电电流足够大，就会使晶闸管误导通。

2）通态电流临界上升率 di/dt

通态电流临界上升率是指在规定条件下，晶闸管能承受而无有害影响的最大通态电流上升率。如果电流上升太快，可能造成局部过热而使晶闸管损坏。

4．晶闸管的型号

普通型晶闸管型号可表示如下：

KP[电流等级]—[电压等级/100][通态平均电压组别]

表 1-1-1 为螺栓型晶闸管产品参数，其中 U_{GT} 为门极触发电压，I_{GT} 为门极触发电流，U_{TM} 为通态峰值电压，T_{JM} 为允许最高结温。

表 1-1-1 螺栓型晶闸管产品参数

型 号	I_T(AV)(A)	U_{DRM},U_{RRM}(V)	I_{DRM},I_{RRM}(mA)	T_{JM}(℃)	I_{GT}(mA)	U_{GT}(V)	U_{TM}(V)	du/dt(V/μs)	R_{jc}(℃/W)
KP5	5	100~1600	8	125	60	2.5	2	200	3
KP10	10	100~1600	10	125	100	3	2	200	1.6
KP20	20	100~1600	10	125	100	3	2.2	200	1
KP50	50	100~2000	20	125	200	3	2.4	300	0.4
KP100	100	100~2000	30	125	200	3	2.4	300	0.2
KP150	150	100~2000	30	125	200	3	2.4	300	0.2
KP200	200	100~2000	40	125	200	3	2.4	300	0.11
KP250	250	100~2000	40	125	200	3	2.4	300	0.11
KP300	300	100~2000	40	125	200	3	2.4	300	0.11

1.2.5 晶闸管的派生器件

1．快速晶闸管（Fast Switching Thyristor，FST）

快速晶闸管包括所有专为快速应用而设计的晶闸管，有快速晶闸管和高频晶闸管，其管芯结构和制造工艺进行了改进,开关时间及 du/dt 和 di/dt 的承受值都有明显改善。

普通晶闸管关断时间为数百微秒,快速晶闸管为数十微秒,而高频晶闸管为 $10\mu s$ 左右。

高频晶闸管的不足在于其电压和电流定额都不易做高,由于工作频率较高,因此选择通态平均电流时不能忽略其开关损耗的发热效应。

2. 双向晶闸管(Triode AC Switch,TRIAC 或 Bidirectional Triode Thyristor)

双向晶闸管可认为是一对反并联连接的普通晶闸管的集成,有两个主电极 T_1 和 T_2,一个门极 G。正反两方向均可触发导通,所以双向晶闸管在第Ⅰ和第Ⅲ象限有对称的伏安特性。其与一对反并联晶闸管相比是经济的,且控制电路简单,在交流调压电路、固态继电器(Solid State Relay,SSR)和交流电机调速等领域应用较多。通常用在交流电路中,不用平均值而用有效值来表示其额定电流值。

双向晶闸管的电气图形符号和伏安特性如图 1-1-11 所示。

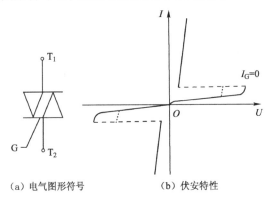

(a)电气图形符号　　　　(b)伏安特性

图 1-1-11　双向晶闸管的电气图形符号和伏安特性

3. 逆导晶闸管(Reverse Conducting Thyristor,RCT)

逆导晶闸管是将晶闸管与反并联一个二极管制作在同一管芯上的功率集成器件,具有正向压降小、关断时间短、高温特性好、额定结温高等优点。

逆导晶闸管的额定电流有两个,一个是晶闸管电流,一个是反并联二极管的电流。

逆导晶闸管的电气图形符号和伏安特性如图 1-1-12 所示。

4. 光控晶闸管(Light Triggered Thyristor,LTT)

光控晶闸管又称为光触发晶闸管,是利用一定波长的光照信号触发导通的晶闸管。小功率光控晶闸管只有阳极和阴极两个端子;大功率光控晶闸管还带有光缆,光缆上装有作为触发光源的发光二极管或半导体激光器。

由于采用光触发保证了主电路与控制电路之间的绝缘,且可避免电磁干扰的影响,因此,目前在高压大功率的场合,如高压直流输电和高压核聚变装置中,占据重要的地位。

光控晶闸管的电气图形符号和伏安特性,如图 1-1-13 所示。

任务一 电力电子器件

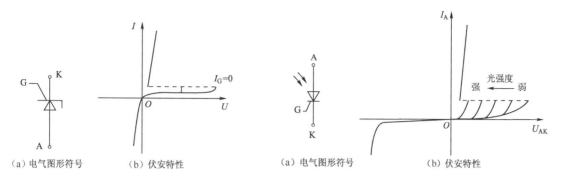

(a) 电气图形符号　(b) 伏安特性　　　　(a) 电气图形符号　(b) 伏安特性

图 1-1-12　逆导晶闸管的电气图形符号和伏安特性　　图 1-1-13　光控晶闸管的电气图形符号和伏安特性

1.3　典型全控型器件

在晶闸管问世后不久，出现了门极可关断晶闸管，特别是 20 世纪 80 年代以来，大量涌现出高频化、全控型、采用集成电路制造工艺的电力电子器件，电力电子技术进入了一个高速发展的崭新时代，典型代表有门极可关断晶闸管、电力晶体管、电力场效应晶体管、绝缘栅双极晶体管。典型全控型器件的外形，如图 1-1-14 所示。

(a) IGBT 模块

(b) IGBT 单管

(c) 电力 MOSFET

图 1-1-14　典型全控型器件的外形

1.3.1　门极可关断晶闸管（Gate-Turn-Off Thyristor，GTO）

GTO 是晶闸管的一种派生器件，GTO 导通过程与普通晶闸管一样，只是导通时饱和程度较浅，且通过在门极施加负的脉冲电流使其关断，在 GTO 关断过程中有强烈正反馈，使器件退出饱和而达到关断目的。多元集成结构还使 GTO 比普通晶闸管开通过程快，承受 di/dt 能力强。GTO 的电气图形符号如图 1-1-15 所示。

GTO 的电压、电流容量较大，与普通晶闸管接近，虽然门极关断电流较大，但在兆瓦级以上的大功率场合仍有较多的应用。

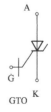

图 1-1-15　GTO 的电气图形符号

1.3.2　电力晶体管（Giant Transistor，GTR）

电力晶体管是耐高电压、大电流的双极结型晶体管（Bipolar Junction Transistor，BJT），又称为 Power BJT。在电力电子技术的范围内，GTR 与 BJT 这两个名称等效。

1. GTR 的结构和工作原理

从工作原理和基本特性上看，大功率晶体管与普通晶体管并无本质上的差别，但它们在工作特性的侧重面上有较大的差别。对于普通晶体管，所被注重的特性参数为电流放大倍数、线性度、频率响应、噪声、温漂等；而对于大功率晶体管，重要参数是击穿电压、最大允许功耗、开关速度等。

GTR 主要特性是耐压高、电流大、开关特性好。通常采用至少由两个晶体管按达林顿接法组成的单元结构，采用集成电路工艺将许多这种单元并联而成。图 1-1-16 为 GTR 的电气图形符号，与普通晶体管完全相同。

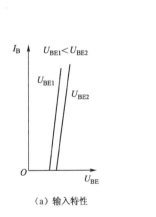

图 1-1-16 GTR 的电气图形符号

2. GTR 的基本特性

在应用中，GTR 一般采用共发射极接法。

1）静态特性

GTR 的静态特性可分为输入特性和输出特性。

（1）输入特性。

输入特性如图 1-1-17（a）所示。它表示 U_{CE} 一定时，基极电流 I_B 与基极—发射极 U_{BE} 之间的函数关系，它与二极管 PN 结的正向伏安特性相似。当 U_{BE} 增大时，输入特性右移。一般情况下，GTR 的正向偏压 U_{BE} 大约为 1V。

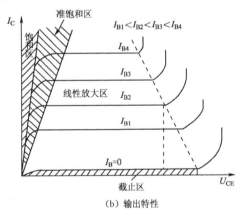

图 1-1-17 GTR 的输入、输出特性

（2）输出特性。

输出特性是指集电极电流 I_C 和集电极—发射极电压 U_{CE} 的函数关系，如图 1-1-17（b）所示。从图 1-1-17（b）中可以看出，GTR 的工作状态可以分成 4 个区域：截止区（又称阻断区）、线性放大区、准饱和区和饱和区（又称深饱和区）。

截止区对应基极电流 I_B 等于零的情况，在该区域中，GTR 承受高电压，仅有很小的漏电流存在，相当于开关处于断态的情况。

在线性放大区中，集电极电流与基极电流呈线性关系。对工作于开关状态的 GTR 来说，应当尽量避免工作于线性放大区,否则由于工作在高电压大电流下,功耗会很大。在开关过程中,即在截止区和饱和区之间过渡时,要经过放大区。

准饱和区是指线性放大区和饱和区之间的区域,正是输出特性中明显弯曲的部分,集电极电流与基区电流之间不再呈线性关系。

在饱和区中,在基极电流变化时,集电极电流却不再随之变化。此时,该区域的电流增益与导通电压均很小,相当于处于通态的开关。

2)动态特性

(1)开通过程。

延迟时间 t_d 和上升时间 t_r,两者之和为开通时间 t_{on}。

增大基极驱动电流 I_b 的幅值并增大 di_b/dt,可缩短延迟时间,同时可缩短上升时间,从而加快开通过程。

(2)关断过程。

储存时间 t_s 和下降时间 t_f,两者之和为关断时间 t_{off}。

减小导通时的饱和深度以减小储存的载流子,或者增大基极抽取负电流 I_{b2} 的幅值和负偏压,可缩短储存时间,从而加快关断速度。负面作用是会使集电极和发射极间的饱和导通压降 U_{CES} 增加,从而增大通态损耗。

为提高 GTR 的开关速度,可选用结电容比较小的快速开关晶体管,也可利用加速电容来改善 GTR 的开关特性。在 GTR 基极电路电阻 R_b 两端并联一电容 C_s,利用换流瞬间其上电压不能突变的特性可改善晶体管的开关特性。

GTR 的开关时间在几微秒以内,比晶闸管和 GTO 都短很多。其开通和关断过程电流波形,如图 1-1-18 所示。

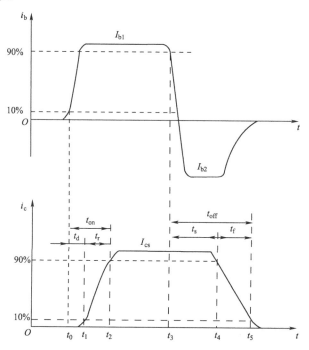

图 1-1-18 GTR 的开通和关断过程电流波形

3. GTR 的主要参数

1）电压参数

（1）集电极额定电压 U_{CEM}。

加在 GTR 上的电压如超过规定值时，会出现电压击穿现象。击穿电压与 GTR 本身特性及外电路的接法有关。各种不同接法时的击穿电压的关系如下：

$$BU_{CBO} > BU_{CEX} > BU_{CES} > BU_{CER} > BU_{CEO}$$

其中，BU_{CBO} 为发射极开路时集电极与基极间的反向击穿电压；BU_{CEX} 为发射极反向偏置时集电极与发射极间的击穿电压；BU_{CES}、BU_{CER} 分别为发射极与基极间用电阻连接或短路连接时集电极和发射极间的击穿电压；BU_{CEO} 为基极开路时集电极和发射极间的击穿电压。GTR 的最高工作电压 U_{CEM} 应比最小击穿电压 BU_{CEO} 低，从而保证元件工作安全。

（2）饱和压降 U_{CES}。

单个 GTR 的饱和压降一般不超过 1.5V，U_{CES} 随集电极电流 I_{CM} 的增大而增大。

2）电流参数

（1）集电极额定电流（最大允许电流）I_{CM}。

集电极额定电流是取决于最高允许结温下引线、硅片等的破坏电流，超过这一额定值必将导致晶体管内部结构件的烧毁。

（2）基极电流最大允许值 I_{BM}。

基极电流最大允许值比集电极额定电流的数值要小得多，通常 $I_{BM}=(1/2 \sim 1/10) I_{CM}$，而基极—发射极间的最大电压额定值通常只有几伏。

（3）集电极最大耗散功率 P_{CM}。

集电极最大耗散功率是指最高工作温度下允许的耗散功率。它受结温的限制，由集电极工作电压和电流的乘积决定。

4. GTR 的二次击穿现象与安全工作区

1）一次击穿

集电极电压升高至击穿电压时，I_C 迅速增大，出现雪崩击穿；只要 I_C 不超过限度，GTR 一般不会损坏，工作特性也不变。

2）二次击穿

一次击穿发生时，I_C 增大到某个临界点时会突然急剧上升，并伴随电压的陡然下降，常常立即导致器件的永久损坏，或者工作特性明显衰变。

3）安全工作区（Safe Operating Area，SOA）

最高电压 U_{CEM}、集电极最大电流 I_{CM}、最大耗散功率 P_{CM} 和二次击穿临界线限定，这些限制条件构成了 GTR 的安全工作区。

1.3.3 电力场效应晶体管

电力场效应晶体管分为结型和绝缘栅型。但通常电力场效应晶体管主要指绝缘栅型中的 MOS 型（Metal Oxide Semiconductor FET），简称电力 MOSFET（Power MOSFET）；而结型电力场效应晶体管一般称为静电感应晶体管（Static Induction Transistor，SIT）。

电力场效应晶体管的特点:用栅极电压来控制漏极电流;控制极(栅极)内阻极高($10^9\Omega$),驱动电路简单,需要的驱动功率小;开关速度快,工作频率高;无二次击穿,安全工作区宽;热稳定性优于 GTR;电流容量小,耐压低,一般只适用于功率不超过 10kW 的电力电子装置。

1. 电力 MOSFET 的结构和工作原理

(1) 电力 MOSFET 的种类:

按导电沟道可分为 P 沟道和 N 沟道。MOSFET 的电气图形符号如图 1-1-19 所示。

耗尽型:当栅极电压为零时,漏源极之间就存在导电沟道。

增强型:对于 N(P)沟道器件,栅极电压大于(小于)零时才存在导电沟道。

电力 MOSFET 主要是 N 沟道增强型。

(2) 电力 MOSFET 的结构:

导通时只有一种极性的载流子(多子)参与导电,是单极型晶体管,导电机理与小功率 MOS 管相同,但结构上有较大区别。小功率 MOS 管是横向导电器件,电力 MOSFET 大都采用垂直导电结构,又称为 VMOSFET(Vertical MOSFET),大大提高了 MOSFET 器件的耐压和耐电流能力。

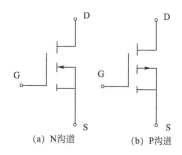

(a) N 沟道   (b) P 沟道

图 1-1-19 MOSFET 的电气图形符号

按垂直导电结构的差异,又分为利用 V 型槽实现垂直导电的 VVMOSFET 和具有垂直导电双扩散 MOS 结构的 VDMOSFET(Vertical Double-Diffused MOSFET)。一个 MOSFET 器件实际上是由许多小单元并联组成的。

MOSFET 的三个极分别为栅极 G、漏极 D 和源极 S。当漏极接正电源,源极接负电源,栅源极间的电压为零时,漏源极之间无电流通过。如在栅源极间加一正电压 U_{GS},漏极和源极间开始导电。U_{GS} 数值越大,P-MOSFET 导电能力越强,I_D 也就越大。

2. 电力 MOSFET 的基本特性

1) 静态特性

漏极电流 I_D 和栅源间电压 U_{GS} 的关系称为 MOSFET 的转移特性(图 1-1-20)。I_D 较大时,I_D 与 U_{GS} 的关系近似线性,曲线的斜率定义为跨导 g_m,表示 P-MOSFET 栅源电压对漏极电流的控制能力,与 GTR 的电流增益 β 含义相似。图 1-1-20 中的 $U_{GS(th)}$ 为开启电压,只有 $U_{GS} > U_{GS(th)}$ 时才会出现导电沟道,产生漏极电流 I_D。

漏极伏安特性又称为输出特性,如图 1-1-21 所示。它分为三个区:可调电阻区 I、饱和区Ⅱ、击穿区Ⅲ。在Ⅰ区内，固定栅源电压 U_{GS}，漏源电压 U_{DS} 从零上升的过程中，漏极电流 I_D 首先线性增长，接近饱和区时，I_D 变化减缓，然后开始进入饱和。达到饱和区Ⅱ后，此后虽然 U_{DS} 增大，但 I_D 维持恒定。从这个区域中的曲线可以看出，在同样的漏源电压 U_{DS} 下，U_{GS} 越高，漏极电流 I_D 也越大。当 U_{DS} 过大时，元件会出现击穿现象，进入击穿区Ⅲ。

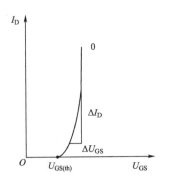
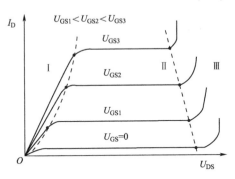

图 1-1-20　电力 MOSFET 的转移特性　　　图 1-1-21　电力 MOSFET 的输出特性

电力 MOSFET 工作在开关状态，即在截止区和非饱和区之间来回转换。

电力 MOSFET 漏源极之间有寄生二极管，漏源极间加反向电压时器件导通。

电力 MOSFET 的通态电阻具有正温度系数，对器件并联时的均流有利。

2）动态特性

在图 1-1-22 中，U_P 为脉冲信号源，R_S 为信号源内阻，R_G 为栅极电阻，R_L 为负载电阻，R_F 为检测漏极电流电阻。

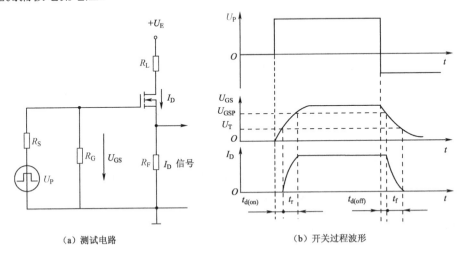

图 1-1-22　电力 MOSFET 的开关过程

（1）开通过程。

开通延迟时间 $t_{d(on)}$：U_P 前沿时刻到 $U_{GS}=U_T$ 并开始出现 I_D 的时刻间的时间段。

上升时间 t_r：U_{GS} 从 U_T 上升到 MOSFET 进入非饱和区的栅压 U_{GSP} 的时间段。

I_D 稳态值由漏极电源电压 U_E 和漏极负载电阻决定，U_{GSP} 的大小和 I_D 的稳态值有关，U_{GS}

达到 U_{GSP} 后,在 U_P 作用下继续升高直至达到稳态,但 I_D 已不变,开通时间 t_{on} 为开通延迟时间与上升时间之和。

(2) 关断过程。

关断延迟时间 $t_{d(off)}$:U_P 下降到零起,C_{in} 通过 R_S 和 R_G 放电,U_{GS} 按指数曲线下降到 U_{GSP} 时,I_D 开始减小的时间段。

下降时间 t_f:U_{GS} 从 U_{GSP} 继续下降起,I_D 减小到 $U_{GS}<U_T$ 时沟道消失,I_D 下降到零为止的时间段。

关断时间 t_{off}:关断延迟时间和下降时间之和。

(3) MOSFET 的开关速度。

MOSFET 的开关速度和 C_{in} 充放电有很大关系,使用者无法降低 C_{in},但可降低驱动电路内阻 R_S 减小时间常数,加快开关速度。MOSFET 只靠多子导电,不存在少子储存效应,因而关断过程非常迅速。开关时间在 10~100ns 之间,工作频率可达 100kHz 以上,是主要电力电子器件中最高的场控器件,静态时几乎不需要输入电流。但在开关过程中需对输入电容充放电,仍需一定的驱动功率。开关频率越高,所需要的驱动功率越大。

3. 电力 MOSFET 的主要参数

(1) 漏源电压 U_{DS}:标称功率 MOSFET 电压定额的参数。
(2) 漏源电流 I_D 和漏极脉冲电流幅值 I_{DM}:表征功率 MOSFET 电流定额的参数。
(3) 栅源击穿电压 $U_{(BR)GS}$:表征栅源间能承受的最高正反向电压,一般为 20V。
(4) 漏源击穿电压 $U_{(BR)DS}$:用于表征功率 MOSFET 的耐压极限。
(5) 极间电容:功率 MOSFET 的三个电极之间分别存在极间电容 C_{GS}、C_{GD} 和 C_{DS}。

1.3.4 绝缘栅双极晶体管(Insulated-gate Bipolar Transistor,IGBT 或 IGT)

IGBT 是 GTR、GTO 与 MOSFET 两类器件取长补短结合而成的复合器件——Bi-MOS 器件。1986 年投入市场后,取代了 GTR 和一部分 MOSFET 的市场,是中小功率电力电子设备的主导器件。继续提高电压和电流容量,以期再取代 GTO 的地位。

1. IGBT 的结构和工作原理

IGBT 也是三端器件,具有栅极 G、集电极 C 和发射极 E。

图 1-1-23 为 IGBT 简化等效电路和电气图形符号。简化等效电路表明,IGBT 是 GTR 与 MOSFET 组成的达林顿结构,一个由 MOSFET 驱动的厚基区 PNP 晶体管,R_N 为晶体管基区内的调制电阻。

IGBT 的开通与关断由栅极电压控制。栅极上加正向电压时 MOSFET 内部形成沟道,使 IGBT 高阻断态转入低阻通态。在栅极加上反向电压后,MOSFET 中的导电沟道消除,PNP 型晶体管的基极电流被切断,IGBT 关断。

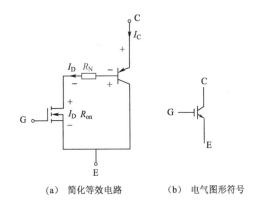

(a) 简化等效电路　　　(b) 电气图形符号

图 1-1-23　IGBT 简化等效电路和电气图形符号

2. IGBT 的基本特性

1）IGBT 的静态特性

IGBT 的静态特性主要有转移特性及输出特性，如图 1-1-24 所示。IGBT 的转移特性表示栅射电压 U_{GE} 对集电极电流 I_C 的控制关系，与 MOSFET 转移特性类似。

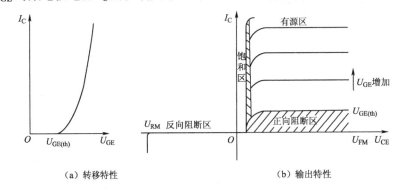

(a) 转移特性　　　(b) 输出特性

图 1-1-24　IGBT 的转移特性和输出特性

开启电压 $U_{GE(th)}$ 为 IGBT 能实现电压调制而导通的最低栅射电压。

$U_{GE(th)}$ 随温度升高而略有下降，在 +25℃ 时，$U_{GE(th)}$ 的值一般为 2～6V。

输出特性表达了集电极电流 I_C 与集电极—发射极间电压 U_{CE} 之间的关系。其分为三个区域：正向阻断区、有源区和饱和区，分别与 GTR 的截止区、放大区和饱和区相对应，当 $U_{GE}<0$ 时，IGBT 为反向阻断工作状态。

2）IGBT 的动态特性

IGBT 的动态特性即开关特性，如图 1-1-25 所示。其开通过程主要由其 MOSFET 结构决定。当栅射电压 U_{GE} 达开启电压 $U_{GE(th)}$ 后，集电极电流 I_C 迅速增长，其中，栅射电压从负偏置值增大至开启电压所需的时间为开通延迟时间 $t_{d(on)}$；集电极电流由 10% 额定增长至 90% 额定所需的时间为电流上升时间 t_{ri}，故总的开通时间为 $t_{on}=t_{d(on)}+t_{ri}$。

IGBT 的关断过程较为复杂，其中，U_{GE} 由正常 15V 降至开启电压 $U_{GE(th)}$ 所需的时间为关断延迟时间 $t_{d(off)}$，自此 I_C 开始衰减。集电极电流由 90% 额定值下降至 10% 额定所需时间为下降时间 $t_{fi}=t_{fi1}+t_{fi2}$，其中，t_{fi1} 对应器件中 MOSFET 部分的关断过程，t_{fi2} 对应器件中 PNP

晶体管中存储电荷的消失过程。由于经 t_{fi1} 时间后 MOSFET 结构已关断，IGBT 又未承受反压，器件内存储电荷难以被迅速消除，所以集电极电流需要较长时间下降，形成电流拖尾现象。由于此时集射极电压 U_{CE} 已建立，电流的过长拖尾将形成较大功耗使结温升高。总的关断时间则为 $t_{off}=t_{d(off)}+t_{fi}$。

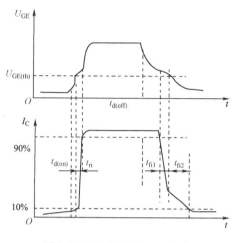

图 1-1-25　IGBT 的开关过程

3. IGBT 的主要参数

（1）最大集射极间电压 U_{CES}：由内部 PNP 晶体管的击穿电压确定。

（2）最大集电极电流 I_{CM}：包括额定直流电流 I_C 和 1ms 脉宽最大电流 I_{CP}。

（3）最大集电极功耗 P_{CM}：正常工作温度下允许的最大功耗。

IGBT 的特性和参数特点：

（1）开关速度快，开关损耗小。在电压 1000V 以上时，开关损耗只有 GTR 的 1/10，与电力 MOSFET 相当。

（2）相同电压和电流定额时，安全工作区比 GTR 大，且具有耐脉冲电流冲击能力。

（3）通态压降比 VDMOSFET 低，特别是在电流较大的区域。

（4）输入阻抗高，输入特性与 MOSFET 类似。

（5）与 MOSFET 和 GTR 相比，耐压和通流能力还可以进一步提高，同时保持开关频率高的特点。

4. IGBT 的擎住效应和安全工作区

IGBT 为四层结构，体内存在一个寄生晶体管，等效电路如图 1-1-26 所示。NPN 晶体管基极与发射极之间存在体区短路电阻，P 型沟道体区的横向空穴电流会在该电阻上产生压降，相当于对 J_3 结施加正偏压，一旦 J_3 开通，栅极就会失去对集电极电流的控制作用，电流失控。

擎住效应曾限制 IGBT 电流容量提高，20 世纪 90 年代中后期开始逐渐解决。

IGBT 往往与反并联的快速二极管封装在一起，制成模块，成为逆导器件。

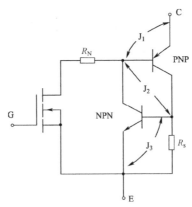

图 1-1-26 具有寄生晶闸管的等效电路

1.3.5 其他新型电力电子器件

1. 静电感应晶体管（SIT）

SIT 是一种结型场效应晶体管，它有三个极，即漏极 D、源极 S 和栅极 G，其电气图形符号如图 1-1-27（a）所示。

当 G、S 之间的电压 $U_{GS}=0$ 时，D、S 间等效电阻不大，电源即可以经 DS 流过电流，SIT 处于通态；如果在 G、S 两端外加负电压，即 $U_{GS}<0$，D、S 间等效电阻加大；当 G、S 之间的反偏电压大到一定的临界值以后，则漏极 D 和源极 S 之间的等效电阻变为无限大而使 SIT 转为断态。SIT 在电路中的开关作用类似于一个继电器的常闭触点，G、S 两端无外加电压，$U_{GS}=0$ 时，SIT 处于通态（闭合）；接通电路，有外加电压 U_{GS} 作用后，SIT 由通态（闭合）转为断态（断开）。

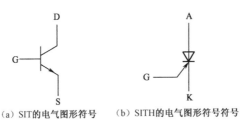

（a）SIT 的电气图形符号　　（b）SITH 的电气图形符号符号

图 1-1-27　SIT、SITH 的符号

SIT 已在雷达通信设备、超声波功率放大、脉冲功率放大和高频感应加热等领域获得应用。因其栅极不加信号时导通，加负偏压时关断，称为正常导通型器件，使用不太方便，通态电阻较大，通态损耗也大，因而还未在大多数电力电子设备中得到广泛应用。

2. 静电感应晶闸管（SITH）

SITH 又称为场控晶闸管，其工作原理与 SIT 类似，其电气图形符号如图 1-1-27（b）所示。SITH 是两种载流子导电的双极型器件，具有电导调制效应，通态压降低、通流能力强。其很多特性与 GTO 类似，但开关速度比 GTO 高得多，是大容量的快速器件。SITH 一般也是正常导通型，但也有正常关断型。此外，其制造工艺比 GTO 复杂得多，电流关断增益较小，因而其应用范围还有待拓展。

3. MOS 控制晶闸管（MCT）

MCT 是 MOSFET 与晶闸管的复合产物，其电气图形符号如图 1-1-28 所示。其静态特性与晶闸管相似，由于它的输入端由 MOS 管控制，因此，MCT 结合了二者的优点：MOSFET 的高输入阻抗、低驱动功率、快速的开关过程；晶闸管的高电压大电流、低导通压降。目前，其关键技术问题没有得到很好的解决，电压和电流容量都远未达到预期的数值，未能投入实际应用。

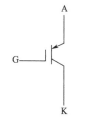

图 1-1-28 MCT 符号

4. 集成门极换流晶闸管（IGCT）

IGCT 的结构是将 GTO 芯片与反并联二极管和门极驱动电路集成在一起，它结合了 IGBT 与 GTO 的优点，容量与 GTO 相当，开关速度快 10 倍，具有结构紧凑、可靠性好、损耗低、制造成品率高等特点，且可省去 GTO 庞大而复杂的缓冲电路，只不过所需的驱动功率仍很大。目前，IGCT 已在电力系统中得到应用，以后有可能取代 GTO 在大功率场合应用的地位。

5. 功率模块与功率集成电路

功率半导体开关模块（功率模块）是把同类的开关器件或不同类的一个或多个开关器件，按一定的电路拓扑结构连接并封装在一起的开关器件组合体。它可缩小装置体积，降低成本，提高可靠性；对工作频率高的电路，可大大减小线路电感，从而简化对保护和缓冲电路的要求。

功率模块（Power Module）最常见的拓扑结构有串联、并联、单相桥、三相桥及它们的子电路，而同类开关器件的串、并联目的是要提高整体额定电压与电流。

将器件与逻辑、控制、保护、传感、检测、缓冲、自诊断、驱动等信息电子电路制作在同一芯片上，称为功率集成电路（Power Integrated Circuit，PIC）。

功率集成电路应用系列有以下几种：

（1）高压集成电路（High Voltage IC，HVIC）一般指横向高压器件与逻辑或模拟控制电路的单片集成。

（2）智能功率集成电路（Smart Power IC，SPIC）一般指纵向功率器件与逻辑或模拟控制电路的单片集成。

（3）智能功率模块（Intelligent Power Module，IPM）则专指 IGBT 及其辅助器件与其保护和驱动电路的单片集成，又称为智能 IGBT（Intelligent IGBT）。图 1-1-29 为一个较为先进的混合集成智能功率模块（IPM）的结构框图。

IPM 的特点为采用低饱和压降、高开关速度、内设低损耗电流传感器的 IGBT 功率器件；采用单电源、逻辑电平输入、优化的栅极驱动；实行实时逻辑栅压控制模式，以严密的时序逻辑，对过电流、欠电压、短路、过热等故障进行监控保护；提供系统故障输出，向系统控制器提供报警信号；对输出三相故障，如桥臂直通、三相短路、对地短路故障也提供了良好的保护。

功率集成电路实现了电能和信息的集成，成为机电一体化的理想接口。最近几年获得了迅速发展。

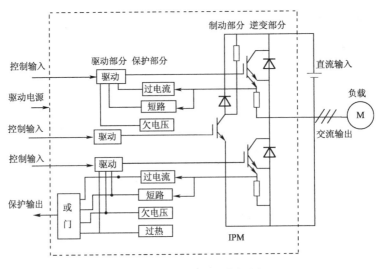

图 1-1-29　IPM 的结构框图

实训 1　电力电子器件的认识与判别

（一）实训目的、要求

熟悉电力电子器件的外形、接线、引脚，掌握使用万用表检测电力电子器件好坏的简单方法。

（二）实训准备

配备 MF47 或 MF500 型万用表、数字式万用表、整流二极管 PR3006、开关二极管 4148、快速恢复二极管 D25-02、肖特基二极管、30A 晶闸管、晶闸管模块 MTC55A、电力晶体管 1DI200A-120、6DI10M-120 六单元 GTR、电力场效应管 IRFPC50、GT40Q321 单管 IGBT、MG50Q6ES41 六单元 IGBT 模块。

（三）实训内容及步骤

1. 二极管识别

表 1-1-2 是几种二极管的性能参数。

表 1-1-2　二极管的性能参数

半导体器件名称	典型产品型号	平均整流电流 I_d(A)	正向导通电压 典型值 U_F(V)	正向导通电压 最大值 U_{FM}(V)	反向恢复时间 t_{rr}(ns)	反向峰值电压 U_{RM}(V)
肖特基二极管	161CMQ050	160	0.4	0.8	<10	50
超快恢复二极管	MUR30100A	30	0.6	1.0	35	1000
快恢复二极管	D25—02	15	0.6	1.0	400	200
硅高频整流管	PR3006	8	0.6	1.2	400	800
硅高速开关二极管	1N4148	0.15	0.6	1.0	4	100

观察几种二极管外形，使用万用表测出它们的极性。分别使用数字式万用表和指针式万用表 R×1k 挡测量它们的导通压降和正反向电阻，并填入表 1-1-3 中。

表 1-1-3 二极管极性测量记录表

二极管名称	导通压降（mV）	正向电阻（kΩ）	反向电阻（kΩ）
肖特基二极管			
快速恢复二极管			
整流二极管			
开关二极管			

二极管模块——整流桥的判别：①分清整流桥结构，如内含几个单元，明确各引脚与内部结构的对应关系，可画出内部电路简图。②明确测量内容，如测量"+""−"两引脚是否短路，两交流输入端分别与"+""−"端是否存在短路现象，单向导电性能是否良好等。③使用万用表 R×1k 挡测量电阻值和使用数字式万用表二极管测量挡测量各引脚之间的数据（请总结它们之间数据的对应关系），看是否满足电路功能。

注意：电力二极管极性判别与普通二极管判别方法相同，数字式万用表二极管测量挡测出的数值为二极管导通压降。

2．电力晶闸管识别

观察晶闸管及其模块外形，并画出模块内部电路简图，将引脚对应的符号在图中标出，然后填入表 1-1-4 中。

表 1-1-4 晶闸管模块内部电路简图及符号

晶闸管模块型号	模块内部电路简图及符号

电力晶闸管的引脚一般从外形上就能加以区分。其判别与普通晶闸管判别方法有所差别：因 G-K 正反向电阻相差不大，应用万用表 R×1 挡红、黑两表笔分别测 G-K 两引脚间正反向电阻，其正反向电阻一般为十几欧姆至几十欧姆，正向电阻值略小于反向电阻值，此时黑表笔接的引脚为控制极 G，红表笔接的引脚为阴极 K，另一空脚为阳极 A，且阳极 A 与另两引脚正反向阻值均为∞。触发导通能力验证：万用表电阻 R×1 挡，将黑表笔接已判断了的阳极 A，红表笔仍接阴极 K。此时万用表指针应不动（万用表指针发生偏转，说明该单向晶闸管已击穿损坏）。用短线瞬间短接阳极 A 和控制极 G，此时万用表电阻挡指针应向右偏转导通，撤去短接线阻值，应保持导通，读数为 10Ω 左右。检测大功率晶闸管时，需要在万用表黑笔中串接一节或两节 1.5V 干电池（注意串接干电池的极性），以提高触发电压和提高触发导通维持能力。

测量晶闸管模块时，应分清内部电路结构图与各引脚的关系，模块内每个晶闸管、二极管都要一一测量,防止因漏测造成误判。

3. 电力场效应管识别

电力场效应管为 VMOS 场效应管,一般在管内 D-S 间并有一个 PN 结。它有极高的输入阻抗且极易感应电荷,测量中应注意及时释放栅极 G 感应存储的电荷,以免造成误判。VMOS 场效应管 IRFPC50 的外形,如图 1-1-30 所示。

检测 VMOS 管的方法:①判定栅极 G:将万用表拨至 R×1k 挡分别测量三个引脚的电阻。若发现某脚与其余两脚的正反向电阻均呈无穷大,则证明此脚为 G 极,因为它和其他两个引脚是绝缘的。②判定源极 S、漏极 D:由图 1-1-30 可见,在源—漏极间有一个 PN 结,根据 PN 结正、反向电阻存在差异,可识别 S 极与 D 极。用交换表笔法测两次电阻,其中,电阻值较低(为几千欧至十几千欧)的一次为正向电阻,黑表笔接的是 S 极,红表笔接 D 极。③检测导通能力:将 G-S 极手指连接不动,选择万用表的 R×10k 挡,黑表笔接 D 极,红表笔接 S 极,阻值应为无穷大。移开手指连接,手指触摸 D-G,表针应有明显偏转,偏转越大,管子的跨导越高,导通能力越强。

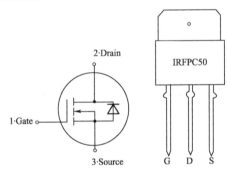

图 1-1-30 场效应管 IRFPC50 外形图

VMOS 场效应管检测注意事项:

(1) VMOS 管也分 N 沟道管与 P 沟道管,但绝大多数产品属于 N 沟道管。P 沟道管,在测量时应交换表笔。

(2) 有少数 VMOS 管在 G-S 极并有保护二极管,本检测方法中的①、②项不再适用。

(3) 多管并联后,由于极间电容和分布电容相应增加,使放大器的高频特性变坏,通过反馈容易引起放大器的高频寄生振荡。为此,并联复合管管子一般不超过 4 个,而且在每管基极或栅极上串接防寄生振荡电阻。

4. 绝缘栅双极晶体管 IGBT 识别

IGBT 是 MOSFET 和 GTR 相结合的产物。在外形上有模块型和芯片型两种,在芯片型中,有带阻尼二极管的和不带阻尼二极管的两种,SGW25N120——西门子公司出品,耐压 1200V,电流容量在 25℃时为 46A,在 100℃时为 25A,内部不带阻尼二极管,应用时须配套 6A/1200V 的快速恢复二极管(D_{11})使用,该 IGBT 配套 6A/1200V 的快速恢复二极管(D_{11})后可代用;GT40Q321——东芝公司出品,耐压 1200V,电流容量在 25℃时为 42A,在 100℃时为 23A,内部带阻尼二极管,该 IGBT 可代用 SGW25N120、SKW25N120,代用

SGW25N120 时请将原配套该 IGBT 的 D_{11} 快速恢复二极管拆除不装。

1）单管 IGBT 的简单测量

检测前先将 IGBT 管三只引脚短路放电，避免影响检测的准确度。

（1）带阻尼二极管的 IGBT 的判别：用 R×1k 挡，两表笔六测三引脚正反向电阻，如果只有某两引脚具有单相导电性（否则，IGBT 损坏），正向导通时（几千欧至十几千欧），黑表笔所接为发射极 E，红表笔所接为集电极 C，另一引脚为栅极 G，则所测 IGBT 管内含阻尼二极管。用手指连接 G-E 不动，选择万用表的 R×10k 挡，黑表笔接 C 极，红表笔接 E 极，阻值应为无穷大。松开手指，再将手指触摸 C-G，表针应有逐渐偏转，偏转越大，管子导通能力越强。停止触摸，应能维持偏转。数字式万用表，在正常情况下，IGBT 管的 E-C 极间正向压降约为 0.5V，如图 1-1-31（a）所示。

（2）不带阻尼二极管的 IGBT 的判别：对 IGBT 引脚依次指定为①、②、③极。三极之间正反向电阻（R×10 挡）应为无穷大，所测 IGBT 管内则不含阻尼二极管。用 R×10k 挡，首先黑表笔接①极，用手指连接另两极不动，红表笔接②极，松开手指，万用表指针应基本不偏转；再将手指连接③极与黑表笔极①极，看万用表指针是否有明显偏转；如果不偏转，红表笔改接③极，手指连接①、②极，看表针是否偏转。再将黑表笔接②极，采用与上一步骤类似的方法，看表针是否偏转。最后黑表笔接③极，同样，采用类似的方法，看表针是否偏转。表针偏转时，黑表笔接的是集电极 C，红表笔接的是发射极 E，另一引脚为栅极 G，此时，松开手指，指针维持偏转，且偏转越大，管子导通能力越强。同等额定电流器件，电力场效应管导通电阻比 IGBT 要小。

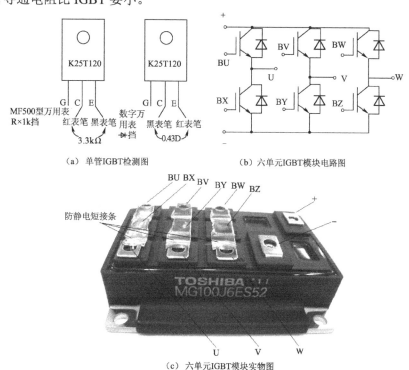

图 1-1-31 IGBT 的识别

维修中 IGBT 管多为击穿损坏。测得 IGBT 管三个引脚间电阻均很小，则说明该管已击穿损坏；如果管子在导通能力测试时，表针不偏转或偏转很小，说明该管已开路损坏。

2) IGBT 模块的简单测量

（1）分清被测模块的结构，如内含几个单元，明确各引脚与内部结构的对应关系，可画出内部电路简图。图 1-1-31（b）为六单元 IGBT 模块电路图，图 1-1-31（c）为六单元 IGBT 模块（MG100J6ES52）实物图。

（2）明确测量内容，如"+""-"两引脚是否短路；各 IGBT 的续流二极管是否有击穿现象；六只 IGBT 的触发导通及关断功能是否正常。

（3）用万用表 R×10k 挡进行测量。①首先用导线将每个 IGBT 栅极与发射极短路，以释放栅极上感应存储的电荷，避免影响测量结果。②用测量三相整流桥的方法判别好各 IGBT 续流二极管。③用带阻尼二极管的 IGBT 的判别方法测量每个 IGBT 的好坏、触发导通及关断能力。

5. 电力晶体管 GTR 的判别

单管 GTR 的判别：单管 GTR 的判别与普通中小功率三极管判别方法相同，只是 GTR 工作电流比较大，因而其 PN 结的面积也较大。PN 结较大，若像测量中、小功率三极管极间电阻那样，使用万用表的 R×1k 挡测量，必然测得的电阻值很小，好像极间短路一样，所以，通常使用 R×10 和 R×1 挡检测 GTR，以达到判别 GTR 引脚性能、好坏的目的。为提高电流增益，许多 GTR 由两个或两个以上晶体管复合组成达林顿 GTR，如图 1-1-32（a）所示。图 1-1-32 中，R_1、R_2 稳定电阻，提高温度稳定性和电流通路。VD_1 引入，加速 VT_2、VT_1 的同时关断，引出 B_2 极可另外控制，一般（R_1+R_2）电阻之和大约为几百欧，所以检测时应将这些元件对测量数据的影响加以区分，以免造成误判。GTR 模块电路图和外形接线图，如图 1-1-32（b）和 1-1-32（c）所示。

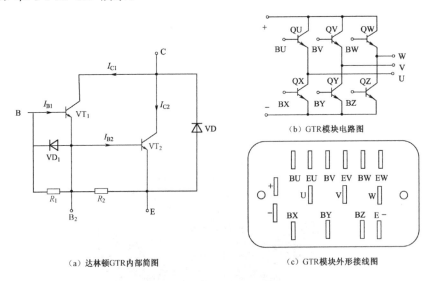

(a) 达林顿 GTR 内部简图　　(b) GTR 模块电路图　　(c) GTR 模块外形接线图

图 1-1-32　GTR 内部结构图

GTR 模块的判别方法可参照 IGBT 模块判别方法和单管 GTR 的判别方法进行，请多练习并加以总结。

任务二 电力电子器件的驱动和保护

晶闸管电力电子器件（包括全控型和半控型）多为三端器件，其中有两个电极接主电路，如晶闸管的阳极和阴极、GTR 的集电极和发射极。工作时可承受很高的电压和通过很大的电流。另一个电极起控制作用，如晶闸管的门极，MOSFET 的栅极，在其上面施加一定的电压或通以适当的电流可以控制器件的通断。较之主电路的电压或电流，这个起控制作用的电压或电流都很小，这种"以弱控强"的作用称为驱动，与之相关的电路称为驱动电路。它是主电路与控制电路之间的接口，它使电力电子器件工作在较理想的开关状态，缩短开关时间，减小开关损耗。对装置的运行效率、可靠性和安全性都有重要的意义。一些保护措施也往往设在驱动电路中，或通过驱动电路实现。

按照驱动信号的性质分为电流驱动型和电压驱动型；按驱动电路具体形式分为分立元件组成的驱动电路和专用集成驱动电路。

驱动电路还要提供控制电路与主电路之间的电气隔离环节，一般采用光隔离或磁隔离。光隔离一般采用光耦合器，磁隔离的元件通常是脉冲变压器。

2.1 晶闸管的触发电路

晶闸管触发电路的作用是产生符合要求的门极触发脉冲，保证晶闸管在需要的时刻由阻断转为导通，即控制触发脉冲起始相位来控制输出电压大小。

晶闸管触发电路基本要求如下：

（1）触发信号可以是交流、直流或脉冲，为了减小门极的损耗，提高触发导通的可靠性，触发信号常采用脉冲形式。

（2）触发脉冲应有足够的功率。触发电压和触发电流应大于晶闸管的门极触发电压和门极触发电流。因为晶闸管的特性有较大的分散性，且特性随温度而变化，故在设计触发电路时，触发信号的功率应留有裕量，保证晶闸管可靠触发。当然触发信号也不能超过门极的极限参数值。

（3）触发脉冲的移相范围应能满足变流装置的要求。触发脉冲的移相范围与主电路形式、负载性质及变流装置的用途有关。

（4）触发脉冲的宽度、陡度和强度。触发脉冲的宽度应保证晶闸管阳极电流在脉冲消失前能达到擎住电流，使晶闸管能维持通态，这是最小的允许宽度。脉冲宽度要求与负载性质和主电路形式有关。触发电路应能产生强触发脉冲和前沿陡度较陡的触发脉冲，这有利于并联或串联晶闸管的同时触发。

（5）触发脉冲与主回路电源电压必须同步。为了使晶闸管在每一周期都能重复在相同的相位上触发，触发脉冲与主回路电源电压必须保持精确的固定相位关系。这种触发脉冲与主回路电源保持固定相位关系的方法称为同步。

（6）触发电路应有良好的抗干扰性能、温度稳定性，并与主电路电气隔离。触发电路又可分为模拟式和数字式两种。阻容移相桥、单结晶体管触发电路，以及利用锯齿波移相电路或利用正弦波移相电路均为模拟式触发电路；而用数字逻辑电路乃至微处理器控制的移相电路则属于数字式触发电路。

1．单结晶体管触发电路

单结晶体管又称为双基极二极管，它有三个极，即第一基极 b_1，第二基极 b_2 和发射极 e，其电气图形符号如图 1-2-1 所示。

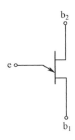

图 1-2-1　单结管的电气图形符号

单结晶体管的特点：①$U_e<U_p$ 时单结管截止；$U_e>U_p$ 时单结管导通；$U_e<U_v$ 时恢复截止。②I_e 增加、R_{eb_1} 反而下降，出现负阻。

U_p：峰点电压，单结管由截止变导通所需发射极电压。

U_v：谷点电压，维持单结管导通的最小电压，在 2～5V 之间。

图 1-2-2（a）为单结晶体管触发电路原理图。图中 V_6 为单结晶体管，其常用的型号有 BT33 和 BT35 两种，由等效电阻 V_5 和 C_1 组成 RC 充电回路，由 C_1、V_6、脉冲变压器组成电容放电回路，调节可变电阻 R_{P1} 即可改变 C_1 充电回路中的等效电阻。电路工作时，同步变压器副边输出 60V 的交流同步电压，经 VD_1 半波整流，再由稳压管 V_1、V_2 进行削波，从而得到梯形波电压，其过零点与电源电压的过零点同步，梯形波通过 R_7 及等效可变电阻 V_5 向电容 C_1 充电，当充电电压达到单结晶体管的峰值电压 U_p 时，单结晶体管 V_6 导通，电容通过脉冲变压器原边放电，脉冲变压器副边输出脉冲。同时由于放电时间常数很小，C_1 两端的电压很快下降到单结晶体管的谷点电压 U_v，使 V_6 关断，C_1 再次充电，周而复始，在电容 C_1 两端呈现锯齿波形，在脉冲变压器副边输出尖脉冲。在一个梯形波周期内，V_6 可能导通、关断多次，但对晶闸管的触发只有第一个输出脉冲起作用。电容 C_1 的充电时间常数由等效电阻等决定，调节可变电阻 R_{P1} 改变 C_1 的充电时间，控制第一个尖脉冲的出现时刻，实现脉冲的移相控制。单结晶体管触发电路的各点波形，如图 1-2-2（b）所示。

单结晶体管触发电路结构简单，便于调试，但单结晶体管的参数差异较大，在多相触发电路中不易使用，而且输出功率小，脉冲宽度窄，控制的线性度差，实际移相范围小于 150°，常用于小功率单相晶闸管电路中。

任务二 电力电子器件的驱动和保护

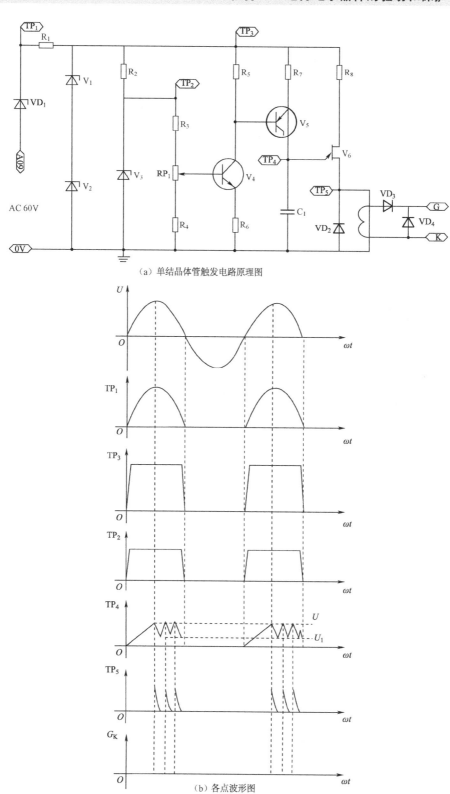

图 1-2-2 单结晶体管触发电路及各点波形图

2. 锯齿波同步移相触发器

常用的触发电路有正弦波同步触发电路和锯齿波同步触发电路，锯齿波同步移相触发电路由同步检测、锯齿波形成、移相控制、脉冲形成、脉冲放大等环节组成，其原理图如图1-2-3所示。

同步检测环节由 VT_2、VD_1、VD_2、C_1 等元件组成。其作用是利用同步电压 U_T 来控制锯齿波产生的时刻及锯齿波的宽度。VT_2 开关的频率就是锯齿波的频率，由同步变压器所接的交流电压决定；VT_2 由导通变截止期间产生锯齿波，锯齿波起点基本就是同步电压由正变负的过零点；VT_2 截止状态持续的时间就是锯齿波的宽度，取决于充电时间常数 R_1C_1。

锯齿波的形成电路由恒流源（VW、R_2、RP_1、R_3、VT_1）及电容 C_2 和开关管 VT_2 所组成。当 VT_2 截止时，恒流源对 C_2 充电形成锯齿波；当 VT_2 导通时，电容 C_2 通过 R_4、VT_2 放电。调节电位器 RP_1 可以调节恒流源的电流大小，从而改变锯齿波的斜率。

移相控制环节由控制电压 U_K、偏移电压 U_P 和锯齿波电压在 VT_4 基极综合叠加而成，RP_2 调节偏移电压 U_P 的大小。

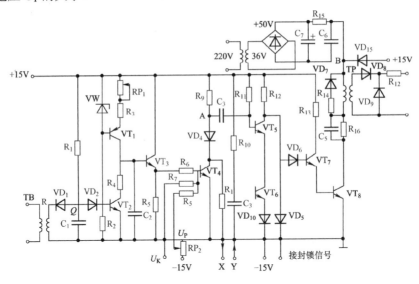

图 1-2-3　锯齿波同步移相触发电路原理图

脉冲形成放大环节由 VT_4、VT_5、VT_6、VT_7、VT_8 构成。其中，VT_4、VT_5 为脉冲形成，VT_7、VT_8 为脉冲放大。脉冲前沿由 VT_4 导通时刻确定，脉冲宽度与反向充电回路时间常数 $R_{11}C_3$ 有关。电路的触发脉冲由脉冲变压器 TP 二次侧输出，其一次绕组接在 VT_8 集电极电路中。+50V 电源、C_6、R_{15}、VD_{15} 等元件构成强触发环节，C_5 为强触发电容改善脉冲的前沿。电路的各点电压波形如图 1-2-4 所示。

锯齿波同步触发电路的优点是不受电网电压波动与波形畸变的直接影响，具有较好的抗电路干扰有较宽的调节范围。缺点是电路较为复杂，所控制的整流装置输出电压和控制电压不满足线性关系。

由于锯齿波同步触发电路具有较好的抗电路干扰、抗电网波动的性能及较宽的调节范围，因此得到了广泛的应用。

3. 集成触发器

随着电力电子技术及微电子技术的发展，集成化晶体管触发电路已得到广泛的应用。它具有可靠性高、技术性能好、体积小、功耗低、调试方便等优点。晶闸管触发电路的集成化已逐渐普及，已逐步取代分立式电路。下面介绍常用的 KC（或 KJ）系列和流行的单片移相触发电路。

1）KC004

KC004 与分立元件的锯齿波移相触发电路相似，分为同步、锯齿波形成、移相、脉冲形成、脉冲分选及脉冲放大几个环节。输出两路相位差 180°的移相脉冲，可以方便地构成全控桥式触发线路；输出负载能力大，移相性能好，正负半周脉冲相位值均衡性好，移相范围宽，对同步电压要求小，有脉冲列调制输入端等功能。适用于单相、三相全控桥式供电装置中。

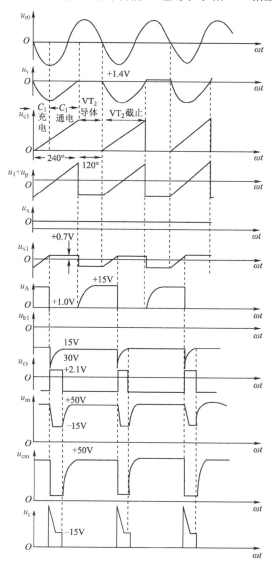

图 1-2-4　锯齿波移相触发电路电压波形

KJ004 电路采用双列直插 C—16 白瓷和黑瓷两种外壳封装，各引脚功能如表 1-2-1 所示。

表 1-2-1　引脚功能

功　能	输出1	空	锯齿波形	$-V_{ee}$（1kΩ）	空	地	同步输入	综合比较	空	微分阻容		封锁调制	输出2	$+V_{cc}$
引线脚号	1	2	3	4	5	6	7	8	9	10	11	12	13	14	15	16

图 1-2-5 为一典型应用电路，电路中锯齿波的斜率取决于外接电阻 R_6、RW_1 和积分电容 C_1 的数值。对于移相控制电压 U_Y，只要改变权电阻 R_1、R_2 的比例，调节相应的偏移电压 U_P，同时调整锯齿波斜率电位器 RW_J，可以在移相控制电压调整范围内获得整个移相范围。触发电路为正极性型，即移相电压增加，导通角增大。R_7 和 C_2 形成微分电路，改变 R_7 和 C_2 的值，可获得不同的脉宽输出。

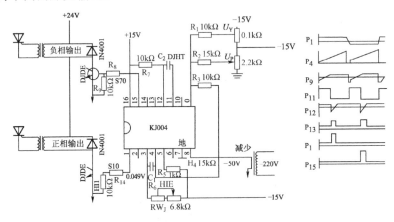

图 1-2-5　典型应用电路图及各点波形

3 个 KJ004 集成块和 1 个 KJ041 集成块，可形成六路双脉冲，再由六个晶体管进行脉冲放大即可得到一个完整的三相全控桥触发电路，如图 1-2-6 所示。

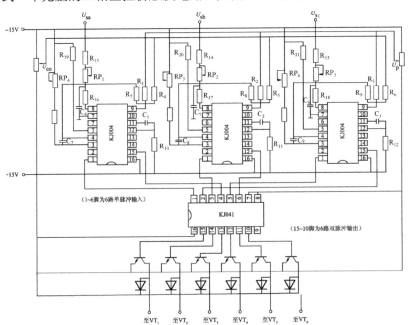

图 1-2-6　三相全控桥触发电路

2）TCA785

目前，变流技术中广泛使用的移相触发专用集成电路，与KJ004等相比，它对零点的识别更加可靠，输出脉冲的齐整度更好，移相范围更宽；同时它输出脉冲的宽度可人为自由调节。

该电路也是采用双列直插C—16线白瓷和黑瓷两种外壳封装，引脚图如图1-2-7所示，各引脚的功能如表1-2-2所示。

表1-2-2 TCA785引脚功能表

功 能	地端	输出脉冲2的非端	逻辑宽脉冲信号输出端	输出脉冲1的非端	同步电压输入端	脉冲信号禁止端	逻辑窄脉冲信号输出端	基准电压输出端
引 脚	1	2	3	4	5	6	7	8
功 能	锯齿波电阻连接端	锯齿波电容连接端	移相控制电压输入端	输出端脉宽控制端	输出非脉宽控制端	输出脉冲1端	输出脉冲2端	电源端
引 脚	9	10	11	12	13	14	15	16

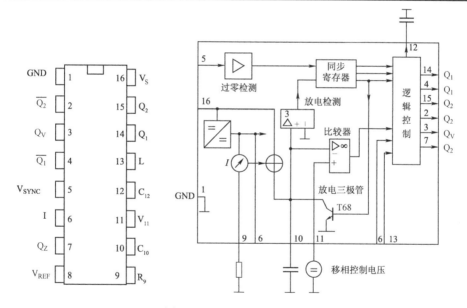

图1-2-7 TCA785的引脚图

引脚使用说明：

TCA785只需单电源工作。触发电路为负极性型，即移相电压增加，导通角减小。使用时，接地端与直流电源V_S、同步电压V_{SYNC}及移相控制信号V_{11}的地端相连接。三相应用时，8端参考电压应连在一起。

引脚4（$\overline{Q_1}$）和2（$\overline{Q_2}$）输出相位互差180°的脉冲信号。脉冲的宽度均受非脉冲宽度控制端引脚13（L）的控制，输出脉冲的高电平最高幅值为电源电压V_S，允许最大负载电流为10mA，不用时可开路。

引脚14（Q_1）和15（Q_2）也可输出宽度变化的脉冲，相位同样互差180°，脉冲宽度由控制端引脚12（C_{12}）控制，输出脉冲的高电平最高幅值为电源电压V_S。

引脚 13（L）：非输出脉冲宽度控制端。该端允许施加电平的范围从–0.5V 至电源电压 V_S，当该端接地时，$\overline{Q_1}$、$\overline{Q_2}$ 为最宽脉冲输出端，而当该端接电源电压 V_S 时，$\overline{Q_1}$、$\overline{Q_2}$ 为最窄脉冲输出端。

引脚 12（C_{12}）：输出 Q_1、Q_2 脉宽控制端。在应用中，通过一电容接地，电容 C_{12} 的电容量范围为 150~4700pF，当 C_{12} 在 150~1000pF 范围内变化时，Q_1、Q_2 输出脉冲的宽度也在变化，该两端输出窄脉冲的最窄宽度为 100μs，而输出宽脉冲的最宽宽度为 2000μs。用于电感性负载，只需把 12 端与 1 端连接，便可得到 180°的宽脉冲信号。

引脚 11（V_{11}）：输出脉冲 Q_1、Q_2 或 $\overline{Q_1}$、$\overline{Q_2}$ 移相控制直流电压输入端。在应用中，通过输入电阻接用户控制电路输出，当 TCA785 工作于 50Hz，且自身工作电源电压 V_S 为 15V 时，则该电阻的典型值为 15kΩ，移相控制电压 V_{11} 的有效范围为 0.2V~（V_S–2V），当其在此范围内连续变化时，输出脉冲 $\overline{Q_1}$、$\overline{Q_2}$ 及 Q_1、Q_2 的相位便在整个移相范围内变化，其触发脉冲出现的时刻为：

$$t_{rr}=（V_{11}R_9C_{10}）/（V_{REF}\times K）$$

式中，R_9、C_{10}、V_{REF} 分别为连接到 TCA785 引脚 9 的电阻、引脚 10 的电容及引脚 8 输出的基准电压；K 为常数。

为了降低干扰，在应用中引脚 11 通过 0.1μF 的电容接地，通过 2.2μF 的电容接正电源。

引脚 10（C_{10}）：外接锯齿波电容连接端。C_{10} 的实用范围为 500pF~1μF。该电容的最小充电电流为 10μA，最大充电电流为 1mA，它的大小受连接于引脚 9 的电阻 R_9 控制，C_{11} 两端锯齿波的最高峰值为 V_S–2V，其典型后沿下降时间为 80μs。

引脚 9（R_9）：锯齿波电阻连接端。该端的电阻 R_9 决定着 C_{10} 的充电电流，其充电电流可按下式计算：

$$I_{10}=V_{REF}\times K/R_9$$

连接于引脚 9 的电阻亦决定了引脚 10 锯齿波电压幅度的高低，锯齿波幅值为：

$$V_{10}=V_{REF}\times Kt/（R_9C_{10}）$$

电阻 R_9 的应用范围为 3~300kΩ。

引脚 8（V_{REF}）：TCA785 自身输出的高稳定基准电压端。负载能力为驱动 10 块 CMOS 集成电路，随着 TCA785 应用的工作电源电压 V_S 及其输出脉冲频率的不同，V_{REF} 的变化范围为 2.8~3.4V，当 KJ785 应用的工作电源电压为 15V，输出脉冲频率为 50Hz 时，V_{REF} 的典型值为 3.1V，如用户电路中不需要应用 V_{REF}，则该端可以开路。

引脚 7（Q_Z）和引脚 3（Q_V）：TCA785 输出的两个逻辑脉冲信号端。其高电平脉幅值最大为 V_S–2V，高电平最大负载能力为 10mA。Q_Z 为窄脉冲信号，它的频率为输出脉冲 Q_2 与 Q_1 或 $\overline{Q_1}$ 与 $\overline{Q_2}$ 的两倍，是 Q_1 与 Q_2 或 $\overline{Q_1}$ 与 $\overline{Q_2}$ 的"或"信号；Q_V 为宽脉冲信号，它的宽度为移相控制角 φ+180°，它与 Q_1、Q_2 或 $\overline{Q_1}$、$\overline{Q_2}$ 同步，频率与 Q_1、Q_2 或 $\overline{Q_1}$、$\overline{Q_2}$ 相同，该两逻辑脉冲信号可用来提供给用户的控制电路作为同步信号或其他用途的信号，不用时可开路。

引脚 6（I）：脉冲信号禁止端。该端的作用是封锁 Q_1、Q_2 及 $\overline{Q_1}$、$\overline{Q_2}$ 的输出脉冲，该端通常通过阻值 10kΩ 的电阻接地或接正电源，允许施加的电压范围从–0.5V 至电源电压 V_S。

当该端通过电阻接地,且该端电压低于 2.5V 时,则封锁功能起作用,输出脉冲被封锁。而该端通过电阻接正电源,且该端电压高于 4V 时,则封锁功能不起作用。该端允许低电平最大拉电流为 0.2mA,高电平最大灌电流为 0.8mA。

引脚 5(V_{SYNC}):同步电压输入端。应用中需对地端接两个正反向并联的限幅二极管,该端吸取的电流为 20~200μA,随着该端与同步电源之间所接的电阻阻值的不同,同步电压可以取不同的值,当所接电阻为 200kΩ时,同步电压可直接取 220V。

TCA785 的基本设计特点能可靠地对同步交流电源的过零点进行识别,因而可方便地用做过零触发而构成零点开关;它具有宽的应用范围,可用来触发普通晶闸管、快速晶闸管、双向晶闸管及作为功率晶体管的控制脉冲,故可用于由这些电力电子器件组成的单管斩波、单相半波、半控桥、全控桥或三相半控、全控整流电路及单相或三相逆变系统或其他拓扑结构电路的变流系统;它的输入、输出与 CMOS 及 TTL 电平兼容,具有较宽的电压范围和较大的负载驱动能力,每路可直接输出 250mA 的驱动电流;其电路结构决定了自身锯齿波电压的范围较宽,对环境温度的适应性较强,可应用于较宽的环境温度范围(−25~+85℃)和工作电源电压范围(+8~+18V)。

三相移相触发器中有外围电路更简单的单片集成触发电路 TC787 和 TC788。

4. 数字触发器

为了提高触发脉冲的对称度,对较大型的晶闸管变流装置往往采用数字式触发电路。目前使用的数字式触发电路大多为由计算机(通常为单片机等)构成的数字触发器。图 1-2-8 为微机控制数字触发系统框图。

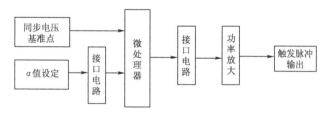

图 1-2-8 微机控制数字触发系统框图

5. 触发电路与主电路的同步

在三相晶闸管电路中,选择触发电路的同步信号是一个很重要的问题。只有触发脉冲在晶闸管阳极电压为正(相对阴极而言)时产生,晶闸管才能被触发导通。触发电路应保证每个晶闸管触发脉冲与施加于晶闸管的交流电压保持固定、正确的相位关系——触发电路的同步(或定相)。每个触发电路的同步电压 U_T 与被触发晶闸管阳极电压的相互关系取决于主电路的不同方式、触发电路的类型、负载性质及不同的移相要求。

一般采用同步变压器来满足触发电路的同步的要求:同步变压器原边接入为主电路供电的电网,保证频率一致。触发电路定相的关键是确定同步信号与晶闸管阳极电压的关系。

变压器接法:主电路整流变压器为 D.y-11 连接,同步变压器为 D.y5-11 连接(见图 1-2-9)。

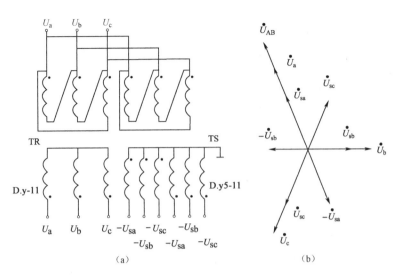

图 1-2-9 同步变压器和整流变压器的接法及矢量图

2.2 全控型器件的驱动电路

2.2.1 电流驱动型器件的驱动电路

1. 门极可关断晶闸管（GTO）

门极可关断晶闸管（GTO）可以用正门极电流开通和负门极电流关断。GTO 的开通控制与普通晶闸管相似，但 GTO 关断控制需施加负门极电流。GTO 驱动电路通常包括门极开通电路、门极关断电路和门极反偏电路三部分，可分为脉冲变压器耦合式和直接耦合式两种类型，如图 1-2-10 和图 1-2-11 所示。

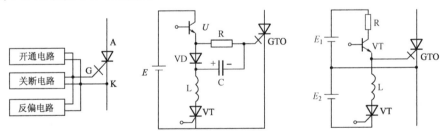

图 1-2-10 门极驱动电路结构及示例

1）门极开通电路

要求门极开通控制电流信号具有前沿陡、幅度高、宽度大、后沿缓的脉冲波形。脉冲前沿陡有利于 GTO 的快速导通，一般 dI_{GF}/dt 为 5~10A/μs；脉冲幅度高可实现强触发，有利于缩短开通时间，减少开通损耗；脉冲有足够的宽度则可保证阳极电流可靠建立；后沿缓一些可防止产生振荡。

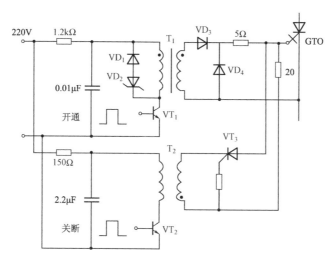

图 1-2-11 门极驱动电路实例

2）门极关断电路

已导通的 GTO 用门极反向电流来关断，反向门极电流波形对 GTO 的安全运行有很大影响。要求关断控制电流波形为前沿较陡、宽度足够、幅度较高、后沿平缓。一般关断脉冲电流的上升率 dI_{GR}/dt 取 10～50A/μs，这样可缩短关断时间，减少关断损耗，但 dI_{GR}/dt 过大时会使关断增益下降，通常的关断增益为 3～5，可见关断脉冲电流要达到阳极电流的 1/5～1/3，才能将 GTO 关断。当关断增益保持不变时，增加关断控制电流幅值可提高 GTO 的阳极可关断能力。关断脉冲的宽度一般为 120μs 左右。图 1-2-12 为理想的 GTO 门极驱动电流波形。

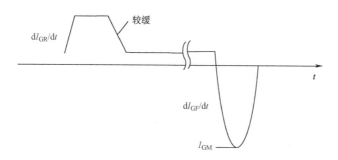

图 1-2-12 理想的 GTO 门极驱动电流波形

3）门极反偏电路

由于结构原因，GTO 与普通晶闸管相比承受 du/dt 的能力较差，如阳极电压上升率较高时可能会引起误触发。为此可设置反偏电路，在 GTO 正向阻断期间在门极上施加负偏压，从而提高电压上升率 du/dt 的能力。

2. 大功率晶体管的驱动 GTR

GTR 开通驱动电流应使 GTR 处于准饱和导通状态，使之不进入放大区和深饱和区；关断 GTR 时，施加一定的负基极电流有利于减小关断时间和关断损耗，关断后同样应在基—射极之间施加一定幅值（6V 左右）的负偏压，有利于减小关断时间和关断损耗，这样可保证

GTR 能快速开关。

对 GTR 驱动电路还要求实现主电路与控制电路之间的隔离。并具有一定的保护功能。

图 1-2-13 为分立元件组成的驱动电路，图中 VD_2、VD_3、VD_4 和 GTR 组成贝克钳位电路，贝克钳位电路为一种抗饱和电路。当 GTR 导通时，只要钳位二极管 VD_2 处于正偏状态，就有下述关系：

$$U_{BE} + U_{D3} = U_{D2} + U_{CE}$$

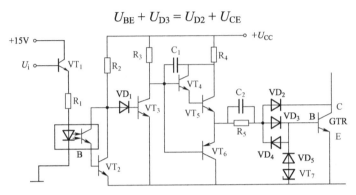

图 1-2-13 GTR 基极驱动电路

从而有 $U_{CE} = U_{BE} = 0.7V$，使 GTR 处于准饱和状态。钳位二极管 VD_2 相当于溢流阀的作用，使过量的基极驱动电流不流入基极。改变 VD_3 支路中串联的电位补偿二极管的数目可以改变电路的性能。如集电极电流很大时，由于集电极内部电阻两端压降增大会使 GTR 处于深度饱和状态下工作，在此情况下，可适当增加 VD_2 支路的二极管数目。为满足 GTR 关断时需要的反向截止偏置，图中反并联了二极管 VD_4，使反向偏置有通路。

在电路中，VD_2 应选择快速恢复二极管，因 VD_2 恢复期间，电流能从集电极流向基极而使 GTR 误导通。VD_3 应选择快速二极管，它们的导通速度会影响 GTR 基极电流上升率。

在电路中，电容 C 为加速电容，加速 GTR 的导通。在关断过程中，电容放电，负电源给 GTR 提供一个负偏压。

图 1-2-14 为由 UAA4002 模块组成的 GTR 基极驱动电路实例。

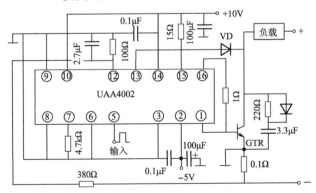

图 1-2-14 UAA4002 模块组成的 GTR 基极驱动电路

它具有丰富的保护功能，如集电极限流、防止退饱和、导通时间间隔控制、电源电压检测、延时、热保护、输出封锁等。

任务二 电力电子器件的驱动和保护

（1）集电极限流：在电路中，0.1Ω电阻上流过的集电极电流产生的电压通过 12 引脚与内部基准电压–0.2V 进行比较，结果决定是否封锁 GTR 基极信号。

（2）防止退饱和：通过二极管 VD 将集电极电压引入 13 引脚并（与 11 引脚设定电压）进行比较，以判断 GTR 是否在准饱和状态，结果决定是否封锁 GTR 基极信号。

（3）导通时间间隔控制：输出脉冲最小脉宽由 7 引脚电阻决定，输出最大导通时间可通过 8 引脚接电容来调整。

（4）电源电压检测：利用 14 引脚检测电源电压的大小，当小于 7V 时无输出信号。

（5）延时：通过 10 引脚接电阻来调整，防止直通、短路或误动作。

（6）热保护：当集成电路温度超过规定值时能自动切断输出脉冲。

UAA4002 各引脚功能如表 1-2-3 所示。

表 1-2-3　UAA4002 各引脚功能

引　脚	符　号	名　　称	功能和使用方法
16	I_{B1}	正向基极驱动电流输出	通过外接电阻与 GTR 基极相连
1	I_{B2}	反向基极驱动电流输出	直接与被驱动的 GTR 基极相连
2	U^-	负电源电压输入端	接系统负电源
3	INH	禁止或降低 GTR 导通能力控制端	接高电平，禁止导通；接脉冲降低导通能力；接地，禁止功能不用
4	SE	工作方式选择控制端	通过不小于 4.7kΩ 的电阻接至正电源，电路为电平工作模式；接地为脉冲工作模式
5	E	GTR 基极驱动信号输入端	接光耦或脉冲变压器副边
6	R^-	负电源电压监控保护动作门槛电平设置端	通过外接电阻 R^- 与负电源 U^- 相连
7	R_T	内部偏置电流与逻辑处理工作时间设置端	通过外接电阻 R_T（kΩ）接地，其大小决定集成电路偏置电流 I（mA）的大小和导通时间
8	C_T	最大导通时间设置端	通过一外接电容 C_T 接地
9	GND	地端	控制电源地端
10	R_D	延时控制端	通过外接电阻接地；当系统不需要延时，则通过外接电阻接正电源
11	R_{SD}	退饱和保护门槛设置端	通过外接电阻 R_{SD} 接地；当该端悬空，则内部门槛电压自动设置为 5.5V
12	I_C	GTR 集电极电流限制保护输入端	该端直接与 GTR 发射极的分流器或电流互感器的一输出端相连
13	U_{CE}	GTR 集—射极电压检测输入端	通过二极管与 GTR 集电极相连
14	U_{CC}	正电源电压监控输入端	接系统正电源
15	U^+	输出级电源输入端	通过一外接电阻接到正电源 U_{CC}

图 1-2-15 所示为 UAA4002 内部引脚功能图。

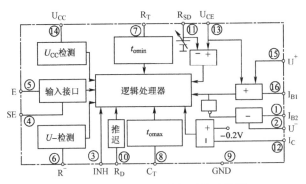

图 1-2-15　UAA4002 内部引脚功能图

2.2.2　电压驱动型器件的驱动电路

1. 功率场效应晶体管的驱动

功率场效应晶体管（P-MOSFET）是电压型控制器件，栅极和源极之间是绝缘的，所以在器件导通和关断的稳定状态都不可能出现栅极电流，需要的仅是一个栅极电压。但是栅、源间有数千皮法的电容，因此驱动电压的变化将产生电容充放电电流，充放电时间常数决定栅极电压变化的速率，进而影响器件的开关速度。因此，为快速建立驱动电压，要求触发脉冲前沿要陡；触发脉冲电压幅值应高于开启电压，开通的驱动电压一般为 10～15V，且驱动回路的电阻尽可能小；栅、源之间提供放电通路或在栅、源之间加反向电压，关断时施加一定幅值的负驱动电压（一般取 −5～−15V）有利于减小关断时间和关断损耗；在栅极串入一只低值电阻（数十欧左右）可以减小寄生振荡，该电阻阻值应随被驱动器件电流额定值的增大而减小。

图 1-2-16 为功率 MOSFET 的一种驱动电路。

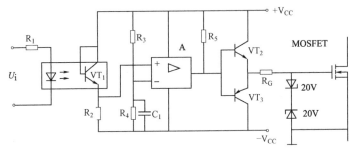

图 1-2-16　功率 MOSFET 的一种驱动电路

电路由电气隔离和功率放大电路两部分组成。

无输入信号时高速放大器 A 输出负电平，VT_3 导通输出负驱动电压；当有输入信号时，A 输出正电平，VT_2 导通，输出正驱动电压。

专为驱动电力 MOSFET 而设计的混合集成电路常有 M57918L、IR2110、IR2133 等。

2. 绝缘栅双极型晶体管驱动电路

绝缘栅双极型晶体管（IGBT）和 MOSFET 一样，是电压型控制器件，IGBT 驱动电路有以下基本要求：①充分陡的驱动脉冲上升沿和下降沿，以利于快速开通，减小开通损耗，快速关断，缩短关断时间，减小关断损耗；②足够大的驱动功率，使 IGBT 功率输出级总处于饱和状态；③合适的正向驱动电压 U_{GE}，开通的驱动电压一般为 15~20V；④合适的反偏压，可使 IGBT 快速关断，反偏压的一般范围为 –2~–10V；⑤驱动电路最好与控制电路隔离，有完整的保护功能和良好的抗干扰性能，驱动电路到 IGBT 模块的连线要短，最好小于 1m，且采用绞线或同轴电缆屏蔽线，以免引起干扰；⑥在栅极需串入一只低值电阻（数欧至数十欧左右）以减小寄生振荡。

1）典型的门极驱动电路介绍

（1）光耦隔离驱动电路。

光耦隔离驱动电路如图 1-2-17（a）所示。由于 IGBT 是高速器件，所选用的光耦必须是小延时的高速型光耦，由 PWM 控制器输出的方波信号加在光耦输入端驱动光耦，光耦输出端加到场效应管栅极并驱动由两三极管组成的对管（应选择 β>100 的开关管）。对管的输出经栅极电阻驱动 IGBT，此电路的特点是用正负电源供电输出正负驱动脉冲。

优点：体积小、结构简单、应用方便、输出脉宽不受限制，适用于 PWM 控制器。

缺点：

① 共模干扰抑制不理想；

② 响应速度慢，在高频状态下应用受限制；

③ 需要相互隔离的辅助电源。

（2）脉冲变压器驱动电路。

脉冲变压器驱动电路如图 1-2-17（b）所示，三极管组成脉冲变压器 T 一次侧驱动电路，将驱动脉冲加至变压器的一次侧，二次侧通过电阻与 IGBT 栅极相连，两稳压二极管的作用是限制加在 IGBT 的 G—E 端的电压，避免过高的栅射电压击穿栅极。栅射电压一般不应超过 20V。

优点：响应速度快，共模干扰抑制效果好，不需要单独的驱动电源。

缺点：

① 信号传送的最大脉冲宽度受磁芯饱和特性的限制，通常不大于 50%，最小脉宽受磁化电流限制。

② 加工工艺复杂。

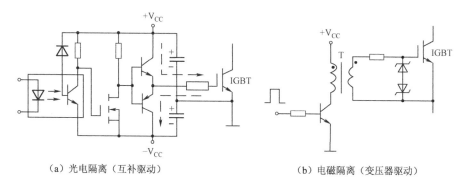

(a) 光电隔离（互补驱动）   (b) 电磁隔离（变压器驱动）

图 1-2-17 IGBT 分立元件组成的驱动电路

（3）由驱动模块构成的驱动电路。

应用成品驱动模块电路来驱动 IGBT，可以大大提高设备的可靠性。常用的有三菱公司的 M579 系列（如 M57962L 和 M57959L）和富士公司的 EXB 系列（如 EXB840、EXB841、EXB850 和 EXB851）及国内的 TX-KA 系列。

这类模块均具有退饱和检测、过流软关断、高速光耦隔离、欠压锁定、故障信号输出功能。由于这类模块具有保护功能完善、免调试、可靠性高的优点，因此 IGBT 的驱动多采用专用的混合集成驱动器。

M57962L 输出的正驱动电压均为 +15V 左右，负驱动电压为 –10V。图 1-2-18 为 M57962L 型 IGBT 驱动器的原理和接线图。

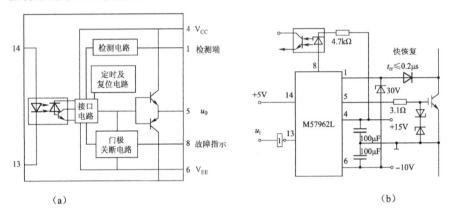

图 1-2-18　M57962L 型 IGBT 驱动器的原理和接线图

EXB 系列 IGBT 集成驱动电路分为标准型和高速型，EXB840（841）为高速型，驱动信号延迟小于等于 1μs，适用于 40kHz 的开关电路；EXB850（851）为标准型，驱动信号延迟小于等于 4μs，适用于 10kHz 的开关电路。EXB841 型 IGBT 驱动器的原理和接线图，如图 1-2-19 所示。

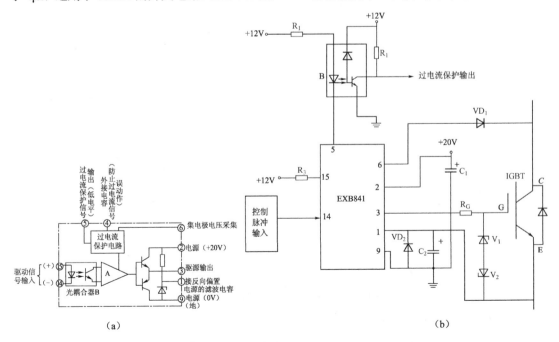

图 1-2-19　EXB841 型 IGBT 驱动器的原理和接线图

2.3 电力电子器件的保护

电力电子器件工作在高电压、大电流状态下，由于各种原因，极易发生过电压、过电流（过热）甚至短路现象，如无必要的保护措施，势必造成电力电子器件的损坏或电路的损毁。因此，在电力电子电路中，为了防止器件或电路的损毁，除了元件和电路参数要选择合适、驱动电路设计良好外，还必须安装良好的散热装置，以及设置必要的保护环节和缓冲处理。

2.3.1 散热技术概述

电流通过电力电子器件都会有一定的温升，即结温。晶闸管、GTO 结温会影响正向耐压、反向漏电流、可关断阳极电流，以及关断时间等特性参数。当结温过高时，会使它们的 PN 结产生热击穿效应，从而造成耐压急剧下降；GTR 的管芯发热、结温升高主要是受其集电极耗散功率的影响，而耗散功率由集电极工作电压与电流的乘积所决定，结温过高，容易产生"二次击穿"；MOSFET 为单极型功率器件，它只有一种载流子导电，因而开关速度快、开关损耗很小。但是它的通态电阻大，通态损耗大，温度越高，通态电阻越大，最终会因通态损耗过大，温升过高而烧毁。一般来说，器件散热时的总热阻包括两部分：一是 PN 结至外壳的内热阻；二是由外壳至散热器的热阻，以及散热器至环境介质的热阻构成的外热阻。

散热措施：①减小接触热阻；②减小散热器热阻。散热器的选配原则是保证器件的最高运行结温不超过额定结温。选配散热器时首先要知道所用器件的参数、负载变化情况及工作环境等条件，然后确定器件的耗散功率。由器件耗散功率和额定结温确定必要的散热器热阻，借以确定散热器的型号。图 1-2-20 为常用散热器外形。

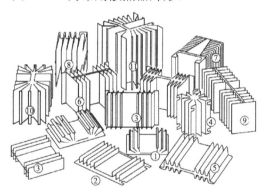

图 1-2-20 常用散热器外形

2.3.2 过电压保护

1. 引起过电压的原因

电力电子装置可能产生的过电压分为外因过电压和内因过电压。

外因过电压主要包括：①操作过电压，由拉闸、合闸、快速直流开关的切断等经常性操作中的电磁过程引起的过压；②浪涌过电压，由雷击等偶然原因引起，从电网进入电力电子装置的过压。

内因过电压主要来自电力电子装置内部器件的开关过程，包括：①换相过电压。晶闸管或与全控型器件反并联的二极管在换相结束后不能立刻恢复阻断，因而有较大的反向电流流过，当恢复了阻断能力时，该反向电流急剧减小，会由线路电感在器件两端感应出过电压。② 关断过电压。全控型器件关断时，正向电流迅速降低而由线路电感在器件两端感应出的过电压。③ 泵升电压。在电动机调速系统中，由于电动机回馈制动造成直流侧直流电压过高产生的过压。

2. 过压保护方法

过压保护的基本原则是根据电路中过压产生的不同部位，加入不同的附加电路，当达到一定过压值时，自动开通附加电路，使过压通过附加电路形成通路，消耗过压储存的电磁能量，从而使过压的能量不会加到主开关器件上，保护了电力电子器件。保护电路形式很多，也很复杂。图 1-2-21 为过电压抑制措施及配置位置。

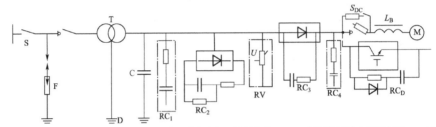

F—避雷器；D—变压器静电屏蔽层；C—静电感应过电压抑制电容；RC_1—阀侧浪涌过电压抑制用 RC 电路；

RC_2—阀侧浪涌过电压抑制用反向阻断式 RC 电路；RV—压敏电阻过电压抑制器；RC_3—阀器件换相过电压抑制用 RC 电路；

RC_4—直流侧 RC 抑制电路；RC_D—阀器件关断过电压抑制用 RC 电路

图 1-2-21 过电压抑制措施及配置位置

电力电子装置可视具体情况只采用其中的几种，其中，RC_3 和 RC_D 为抑制内因过电压的措施，其功能已属缓冲电路。在外因过电压抑制措施中，RC 过电压抑制电路最为常见，典型连接方式如图 1-2-22 所示。RC 过电压抑制电路可接于供电变压器的两侧（供电网一侧称网侧，电力电子电路一侧称阀侧）或电力电子电路的直流侧。

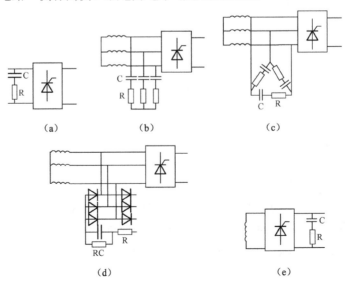

图 1-2-22 RC 过电压抑制电路典型连接方式

非线性电阻具有近似稳压管的伏安特性,可把浪涌电压限制在电力电子器件允许的电压范围。现在常采用压敏电阻实现过压保护。

压敏电阻是一种金属氧化物的非线性电阻,它具有正、反两个方向相同但很陡的伏安特性。

正常工作时漏电流很小（微安级）,故损耗小。当过压时,可通过高达数千安的放电电流 I_Y,因而抑制过压的能力强。此外,它对浪涌电压反应快,而且体积小,是一种较好的过压保护器件。它的主要缺点是持续平均功率很小,如正常工作电压超过它的额定值,则在很短时间内就会烧毁。

2.3.3 过电流保护

1. 引起过流的原因

当电力电子装置内部某一器件击穿或短路、触发电路或控制电路发生故障、出现过载、直流侧短路、可逆传动系统产生环流或逆变失败,以及交流电源电压过高或过低、缺相等,均可引起装置内元件的电流超过正常工作电流,即出现过流。由于电力电子器件的电流过载能力比一般电气设备差得多,因此必须对电力电子装置进行适当的过流保护。其过流一般主要分为两类：过载过流和短路过流。

2. 过电流保护方法

图 1-2-23 给出了各种过电流保护措施及其配置位置。其中,快速熔断器、直流快速断路器和过电流继电器较为常用,同时采用几种过电流保护措施,提高可靠性和合理性。一般选用电子电路保护作为动作快速、保护准确的第一保护措施；快熔仅作为短路时的部分区段的保护；直流快速断路器整定在电子电路动作之后实现保护；过电流继电器整定在过载时动作。

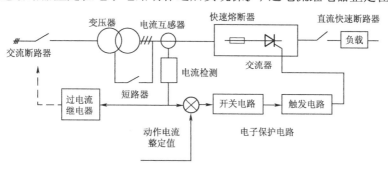

图 1-2-23 过电流保护措施及其配置位置

电流检测装置过流时发出信号,过流信号一方面可以封锁驱动电路,使电力电子装置的故障电流迅速下降至零,从而有效抑制电流；另一方面控制过电继电器,使交流断路器触点跳开,切断电源。但过流继电器和交流断路器动作都需要一定时间（100~200ms）。故只有电流不大的情况这种保护才能奏效。

快速熔断器是防止电力电子装置过流损坏的最后一道防线,在晶闸管变流器中,快速熔断器是应用最普遍的过流保护措施,可用于交流侧、直流侧和装置主电路中。其中,交流侧接快速熔断器能对晶闸管元件短路及直流侧短路起保护作用,但要求正常工作时,快速熔断器电流定额要大于晶闸管的电流定额,这样对元件的短路故障所起的保护作用较差。直流侧接快速熔断器只对负载短路起保护作用,对元件无保护作用。只有晶闸管直接串接,快速熔断器才对元件的保护作用最好,因为它们流过同一个电流,因而被广泛使用。

对重要的且易发生短路的晶闸管设备,或全控型器件(很难用快熔保护),需要采用电子电路进行过电流保护。常在全控型器件的驱动电路中设置过电流保护环节,响应最快。

2.3.4 缓冲电路

当电力电子器件由导通状态转换至截止状态或电力电子器件换相时,将产生较大的 du/dt,特别是在电感性负载下,关断时也将产生较大的负载自感过电压。

电力电子器件从阻断到导通的电流增长过快将产生较大的 di/dt。

这些都将产生较大的开关损耗,严重影响了电力电子器件的安全使用和工作频率。电力电子器件连接缓冲电路以后,大大降低了器件的开关损耗,使得器件能够在额定工作频率下使用。

缓冲电路(吸收电路):抑制器件的内因过电压、du/dt、过电流和 di/dt,减小器件的开关损耗。缓冲电路通常由电阻、电容、电感及二极管组成,其基本类型可分为关断缓冲电路、开通缓冲电路和复合缓冲电路几种形式。

关断缓冲电路:又称为 du/dt 抑制电路,用于吸收器件的关断过电压和换相过电压。抑制 du/dt,减小关断损耗。

开通缓冲电路:又称为 di/dt 抑制电路,抑制器件开通时的电流过冲和 di/dt,减小器件的开通损耗。

复合缓冲电路:将关断缓冲电路和开通缓冲电路结合在一起形成的电路。它可以在电力电子器件关断和开通时均起到保护作用,因而在实际中应用较多。

复合缓冲电路可分为:耗能式缓冲电路和馈能式缓冲电路(无损吸收电路),如图 1-2-24 所示。

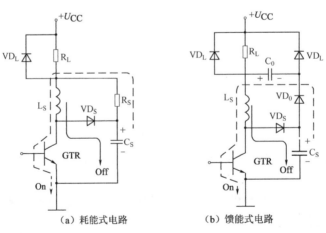

图 1-2-24 复合缓冲电路

缓冲电路作用分析：

在图 1-2-24 中，L_S、C_S、R_S（或 L_S、C_S、C_0、VD_0）构成开通缓冲电路，开通时 C_S 通过 R_S（或 C_0、VD_0）向 GTR 放电，使 I_C 先上一个台阶，以后因有 L_S，I_C 上升速度减慢。如果没有缓冲电路，GTR 开通时电流迅速上升，di/dt 很大。

L_S、C_S、VD_S 组成关断缓冲电路，关断时负载电流通过 VD_S 向 C_S 分流，减轻了 GTR 的负担，抑制了 du/dt 和过电压，同时 L_S、R_L 因其电流突然减小而产生的自感过电压又通过 VD_S 和 R_S 形成释放回路，并消耗在电阻 R_S 上（或由 VD_0、C_0、VD_L 回馈到电源）。并接在 R_L 上的 VD_L 为续流二极管，使 GTR 关断时有负载电流 I_L 经它续流。

关断时的负载曲线：

无缓冲电路时：U_{CE} 迅速上升，负载电感 L 感应电压使 VD 通，负载线从 A 移到 B，之后 I_C 才下降到漏电流的大小，负载线随之移到 C；

有缓冲电路时：C_S 分流使 I_C 在 U_{CE} 开始上升时就下降，负载线经过 D 到达 C，负载线 ADC 安全，且经过的都是小电流或小电压区域，关断损耗大大降低，如图 1-2-25 所示。

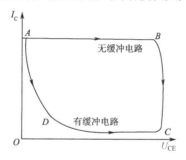

图 1-2-25 关断时的负载线

晶闸管在实用中一般只承受换相过电压，没有关断过电压，关断时也没有较大的 du/dt，一般采用 RC 吸收电路即可，还可将晶闸管串联一个小电感，用来防止较大的 di/dt。

用于 P-MOSFET 漏源过电压保护的缓冲电路，如图 1-2-26 所示。

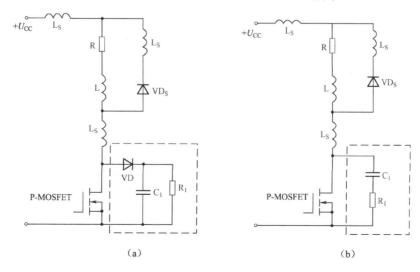

图 1-2-26 用于 P-MOSFET 漏源过电压保护的缓冲电路

用于 IGBT 桥臂模块的缓冲电路，如图 1-2-27 所示。

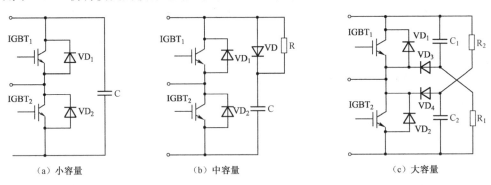

图 1-2-27　用于 IGBT 桥臂模块的缓冲电路

2.3.5　电力电子器件的串联和并联使用

电力电子器件的串联和并联是为了提高器件的电压和电流容量。单个电力电子器件能承受的正、反向电压是一定的，能通过的电流大小也是一定的。因此，由单个电力电子器件组成的电力电子装置容量就受到限制。几个电力电子器件串联或并联连接形成的组件，其耐压和通流的能力可以成倍地提高，这样就大大增大了电力电子装置的容量。

由于电力电子器件特性的个异性（即分散性），即使相同型号规格的电力电子器件，其静态和动态伏安特性也不相同，所以串、并联时，各器件并不能完全均匀地分摊电压和电流。串联时，承受电压最高的电力电子器件最易击穿。一旦击穿损坏，它原来所承担的电压又加到与它串联的其他器件上，可能造成其他元件的过压击穿损坏。并联时，承受电流最大的电力电子器件最易过流，一旦过流烧毁后，它原来所承担的电流又加到与它并联的其他元件上，可能造成其他元件的过流损坏。所以，在电力电子器件串、并联时，应着重考虑串联时器件之间的均压问题和并联时器件之间的均流问题。

1．晶闸管的串联和并联使用

晶闸管串联使用时，因器件阻断状态下漏电阻不同引起电压分配不均匀，属于静态（稳态）均压问题；由于器件开通时间和关断时间不一致，引起的电压分配不均匀属于动态均压问题。通常采用的均压措施有以下 3 种：

（1）静态均压措施：选用参数和特性尽量一致的器件，采用电阻均压，R_p 的阻值应比器件阻断时的正、反向电阻小得多。R_p 的阻值一般取晶闸管热态正、反向的漏电阻的 1/3～1/5。取得太大，均压效果差，取得太小，则电阻 R_p 上损耗的功率增加。

（2）动态均压措施：选择动态参数和特性尽量一致的器件，用 R、C 并联支路作动态均压。器件并联的阻容元件 R、C 除了有动态均压作用外，在某些情况下还具有过压保护等功能，在电路设计中需统一考虑。

（3）电力电子器件的驱动电路应保证所有串联的器件同时导通和同时关断，否则将会产生某器件的过压损坏。这就要求驱动电路除了保证各串联器件的驱动信号在时间上完全同步外，信号的前沿应陡，幅度应足够大，促使器件尽量同时开通和关断。

晶闸管并联使用时，会因静态和动态特性参数的差异而使电流分配不均匀。通常采用的均流措施有以下 4 种，使得并联后所能承受的总电流为并联器件额定电流总和的 85%～90%。

（1）尽量采用特性一致的元器件进行并联。

（2）器件串联均流电阻。

（3）器件串联电抗器均流。

（4）采用均流互感器均流。

当需要同时串联和并联晶闸管时，通常采用先串后并的方法连接。

晶闸管的串联和并联使用示例如图 1-2-28 所示，其中 R_P 为静态均压电阻，RC 为动态均压阻容电路。

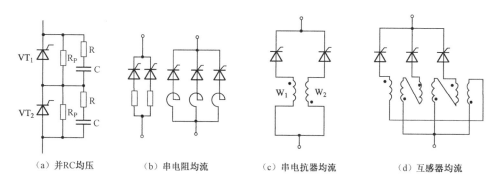

(a) 并RC均压　　(b) 串电阻均流　　(c) 串电抗器均流　　(d) 互感器均流

图 1-2-28　晶闸管的串联和并联使用

2. GTR 的串联、并联使用

由于 GTR 对过电压敏感，一般来说，GTR 不进行串联运行，但可以两个或多个并联扩流，由于元件参数分散性和主电路配线电感的分散性，并联均流方法主要有两种：①采用特性尽量一致的器件，或对均流有主要影响的个别参数选择一致，如 h_{FE}；②配线方式，理想的配线方式应使配线最短而且均匀，但由于各种条件的限制，要完全满足配线电阻和配线电感均等很难做到，必须在主电路的配线上下工夫，最好的办法就是采用模块。

3. 电力场效应晶体管并联使用

由于电力 MOSFET 具有负的电阻温度系数，因而具有自动均流作用，比较适合并联使用。但应注意选用 R_{on}、U_T、G_{fs} 和 C_{iss} 尽量相近的器件并联，电路走线和布局应尽量对称，可在源极电路中串入小电感，起到均流电抗器的作用。

4. IGBT 并联运行

IGBT 的通态压降在 1/2 或 1/3 额定电流以下的区段具有负温度系数，在 1/2 或 1/3 额定电流以上的区段则具有正温度系数。并联使用时也具有电流的自动均衡能力，易于并联。并联时须注意：①选用同一电压等级的模块；②并联使用的各 IGBT 的 I_C 不平衡率不大于±18%；③各 IGBT 的开启电压应尽量一致。总之，实际并联时，在器件参数选择、电路布局和走线等方面应尽量一致。

实训 2 触发电路安装与测试

（一）实训目的、要求

通过装配、调试一种集成触发电路，观察、记录、分析电路中各点电压波形。熟悉、掌握电路的工作原理，提高设计、装配、调试能力。为后续电路实习电源电路和触发电路的使用做好准备。

（二）实训准备

1. 材料准备（表 1-2-4）

表 1-2-4 材料表

名 称	型号规格	数 量	备 注
双踪示波器		1	
数字万用表		1	
万能实验电路板	6×13.5	2	电源板；触发板
触发集成电路	TCA785	1	
三端稳压器	7815	1	
三端稳压器	7915	1	
电源变压器	220/18V×2/5W	1	
同步变压器	220/15V	1	可自制
脉冲变压器	300T/200T×2	1	可自制
三极管	TIP41	2	
其他电子元件	参看图注		

2. 预习

复习教材，了解、熟悉锯齿波触发电路原理，波形；了解晶闸管单片移相触发集成电路 TCA785 的使用方法及应用；了解、熟悉实习电路、元件的性能及其工作原理。

（三）实训内容及步骤

晶闸管集成触发电路 KC04、KC05 等，在目前工业现场很少使用了。取而代之的是新型晶闸管集成触发电路，主要有西门子 TCA785，与 KC04 等相比它对零点的识别更加可靠，输出脉冲的齐整度更好，移相范围更宽；同时，它输出脉冲的宽度可人为自由调节，因而适用范围较广。

1. 电源电路制作

在万能焊接电路板（图 1-2-29）上安装由三端稳压器组成的两路输出直流稳压电源，电路图如图 1-2-30 所示（含电源电路部分）。

任务二 电力电子器件的驱动和保护

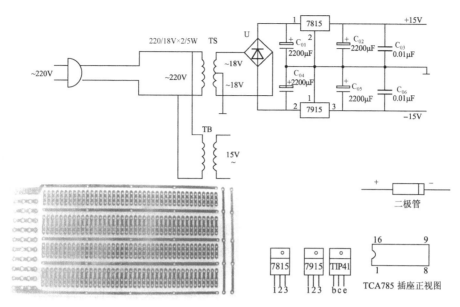

图 1-2-29 万能焊接电路板、电子元件实物图

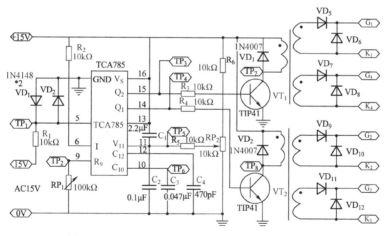

图 1-2-30 TCA785 触发电路（含电源电路部分）

（1）了解三端稳压器的原理，熟悉三端稳压器 7815、7915 的性能、引脚排列及其对应的功能。

（2）掌握电源电路原理，掌握各元件作用。

（3）在万能焊接电路板上布置好元件，要求元件排列均匀，布局合理。元件引脚极性正确。变压器不要求安装在板上，只安装电源变压器 TS 以后的电路。

（4）对焊接的要求：净化元件引线和焊点表面，焊接牢固，无虚焊，焊点光亮、圆滑、饱满、无裂纹、大小适中且一致，做到能免维护。

（5）根据电气原理图反复核对装配好的电路。

（6）220V 不能与印制电路板连接，变压器 220V 的引线要用绝缘胶布牢固扎住。

（7）通电试验，发现有发热、冒烟现象应立即拔掉电源。测量正负电源电压应为±15V，加上 200mA 的负载电流，电压值应不变。

(8) 拔掉调试好的电源电路的电源待用。

2. 触发电路制作

TCA785 的触发电路如图 1-2-30 所示。

(1) 原理：15V 交流同步电压经 R_1 加到 1 和 5 引脚之间，1 和 5 引脚利用反并限幅二极管（管压降为 IV 左右）将 5 引脚外接的 220V 交流电变成方波，从而给 TCA785 提供清晰的过零点信号。再经 TCA785 "内部过零检测"部分对同步电压信号进行检测，当检测到同步信号过零时，信号发送到"同步寄存器"。"同步寄存器"输出控制锯齿波发生电路，锯齿波的斜率大小由第 9 引脚外接电阻 RP_1 和 10 引脚外接电容 C_3 决定，电位器 RP_1 调节锯齿波的斜率；输出脉冲宽度由 12 引脚外接电容 C_4 的大小决定；14、15 引脚输出对应负半周和正半周的触发脉冲；移相控制电压从 11 引脚输入，调整 RP_2 在其有效范围（0.2V～13V）内连续变化时，脉冲输出 Q_1 和 Q_2 的相位即可在 0°～180°范围内移相，输出的脉冲恰好互差 180°，可供单相整流及逆变实验用；引脚 6 是脉冲信号禁止端。通过电阻 R_2（10 kΩ）接+15V 电源。当该端电压小于 2.5V 时，输出脉冲被封锁；而当该端电压大于 4V 时，封锁功能不起作用。因此，该引脚可作为主电路的可控硅过流、过热保护使用。

(2) 安装：根据原理图，在万能焊接电路板上布置好元件，要求元件排列均匀，布局合理。元件引脚极性正确。对焊接的要求：净化元件引线和焊点表面，焊接牢固，无虚焊，焊点光亮、圆滑、饱满、无裂纹、大小适中且一致。

(3) 通电试验：根据电气原理图反复核对装配好的电路，无误后，将原安装的电路电源和同步电源接入电路，接通 220V 电源。发现有发热、冒烟现象应立即拔掉电源。

(4) TCA785 触发电路各点波形的观察与测绘。

观察同步电压信号和锯齿波信号：将示波器 1 通道探头的地线接至地端，测试线接至同步电压信号交流 15V 端和 TP_1 端，2 通道的测试线接至 TP_6 端（锯齿波信号）。锯齿波的斜率由 TCA785 芯片"9"、"10"的电阻电容所确定。调节斜率电位器 RP_1，观察 TP_6 点锯齿波的斜率变化。观察同步电压信号及锯齿波信号的频率和相位应与电源 U_2 的信号相同，否则 α 移相角将不能满足要求。

观察控制角 α 的调整，再将示波器 1 通道探头的地线接至地端，测试线接至同步电压信号交流 15V 端，2 通道的测试线接至 TP_3、TP_4 端（触发信号）。调节 RP_2，改变给定电压 V_{11}，TP_3、TP_4 端的脉冲随着给定电压的增加，α 角在 0°～170°之间移动。记下各波形的幅值与宽度，观察和记录触发脉冲的移相范围。

观察触发信号，将 K_1、K_2、K_3 和 K_4 用导线短接，接至示波器 1 通道探头的地线。将 1 通道的测试线接至 G_1 端，2 通道的测试线接至 G_4 端，观察 G_1、K_1 和 G_4、K_4 端输出的触发信号，其幅值、频率和相位均相同；将 1 通道的测试线接至 G_2 端，2 通道的测试线接至 G_3 端，观察 G_2、K_2 和 G_3、K_3 端输出的触发信号，其幅值、频率和相位均相同；将 1 通道的测试线接至 G_1 端，2 通道的测试线接至 G_3 端，观察 G_1、K_1 和 G_3、K_3 端输出的触发信号，其幅值和频率相同，相位相差 180°。本实验做完后一定要将短接线拿掉，为整流电路使用做准备。

3. 实训报告

(1) 整理、描绘实验中记录的各点波形，并标出其幅值和宽度。

任务二 电力电子器件的驱动和保护

（2）写出实训电路的工作原理，讨论、分析实验中出现的各种现象并说明解决的措施，总结心得。

（3）触发电路波形图如图 1-2-31 所示。

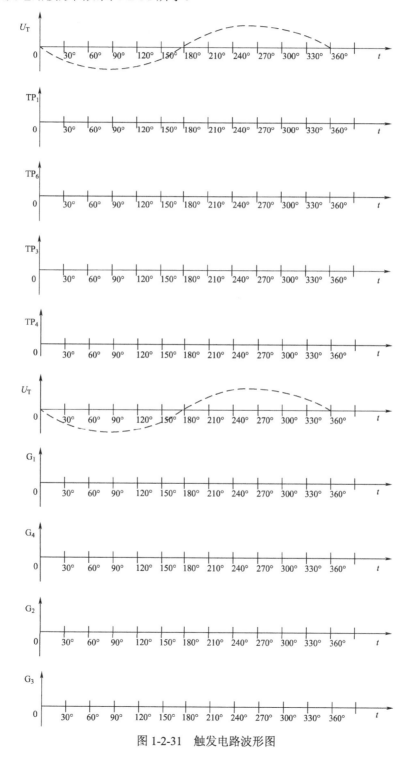

图 1-2-31 触发电路波形图

实训 3 驱动电路安装与测试

(一) 实训目的、要求

通过装配、调试、测量全控型电力电子器件驱动电路，理解全控型电力电子器件对驱动与保护电路的要求；熟悉全控型电力电子器件的驱动与保护电路的结构及特点；掌握全控型电力电子器件驱动电路的工作原理，提高设计、装配、调试能力。为后续电路实习电源电路和斩波、变频电路的使用做好准备。

(二) 实训准备

1. 材料准备（表 1-2-5）

表 1-2-5 材料表

名　　称	型号规格	数　量	备　注
双踪示波器		1	
数字万用表		1	
万能实验电路板	6×13.5	2	电源板；触发板
集成电路	CC4011	1	
光电耦合器	TLP550	2	或 TLP521
三端稳压器	7815	1	
三端稳压器	7915	1	
电源变压器	220/18V×2/5W	1	
变压器	220/110V　150VA	1	
变压器	220/24V　5W	1	
PWM 信号发生器		2	或自装一个由 555 电路组成的频率、占空比可调的信号发生电路
其他电子元件	参看图注		

2. 预习

复习教材，了解电力电子器件驱动原理、方法，了解 EXB841 的使用方法及应用；了解、熟悉实习电路、元件的性能及其工作原理。熟悉仪器仪表的使用方法。

（三）实训内容及步骤

1. 电路制作

（1）安装：根据原理图，在多块万能焊接电路板上分别安装 GTR（1/2QM50DY）驱动电路、IGBT 驱动电路、20V 电源电路、15V 电源电路，并安装驱动主电路，如图 1-2-32 所示。在布置元件时，要求元件排列均匀，布局合理，便于测量。元件引脚极性正确。对焊接的要求：净化元件引线和焊点表面，焊接牢固，无虚焊，焊点光亮、圆滑、饱满、无裂纹、大小适中且一致。

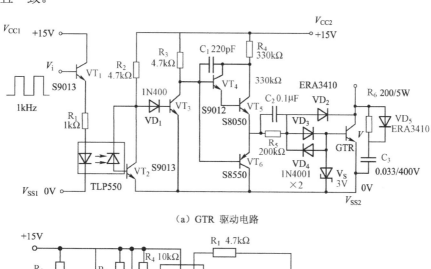

(a) GTR 驱动电路

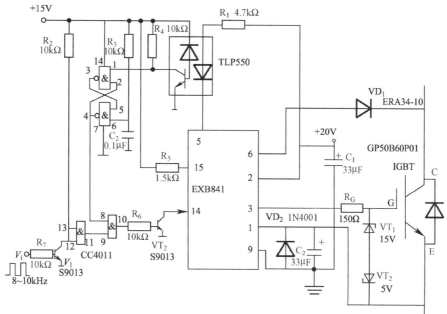

(b) IGBT 驱动电路

图 1-2-32　GTR、IGBT 驱动电路、电源电路及驱动主电路

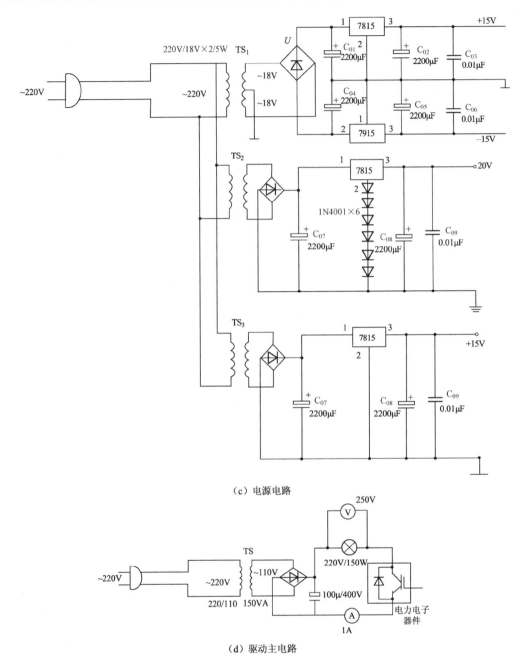

（c）电源电路

（d）驱动主电路

图 1-2-32 GTR、IGBT 驱动电路、电源电路及驱动主电路（续）

（2）通电试验：根据电气原理图反复核对装配好的电路，无误后，将原安装的电路电源和同步电源接入电路，接通 220V 电源。看有无发热、冒烟现象，发现有发热、冒烟现象应立即拔掉电源。

2．测量

1）GTR 驱动电路的测量

在断开电源的情况下，将驱动电路与主电路、电源电路相连接，先接通驱动电路电源，再接通主电路电源,在驱动电路输入端接入 1kHz 的方波信号。

(1) 在占空比为 0、30%、50% 的情况下:

使用双踪示波器测量输入 V_i 与输出白炽灯两端的波形,观察相位关系——时延。

测量 GTR 基极、输出两端电压,观察白炽灯亮度变化。

(2) 断开 VD_2(贝克钳位电路),在占空比为 0、30%、50% 的情况下:

使用双踪示波器测量输入 V_i 与输出白炽灯两端的波形,观察相位关系——时延。

测量 GTR 基极、输出两端电压,观察白炽灯亮度变化。

2) IGBT 驱动电路的测量

在断开电源的情况下,将驱动电路与主电路、电源电路相连接,先接通驱动电路电源,再接通主电路电源,在驱动电路输入端接入 8~10kHz 范围内的方波信号。

(1) 在占空比为 0、30%、50% 的情况下:

使用双踪示波器测量输入 V_i 与输出白炽灯两端的波形,观察相位关系——时延。

测量 IGBT 栅极、输出两端电压(IGBT 管压降),观察白炽灯亮度变化。

断开电源,在 20V 电源电压之间接入一个 10kΩ 的电位器,断开 VD_1 的负极,将负极接到电位器的滑动端,并将电位器滑动端与 20V 地端之间的电阻阻值调到零。

(2) 在占空比为 50% 的情况下:

接通电源,缓慢调整电位器,刚好使白炽灯熄灭时,测量电位器中心端(滑动端)的对地电压,此电压即为过流保护时 IGBT 集电极的动作电压。

3. 注意事项

(1) 示波器有两个探头,可同时观测两路信号,但这两路探头的地线都与示波器的外壳相连,所以,两个探头的地线不能同时接在同一电路中的不同点位的两点上,否则这两点会通过示波器的外壳发生电气短路。为此,为了保证测量的顺利进行,可将其中一根探头的地线取下,或外包绝缘,只使用其中一路的地线,这样从根本上解决了这个问题。当需要同时观测两个信号时,必须在被测电路上找到这两个信号的公共点,将探头的地线接与此处,探头各接至被测信号,示波器上能同时观测两路信号而不发生意外。

(2) 连接驱动电路时必须注意各器件不同的接地方式。

(3) 不同的驱动电路需接不同的控制电压,接线时应注意正确选择。

(4) 在实验开始时,必须先加上自关断器件的控制电压,然后再加主回路的电源;在实验结束时,必须先切断主回路电源,然后再切断控制电压。

4. 实训报告

(1) 分析各驱动电路原理。

(2) 整理并写出不同驱动器件的基极驱动电压、元件管压降。

(3) 画出在占空比为 0、30%、50% 的情况下输入 V_i 与(负载上的)输出波形。

(4) 讨论并分析实训中出现的问题并说明解决的措施,总结心得。

任务三 交流-直流（AC-DC）变换

在实践应用中，我们大量使用电能的变换电路。电能的变换主要有整流器、逆变器、斩波器、变频器、交流调压器等。

将交流电源变换成直流电源的电路称为 AC-DC 变换，又称整流电路。整流电路按交流输入相数大致可分为单相整流和多相整流；按导通角可控与否可分为可控整流和不可控整流；按电路形式可分为半波整流、全波整流与桥式整流等。

3.1 单相可控整流电路

根据整流电路所接负载形式，较常使用的有电阻性负载和电感性负载。在生产实际中属于电阻性的负载有电解、电镀、电焊、电阻加热炉等，电阻性负载的最大特点是负载上的电压、电流同相位，波形相同；属于电感性负载的常有各类电机的激磁绕组、串接平波电抗器的负载等。电感性负载的特点：电感对电流变化有阻碍作用，使得流过电感的电流不能发生突变。这种阻碍作用表现在电流变化时电感自感电势的产生及其对晶闸管等电力电子器件导通与截止的作用，此时负载上的电压、电流相位及波形不再相同。

1. 单相半波可控整流电路

1）电阻性负载

图 1-3-1 表示了一个带电阻性负载的单相半波可控整流电路及电路波形。图中 T 为整流变压器，用来变换电压；VT 为单向晶闸管，用来控制电路的导通及导通时刻；R_d 为电阻性负载，消耗电能，承担电能转换作用。

变压器副边电压 U_2 正半周时，$U_2>0$；若 $U_g=0$，晶闸管不导通，$U_d=0$，$U_T=U_2$，$I_d=0$；在 ωt_1 时刻，控制极加触发信号，晶闸管 VT 承受正向电压导通，$U_d=U_2$，$U_T=0$，$I_d=U_2/R_d$。在 $\omega t=\pi$ 时刻，电源电压过零，晶闸管电流小于维持电流而关断，$I_d=0$。

变压器副边电压 U_2 负半周时，VT 承受反向电压而截止，$I_d=0$，$U_d=0$，直到电源电压 U_2 的下一周期。

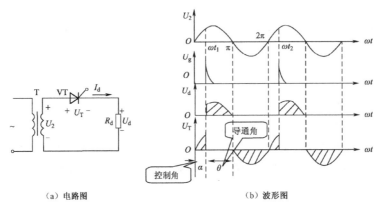

(a) 电路图　　　　　　　(b) 波形图

图 1-3-1　单相半波阻性负载可控整流电路及波形

任务三 交流-直流（AC-DC）变换

晶闸管从承受正向电压开始到导通时止之间的电角度称为触发角α，触发角α又称触发延迟角或控制角。在图1-3-1中，$\omega t_1 = \alpha$，α越小，输出电压U_d越大。晶闸管在一周期内处于通态的电角度称为导通角θ，在图1-3-1中，$\theta = \pi - \omega t_1 = \pi - \alpha$。改变触发脉冲$U_g$出现的时刻，即改变控制角$\alpha$的大小，称为移相。触发脉冲$U_g$在一连续的移动范围内，都能使晶闸管触发导通，它决定了输出电压的变化范围，这种触发脉冲U_g的移动范围称为移相范围。所以，单相半波可控整流电路移相范围为$0 \sim \pi$。由于可控整流是通过触发脉冲的移相控制来实现的，故又称相控整流。

整流电路输出直流电压平均值U_d为：

$$U_d = \frac{1}{2\pi}\int_{\alpha}^{\pi}\sqrt{2}U_2\sin\omega t\, d(\omega t)$$

$$= \frac{\sqrt{2}U_2}{\pi}\frac{1+\cos\alpha}{2} = 0.45U_2\frac{1+\cos\alpha}{2}$$

输出直流电压平均值I_d为：

$$I_d = \frac{U_d}{R} = 0.45\frac{U_2}{R}\frac{1+\cos\alpha}{2}$$

输出电流有效值为：

$$I = I_T = I_R = \sqrt{\frac{1}{2\pi}\int_{\alpha}^{\pi}\left(\frac{\sqrt{2}U_2}{R}\sin\alpha\right)^2 d(\omega t)}$$

$$= \frac{U_2}{R}\sqrt{\frac{1}{4\pi}\sin 2\alpha + \frac{\pi-\alpha}{2\pi}}$$

输出电压有效值U为：

$$U = \sqrt{\frac{1}{2\pi}\int_{\alpha}^{\pi}\left(\sqrt{2}U_2\sin\omega t\right)^2 d(\omega t)}$$

$$= U_2\sqrt{\frac{1}{4\pi}\sin 2\alpha + \frac{\pi-\alpha}{2\pi}}$$

2）电感性负载

电感性负载的电路原理图及波形，如图1-3-2所示。

（1）在$\omega t = 0 \sim \alpha$期间：晶闸管阳、阴极间的电压U_T大于零，此时没有触发信号，晶闸管处于正向关断状态，输出电压、电流都等于零。

（2）在$\omega t = \alpha$时刻，门极加触发信号，晶闸管触发导通，电源电压U_2加到负载上，输出电压$U_d = U_2$。由于电感的存在，负载电流I_d只能从零按指数规律逐渐上升。

（3）在$\omega t = \omega t_1 \sim \omega t_2$期间：输出电流$I_d$从零增至最大值。在$I_d$的增长过程中，电感产生的感应电势力图限制电流增大，电源提供的能量一部分供给负载电阻，一部分为电感的储能。

（4）在$\omega t = \omega t_2 \sim \omega t_3$期间：负载电流从最大值开始下降，电感电压改变方向，电感释放能量，企图维持电流不变。

（5）在$\omega t = \pi$时，交流电压U_2过零，由于感应电压的存在，晶闸管阳极、阴极间的电压U_T仍大于零，晶闸管继续导通，此时电感储存的磁能一部分释放变成电阻的热能，另一部分磁能变成电能送回电网，电感的储能全部释放完后，晶闸管在U_2反压作用下而截止。直到下一个周期的正半周，即 $\omega t = 2\pi + \alpha$ 时，晶闸管再次被触发导通，如此循环不已。

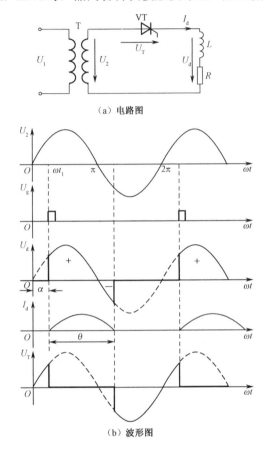

图 1-3-2　单相半波感性负载可控整流电路及波形

与电阻性负载相比，由于大电感的作用，使得晶闸管的导通角增大，在电源电压由正经过零点到负时，晶闸管仍不会关断，导致输出电压波形出现了负值，输出电压和电流的平均值减小，甚至趋于零。所以，在实际的大电感电路中，常常在负载两端并联一个续流二极管。

带续流二极管的电感性负载电路原理图及波形，如图 1-3-3 所示。

在电源电压正半波，电压 $U_2 > 0$，晶闸管 $U_T > 0$。在 $\omega t = \alpha$ 处触发晶闸管，使其导通，形成负载电流 I_d，负载上有输出电压和电流，此间续流二极管 VD 承受反向阳极电压而关断。

在电源电压负半波，电感感应电压使续流二极管 VD 导通续流，此时电压 $U_2 < 0$，U_2 通过续流二极管 VD 使晶闸管承受反向电压而关断，负载两端的输出电压为续流二极管的管压降，如果电感足够大，续流二极管一直导通到下一周期晶闸管导通，使 I_d 连续，且 I_d 波形近似为一条直线。

由以上分析可看出，电感性负载加续流二极管后，输出电压波形与电阻性负载波形相同，续流二极管可起到提高输出电压的作用。在大电感性负载时负载电流波形连续且近似一条直线，流过晶闸管的电流波形和流过续流二极管的电流波形是矩形波。

对于电感性负载加续流二极管的单相半波可控整流器移相范围与单相半波可控整流器

电阻性负载相同，为 0°～180°，且有 $\alpha+\theta=180°$。因而直流平均电压 U_d 的大小也相同。

$$U_d = \frac{1}{2\pi}\int_\alpha^\pi \sqrt{2}U_2 \sin\omega t\, d(\omega t)$$

$$= \frac{\sqrt{2}U_2}{\pi}\frac{1+\cos\alpha}{2}$$

$$= 0.45 U_2 \frac{1+\cos\alpha}{2}$$

输出电流平均值 I_d：

$$I_d = \frac{U_d}{R} = 0.45\frac{U_2}{R}\frac{1+\cos\alpha}{2}$$

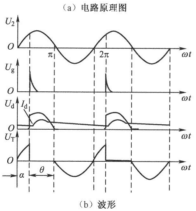

图 1-3-3　带续流二极管的电感性负载电路原理图及波形

晶闸管的电流平均值 I_{dT}：

$$I_{dT} = \frac{\pi-\alpha}{2\pi}I_d$$

晶闸管的电流有效值 I_T：

$$I_T = \sqrt{\frac{1}{2\pi}\int_\alpha^\pi I_d^2 d(\omega t)} = \sqrt{\frac{\pi-\alpha}{2\pi}}I_d$$

续流二极管的电流平均值 I_{dDR} 与续流二极管的电流有效值 I_{DR}：

$$I_{dDR} = \frac{\pi+\alpha}{2\pi}I_d$$

$$I_{DR} = \sqrt{\frac{1}{2\pi}\int_0^{\pi+\alpha} I_d^2 d(\omega t)} = \sqrt{\frac{\pi+\alpha}{2\pi}}I_d$$

晶闸管和续流二极管承受的最大正反向电压均为电源电压的峰值：

$$U_m = \sqrt{2}U_2$$

单相半波可控整流电路的特点简单,但输出脉动大,变压器二次侧电流中含直流分量,造成变压器铁芯直流磁化,实际上很少应用此种电路。

分析该电路的主要目的在于利用其简单易学的特点,建立起整流电路的基本概念。

2. 单相桥式全控整流电路

1)电阻性负载

图 1-3-4 为电阻性负载单相桥式可控整流电路和波形,VT_1 和 VT_4 组成一对桥臂,VT_2 和 VT_3 组成另一对桥臂。晶闸管 VT_1 和 VT_3 接成共阴极,晶闸管 VT_2 和 VT_4 接成共阳极。

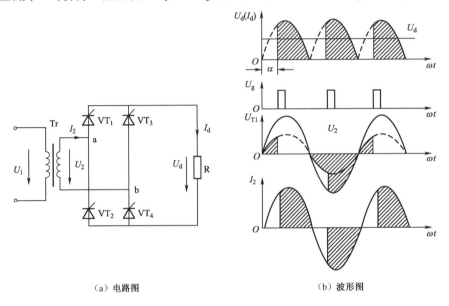

(a)电路图　　　　　　　(b)波形图

图 1-3-4　电阻性负载单相桥式可控整流电路和波形

(1)在 U_2 正半波的($0\sim\alpha$)区间。

晶闸管 VT_1、VT_4 承受正压,但无触发脉冲,4 个晶闸管都不通。假设 4 个晶闸管的漏电阻相等,则 $U_{T1}=U_{T4}=U_{T2}=U_{T3}=1/2\ U_2$。

(2)在 U_2 正半波的 $\omega t=\alpha$ 时刻。

触发晶闸管 VT_1、VT_4 使其导通。电流沿 $a\rightarrow VT_1\rightarrow R\rightarrow VT_4\rightarrow b\rightarrow Tr$ 的二次绕组$\rightarrow a$ 流通,负载上有电压($U_d=U_2$)和电流输出,两者波形相位相同且 $U_{T1}=U_{T4}=0$。此时电源电压反向施加到晶闸管 VT_2、VT_3 上,使其承受反压而处于关断状态,则 $U_{T2}=U_{T3}=1/2\ U_2$。晶闸管 VT_1、VT_4 一直导通到 $\omega t=\pi$ 止,此时因电源电压过零,晶闸管阳极电流下降为零而关断。

(3)在 U_2 负半波的($\pi\sim\pi+\alpha$)区间。

晶闸管 VT_2、VT_3 承受正压,因无触发脉冲,VT_2、VT_3 处于关断状态。此时,$U_{T2}=U_{T3}=U_{T1}=U_{T4}=1/2\ U_2$。

(4)在 U_2 负半波的 $\omega t=\pi+\alpha$ 时刻。

触发晶闸管 VT_2、VT_3,元件导通,电流沿 $b\rightarrow VT_3\rightarrow R\rightarrow VT_2\rightarrow a\rightarrow Tr$ 的二次绕组$\rightarrow b$ 流通,电源电压沿正半周期的方向施加到负载电阻上,负载上有输出电压($U_d=-U_2$)和电流,且波形相位相同。此时电源电压反向加到晶闸管 VT_1、VT_4 上,使其承受反压而处于关断状态。晶闸管 VT_2、VT_3 一直要导通到 $\omega t=2\pi$ 为止，此时电源电压再次过零，晶闸管阳极电流也下降为零而关断。晶闸管 VT_1、VT_4 和 VT_2、VT_3 在对应时刻不断周期性交替导通、关断。

单相桥式整流器电阻性负载时的移相范围是 0°～180°。$\alpha=0$° 时，输出电压最高；$\alpha=180$° 时，输出电压最小。晶闸管承受最大正反向电压 U_m 是相电压峰值。

负载上正负两个半波内均有相同方向的电流流过，从而使直流输出电压、电流的脉动程度较前述单相半波得到了改善。变压器二次绕组在正、负半周内均有大小相等、方向相反的电流流过，从而改善了变压器的工作状态，并提高了变压器的有效利用率。

输出电压平均值 U_d 为：

$$U_d = \frac{1}{\pi}\int_\alpha^\pi \sqrt{2}U_2 \sin\omega t \mathrm{d}(\omega t)$$

$$= \frac{2\sqrt{2}U_2}{\pi}\frac{1+\cos\alpha}{2} = 0.9U_2 \frac{1+\cos\alpha}{2}$$

输出电流平均值 I_d 为：

$$I_d = \frac{U_d}{R} = 0.9\frac{U_2}{R}\frac{1+\cos\alpha}{2}$$

输出电压有效值 U 为：

$$U = \sqrt{\frac{1}{\pi}\int_\alpha^\pi \left(\sqrt{2}U_2 \sin\omega t\right)^2 \mathrm{d}(\omega t)} = U_2\sqrt{\frac{1}{2\pi}\sin 2\alpha + \frac{\pi-\alpha}{\pi}}$$

输出电流有效值 I 与变压器二次侧电流 I_2 相同，且为：

$$I = I_2 = \frac{U}{R} = \frac{U_2}{R}\sqrt{\frac{1}{2\pi}\sin 2\alpha + \frac{\pi-\alpha}{\pi}}$$

晶闸管的电流平均值 I_{dT} 与晶闸管电流有效值 I_T 为：

$$I_{dT} = \frac{1}{2}I_d$$

$$I_T = \frac{U_2}{R}\sqrt{\frac{1}{4\pi}\sin 2\alpha + \frac{\pi-\alpha}{2\pi}} = \frac{1}{\sqrt{2}}I_2$$

晶闸管承受的最大反向峰值电压为相电压峰值 $\sqrt{2}U_2$。

2）电感性负载

单相桥式全控整流电路带电感性负载时的原理图如图 1-3-5（a）所示。假设负载电感足够大（$\omega L \gg R$），电路已处于正常工作过程的稳定状态，则负载电流 I_d 连续、平直，大小为 I_d。

（1）在 U_2 正半波的（0～α）区间：晶闸管 VT_1、VT_4 承受正压，但无触发脉冲，处于关断状态。因已假设电路已工作在稳定状态，则在 0～α 区间由于电感释放能量，晶闸管 VT_2、VT_3 维持导通。

（2）在 U_2 正半波的 $\omega t=\alpha$ 时刻及以后：在 $\omega t=\alpha$ 处触发晶闸管 VT_1、VT_4 使其导通，电流沿 a→VT_1→L→R→VT_4→b→T 的二次绕组→a 流通，此时负载上有输出电压（$U_d=U_2$）和电流。电源电压反向加到晶闸管 VT_2、VT_3 上，使其承受反压而处于关断状态。

电机调速技术与技能训练

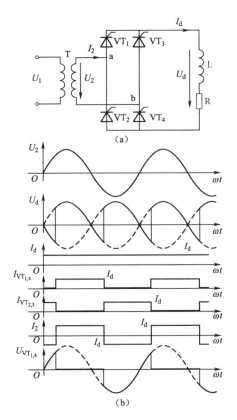

图 1-3-5 单相桥式全控整流电路（电感性负载）

（3）在 U_2 负半波的（$\pi \sim \pi+\alpha$）区间：$\omega t=\pi$ 时，虽电源电压过零，但感应电势使晶闸管 VT_1、VT_4 继续导通。在电压负半波，晶闸管 VT_2、VT_3 承受正压，因无触发脉冲，VT_2、VT_3 处于关断状态。

（4）在 U_2 负半波的 $\omega t=\pi+\alpha$ 时刻及以后：在 $\omega t=\pi+\alpha$ 处触发晶闸管 VT_2、VT_3 使其导通，电流沿 b→VT_3→L→R→VT_2→a→T 的二次绕组→b 流通，电源电压沿正半周期的方向施加到负载上，负载上有输出电压（$U_d=-U_2$）和电流。此时电源电压反向加到 VT_1、VT_4 上，使其承受反压而变为关断状态。晶闸管 VT_2、VT_3 一直要导通到下一周期 $\omega t=2\pi+\alpha$ 处，再次触发晶闸管 VT_1、VT_4 为止。

从波形可以看出，$\alpha>90°$ 时输出电压波形正负面积相同，平均值为零，所以移相范围是 $0\sim90°$。控制角 α 在 $0\sim90°$ 之间变化时，晶闸管导通角 $\theta\equiv\pi$，导通角 θ 与控制角 α 无关，晶闸管承受的最大反向峰值电压为相电压峰值 $\sqrt{2}U_2$。

输出电压平均值 U_d：

$$U_d = \frac{1}{\pi}\int_{\alpha}^{\pi+\alpha}\sqrt{2}U_2\sin\omega t\,d\omega t = 0.9U_2\cos\alpha$$

输出电流平均值 I_d 和变压器副边电流 I_2：

$$I_d = \frac{U_d}{R} = I_2$$

晶闸管的电流平均值 I_{dT}：

任务三 交流-直流（AC-DC）变换

由于晶闸管轮流导电，所以，流过每个晶闸管的平均电流只有负载上平均电流的一半。

$$I_{dT} = \frac{1}{2}I_d$$

晶闸管的电流有效值 I_T 与通态平均电流 I_T（AV）：

$$I_T = \frac{1}{\sqrt{2}}I_d \quad I_{T(AV)} = \frac{I_T}{1.57}(1.5 \sim 2)$$

3）反电势负载

在工业生产中，常常遇到充电的蓄电池和正在运行中的直流电动机之类的负载。它们本身具有一定的直流电势，对于可控整流电路来说是一种反电势性质负载。在分析带反电势负载可控整流电路时，必须充分注意晶闸管导通的条件，那就是只有当直流电压 U_d 瞬时值大于负载电势 E 时，整流桥中晶闸管才承受正向阳压而可能被触发导通，电路才有直流电流 I_d 输出。

当电路负载为蓄电池、直流电机电枢绕组（忽略电感）时，可认为是电阻反电势负载，图 1-3-6（a）为整流电路给蓄电池负载供电。

在 $|U_2|>E$ 时，才有晶闸管承受正电压，有导通的可能，导通之后，$U_d=U_2$，直至 $|U_2|=E$，I_d 即降至 0 使得晶闸管关断，此后 $U_d=E$ 与电阻性负载时相比，晶闸管提前了电角度 δ，停止导电，δ 称为停止导电角。它表征了在给定的反电势 E、交流电压有效值 U_2 下，晶闸管元件可能导通的最早时刻，如图 1-3-6（b）所示。

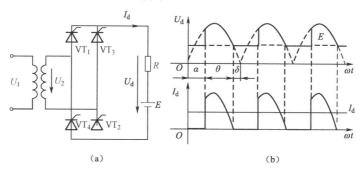

图 1-3-6 单相桥式全控整流电路接反电动势负载时的电路及波形

当控制角 $\alpha>\delta$ 时，$U_2>E$，晶闸管上承受正向阳极电压，能触发导通，导通后元件一直工作到 $U_2=E$，$\omega t=\pi-\delta$ 处为止。可以看出，晶闸管导通的时间比电阻性负载时缩短了。反电势 E 越大，导通角 θ 越小，负载电流处于不连续状态。这样一来，在输出同样平均电流 I_d 条件下，所要求的电流峰值变大，因而有效值电流要比平均值电流大得多。

当 $\alpha<\delta$ 时，虽触发脉冲在 $\omega t=\alpha$ 时刻施加到晶闸管门极上，但此时 $U_2<E$，管子还承受反向阳极电压而不能导通。一直要待到 $\omega t=\delta$ 时，$U_2=E$ 后，元件才开始承受正向阳极电压，具备导通条件。为此要求触发脉冲具有足够的宽度，保证在 $\omega t=\delta$ 时脉冲尚未消失，才能保证晶闸管可靠地导通。脉冲最小宽度必须大于 $\delta-\alpha$。

负载为直流电动机时，如果出现电流断续，则电动机的机械特性将很软。

为了克服此缺点，一般在主电路中直流输出侧串联一个平波电抗器，用来减少电流的脉动和延长晶闸管导通的时间。

直流电动机串联平波电抗器后的原理图如图 1-3-7（a）所示，此时属于电感-反电势负载情况。其中，L_d 为包括平波电抗器与电机电枢线圈在内的线路总电感。

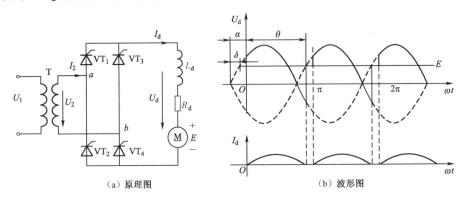

(a) 原理图　　　　　　　　　　(b) 波形图

图 1-3-7　单相桥式全控整流电路（电感-反电势负载）

假设 $\alpha > \delta$ 时触发导通桥式全控整流电路中的一对晶闸管，受电感 L_d 的阻塞作用，直流 i_d 从零开始逐渐增长。又正因为电感的作用，当交流电压 U_2 小于电枢反电势 E 后，L_d 上的自感电势能帮助维持晶闸管继续导通，甚至在 U_2 为负值时也能使管子不关断，这是串接电感后电路工作的最大特点。电路的电压、电流波形如图 1-3-7（b）所示。

这时整流电压 U_d 的波形和负载电流 I_d 的波形与电感性负载电流连续时的波形相同，U_d 的计算公式也一样。

为了保证电流连续所需的电感量，L_d 可由下式求出：

$$L_d = \frac{2\sqrt{2}U_2}{\pi \omega I_{d\min}} = 2.87 \times 10^{-3} \frac{U_2}{I_{d\min}}$$

单相桥式全控整流电路具有整流波形好，变压器无直流磁化，绕组利用率高，整流电路功率因数高等优点。另外，它的 $U_d/U_2=f(\alpha)$ 函数为余弦关系，斜率比其他单相可控整流陡，说明整流电路电压放大倍数大，控制灵敏度高。单相可控整流电路虽结构简单、制造和调整容易，但电压纹波大、波形差，控制滞后时间长，从而快速性差。特别是对于三相电网而言，仅为一相负载，影响了三相电源的平衡性。因此，在负载容量较大（4kW 以上），以及对整流电路性能指标有更高要求时，多采用三相可控整流电路。

3. 单相桥式半控整流电路

在单相全控桥中，每个导电回路中有两个晶闸管，为了对每个导电回路进行控制，只需要一个晶闸管就可以了，另一个晶闸管可以用二极管代替，从而简化整个电路。如此即成为单相桥式半控整流电路，如图 1-3-8 所示。

半控电路与全控电路在电阻性负载时的工作情况相同，单相半控桥带阻感负载的情况，假设负载中电感很大，且电路已工作于稳态。

在无续流二极管情况下：在 U_2 正半周，触发角 α 处给晶闸管 VT_1 加触发脉冲，U_2 经 VT_1 和 VD_4 向负载供电。U_2 过零变负时，因电感作用使电流连续，VT_1 继续导通。但因 a 点电位低于 b 点电位，使得电流从 VD_4 转移至 VD_2，VD_4 关断，电流不再流经变压器二次绕组，而是由 VT$_1$ 和 VD$_2$ 续流。在 U_2 负半周触发角 α 时刻触发 VT$_3$，VT$_3$ 导通，则向 VT$_1$ 加反压使之关断，U_2 经 VT$_3$ 和 VD$_2$ 向负载供电。U_2 过零变正时，VD$_4$ 导通，VD$_2$ 关断。VT$_3$ 和 VD$_4$ 续流，U_d 又为零。

当 α 突然增大至 180°或触发脉冲丢失时，会发生一个晶闸管持续导通而两个二极管轮流导通的情况，这使 U_d 成为正弦半波，即半周期 U_d 为正弦，另外半周期 U_d 为零，其平均值保持恒定，称为失控。

有续流二极管 VD$_R$ 时，续流过程由 VD$_R$ 完成，晶闸管关断，避免了某一个晶闸管持续导通从而导致失控的现象。同时，续流期间导电回路中只有一个管压降，有利于降低管子损耗。

单相桥式半控整流电路的另一种接法相当于把图 1-3-5（a）中的 VT$_3$ 和 VT$_4$ 换为二极管 VD$_3$ 和 VD$_4$，这样可以省去续流二极管 VD$_R$，续流由 VD$_3$ 和 VD$_4$ 来实现。

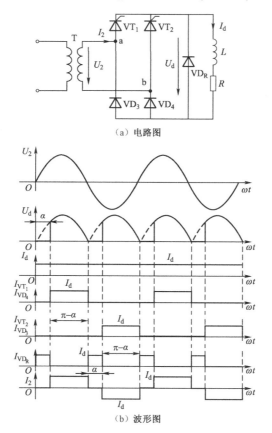

图 1-3-8 单相桥式半控整流电路有续流二极管、电感性负载时的电路及波形

3.2 三相可控整流电路

单相可控整流电路的整流电压脉动大，脉动频率低，而且对三相电网电源来说，仅是其中一相负载，影响三相电网的平衡运行。一般当负载容量较大（4kW 以上），要求直流电压

脉动较小时，可采用使用三相电源的三相整流电路。有些晶闸管的电力拖动系统，容量虽不大，但控制的快速性有特殊要求，也应考虑三相可控整流电路。这是因为三相整流装置三相是平衡的，输出的电流电压和电流脉动小，容易滤波，对电网影响小，以及控制滞后时间短的缘故。基本电路是三相半波可控整流电路，三相桥式全控整流电路应用最广。

1．三相半波可控整流电路

1）电阻性负载

三相半波可控整流电路接电阻性负载的电路图如图 1-3-9（a）所示。整流变压器原边绕组一般接成三角形，使三次谐波电流能够流通，以保证变压器电势不发生畸变，从而减小谐波。副边绕组为带中线的星形接法，三个晶闸管阳极分别接至星形的三相，阴极接在一起接至星形的中点。这种晶闸管阴极接在一起的接法称为共阴极接法。共阴极接法便于安排有公共线的触发电路，应用较广。

三相可控整流电路的运行特性、各处波形、基本数量关系不仅与负载性质有关，而且与控制角 α 有很大关系，应按不同 α 进行分析。

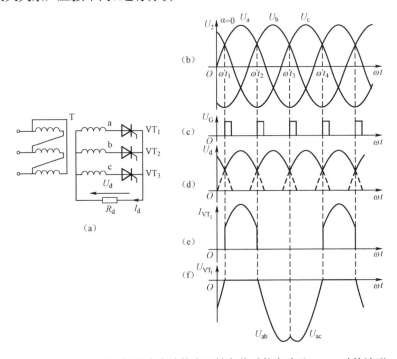

图 1-3-9　三相半波可控整流电路接电阻性负载时的电路及 $\alpha=0°$ 时的波形

（1）$\alpha=0°$ 时的工作原理分析。

在三相可控整流电路中，控制角 α 的计算起点不再选择在相电压由负变正的过零点，而选择在各相电压的交点处，即自然换流点，是各相晶闸管能触发导通的最早时刻，将其作为计算各晶闸管触发角 α 的起点，即 $\alpha=0°$ 处。

这样，$\alpha=0°$ 意味着在 ωt_1 时给 a 相晶闸管 VT_1 门极上施加触发脉冲 U_{G1}；在 ωt_2 时给 b 相晶闸管 VT_2 门极上施加触发脉冲 U_{G2}；在 ωt_3 时给 c 相晶闸管 VT_3 门极上施加触发脉冲 U_{G3}

等，如图 1-3-12（c）所示。

在 $\omega t_1 \sim \omega t_2$ 区间：a 相电压 U_a 最高，VT_1 具备导通条件。ωt_1 时刻触发脉冲 U_{G1} 加在 VT_1 门极上，VT_1 导通，负载 R_d 上得到 a 相电压，即 $U_d=U_a$，如图 1-3-12（d）所示。

在 $\omega t_2 \sim \omega t_3$ 区间：U_b 电压最高，ωt_2 时刻触发脉冲 U_{G2} 加在 VT_2 门极上，VT_2 导通，R_d 上得到 b 相电压，$U_d=U_b$。与此同时，b 点电位通过导通的 VT_2 加在 VT_1 的阳极上。由于此时 $U_b>U_a$，使 VT_1 承受反向阳极电压而关断。VT_2 导通、VT_1 关断，这样就完成了一次换流（由一相晶闸管导通转换为另一相晶闸管导通的过程称为换流）。

在 $\omega t_3 \sim \omega t_4$ 区间：U_c 电压最高，ωt_3 时刻触发脉冲 U_{G3} 加在 VT_3 门极上，VT_3 导通，R_d 上得到 c 相电压，$U_d=U_c$。与此同时，c 点电位通过导通的 VT_3 加在 VT_2 的阳极上。由于此时 $U_c>U_b$，使 VT_2 承受反向阳极电压而关断。VT_3 导通、VT_2 关断，这样又完成了一次换流。

任一时刻，只有承受最高压的晶闸管才能导通，输出电压 U_d 是相电压波形的一部分，每周期脉动三次，是三相电源相电压正半波完整的包络线，输出电流 I_d 与电压 U_d 波形相同、相位相同，如图 1-3-12（d）所示。

三相晶闸管自然换相点彼此相差 120°，三相触发脉冲的间隔为 120°，因此，为了保证正常的换流，必须使触发脉冲的相序与电源相序一致。

变压器副边绕组电流 I_2 即晶闸管中的电流 I_T。a 相绕组中的电流波形，即 VT_1 中的电流波形，I_{T1} 为直流脉动电流，如图 1-3-12（e）所示。

每个晶闸管承受的电压（或波形）分为三部分，每部分占 1/3 周期。以 VT_1 管上的电压 U_{T1} 为例，如图 1-3-12（f）所示，在 $\omega t_1 \sim \omega t_2$ 区间，VT_1 导通时，为管压降，$U_{T1}=U_T \approx 0$；在 $\omega t_2 \sim \omega t_3$ 区间，VT_2 导通，VT_1 上承受的 a、b 之间的电位差，即 $U_{T1}=U_{ab}$；在 $\omega t_3 \sim \omega t_4$ 区间，VT_3 导通时，$U_{T1}=U_{ac}$。晶闸管上关断时承受的全为反向阳极电压，最大值为线电压幅值。

（2）$\alpha \leqslant 30°$ 时的工作原理分析。

不难分析，增大 α 值，将脉冲后移，整流电路的工作情况相应地发生变化，$\alpha=30°$ 时的波形负载电流处于连续和断续之间的临界状态，如图 1-3-10 所示。

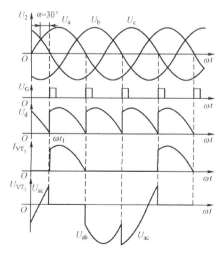

图 1-3-10　三相半波可控整流电路电阻性负载 $\alpha=30°$ 时的波形

（3）α>30°时的工作原理分析。

当控制角α>30°时，直流电流变得不连续。图1-3-11给出了α=60°时的各处电压、电流波形。当一相电压过零变负时，该相晶闸管自然关断。此时虽下一相电压最高，但该相晶闸管门极触发脉冲尚未到来而不能导通，造成各相晶闸管均不导通的局面，从而输出直流电压、电流均为零，电流断续。一直要到α=60°，下一相管子才能导通，此时，管子的导通角小于120°。

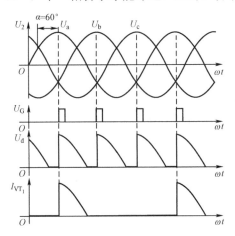

图1-3-11 三相半波可控整流电路电阻性负载α=60°时的波形

随着α角的增加，导通角也随之减小，直流平均电压U_d也减小。当α=150°时，θ=0°，$U_d=0$。所以，三相半波整流电路电阻性负载的移相范围是0°～150°。由于电流不连续，使晶闸管上承受的电压与连续时有较大的不同，其波形如图1-3-14所示。

输出电压平均值U_d：

α=30°是U_d波形连续和断续的分界点。计算输出电压平均值U_d时应分两种情况进行。

① 当α≤30°时，
$$U_d = \frac{1}{2\pi/3} \int_{\frac{\pi}{6}+\alpha}^{\frac{5\pi}{6}+\alpha} \sqrt{2}U_2 \sin\omega t\, d(\omega t) = 1.17U_2 \cos\alpha$$

② 当α>30°时，
$$U_d = \frac{1}{2\pi/3} \int_{\frac{\pi}{6}+\alpha}^{\pi} \sqrt{2}U_2 \sin\omega t\, d(\omega t) = 0.675U_2[1+\cos(\pi/6+\alpha)]$$

输出电流平均值I_d：
$$I_d = \frac{U_d}{R}$$

晶闸管电流平均值I_{dT}：
$$I_{dT} = \frac{1}{3}I_d$$

晶闸管电流有效值I_T：

① 当α≤30°时，
$$I_T = \sqrt{\frac{1}{2\pi}\int_{\frac{\pi}{6}+\alpha}^{\frac{5\pi}{6}+\alpha}\left(\frac{\sqrt{2}U_2\sin\omega t}{R_d}\right)^2 d(\omega t)} = \frac{U_2}{R}\sqrt{\frac{1}{2\pi}\left(\frac{2\pi}{3}+\frac{\sqrt{3}}{2}\cos 2\alpha\right)}$$

② 当 $\alpha > 30°$ 时，

$$I_T = \sqrt{\frac{1}{2\pi}\int_{\frac{\pi}{6}+\alpha}^{\pi}\left(\frac{\sqrt{2}U_2\sin\omega t}{R_d}\right)^2 d(\omega t)} = \frac{U_2}{R}\sqrt{\frac{1}{2\pi}\left(\frac{5\pi}{6}-\alpha+\frac{\sqrt{3}}{4}\cos 2\alpha+\frac{1}{4}\sin 2\alpha\right)}$$

晶闸管承受的最大反向电压 U_{RM} 为线电压峰值 $U_{RM}=\sqrt{6}U_2$，晶闸管承受最大正向电压 U_{TM} 为晶闸管不导通时的阴、阳极间电压差，即相电压峰值 $U_{TM}=\sqrt{2}U_2$。

2) 电感性负载

电感性负载时的三相半波可控整流电路如图 1-3-12（a）所示。假设负载电感足够大，直流电流 I_d 连续。

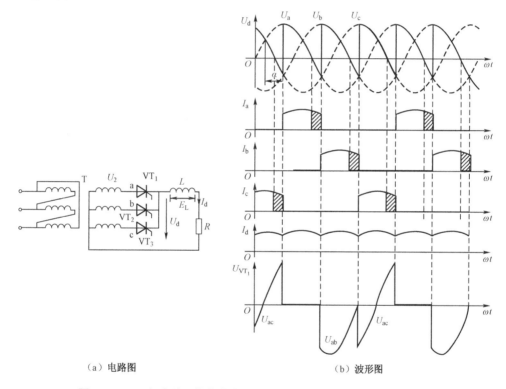

（a）电路图　　　　　　　　　　　（b）波形图

图 1-3-12　三相半波可控整流电路（电感性负载）及波形（$\alpha=60°$）

当 $\alpha \leq 30°$ 时，相邻两相的换流是在原导通相的交流电压过零变负之前，工作情况与电阻性负载相同。由于负载电感的储能作用，电流 I_d 波形近似平直，晶闸管中分别流过幅度 I_d、宽度 120° 的矩形波电流，导通角 $\theta=120°$。

当 $\alpha > 30°$ 时，假设 $\alpha=60°$，VT_1 已经导通，在 a 相交流电压过零变负后，由于未到 VT_2 的触发时刻，VT_2 未导通，在负载电感作用下 VT_1 继续导通，输出电压 $U_d < 0$，直到 VT_2 被触发导通，VT_1 承受反压而关断，输出电压 $U_d=U_b$，然后重复 a 相的过程。图中各晶闸管电流波形阴影区域是依靠 L 的自感电势 E_L 维持的。

当 $\alpha=90°$ 时，输出电压为零，三相半波整流电路阻、感性负载（电流连续）的移相范围是 0°～90°。

输出电压平均值：

由于 U_d 波形连续，因此计算输出电压 U_d 时只需一个计算公式，即：

$$U_d = \frac{1}{2\pi/3} \int_{\frac{\pi}{6}+\alpha}^{\frac{5\pi}{6}+\alpha} \sqrt{2} U_2 \sin\omega t \mathrm{d}(\omega t) = 1.17 U_2 \cos\alpha$$

输出电流平均值：

$$I_d = \frac{1}{R} 1.17 U_2 \cos\alpha$$

晶闸管电流平均值：

$$I_{dT} = \frac{1}{3} I_d$$

晶闸管电流有效值：

$$I_T = I_2 = \frac{1}{\sqrt{3}} I_d = 0.577 I_d$$

晶闸管通态平均电流：

$$I_{T(AV)} = (1.5 \sim 2) \frac{I_T}{1.57}$$

变压器次级电流即晶闸管电流，故变压器次级电流有效值为 $I_2 = I_T$，晶闸管承受的最大正、反向峰值电压均为线电压峰值 $U_{TM} = \sqrt{6} U_2$。

2．三相桥式全控整流电路

三相半波整流的变压器存在直流磁化问题，三相桥式全控整流电路，实质上是一组共阴极与一组共阳极（三个晶闸管阴极分别接至整流变压器星形接法的副边三相绕组，阳极连在一起接至副边星形的中点）的三相半波可控整流电路的串联，其应用最为广泛。

1）电阻性负载

三相桥式全控整流电路主回路接线如图 1-3-13 所示。三相整流变压器△/Y 接法，以利减小变压器磁通、电势中的谐波。整流桥由 6 只晶闸管组成，以满足整流元件全部可控的要求。由于习惯上希望晶闸管的导通按 $VT_1 \rightarrow VT_2 \rightarrow VT_3 \rightarrow VT_4 \rightarrow VT_5 \rightarrow VT_6$ 顺序进行，则晶闸管应按图示进行标号。

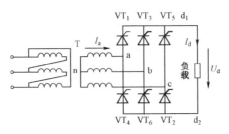

图 1-3-13　三相桥式全控整流电路主回路

（1）$\alpha = 0°$ 时的工作原理分析。

一个周期内，晶闸管的导通顺序 $VT_1 \rightarrow VT_2 \rightarrow VT_3 \rightarrow VT_4 \rightarrow VT_5 \rightarrow VT_6$。将一周期相电压分为 6 个区间，其波形如图 1-3-14 所示。

在 $\omega t_1 \sim \omega t_2$ 区间：a 相电压最高，VT_1 触发导通，b 相电压最低，VT_6 触发导通，负载输

出电压 $U_d=U_{ab}$。

在 $\omega t_2 \sim \omega t_3$ 区间：a 相电压最高，VT_1 触发导通，c 相电压最低，VT_2 触发导通，负载输出电压 $U_d=U_{ac}$。

在 $\omega t_3 \sim \omega t_4$ 区间：b 相电压最高，VT_3 触发导通，c 相电压最低，VT_2 触发导通，负载输出电压 $U_d=U_{bc}$。

在 $\omega t_4 \sim \omega t_5$ 区间：b 相电压最高，VT_3 触发导通，a 相电压最低，VT_4 触发导通，负载输出电压 $U_d=U_{ba}$。

在 $\omega t_5 \sim \omega t_6$ 区间：c 相电压最高，VT_5 触发导通，a 相电压最低，VT_4 触发导通，负载输出电压 $U_d=U_{ca}$。

在 $\omega t_6 \sim \omega t_7$ 区间：c 相电压最高，VT_5 触发导通，b 相电压最低，VT_6 触发导通，负载输出电压 $U_d=U_{cb}$。

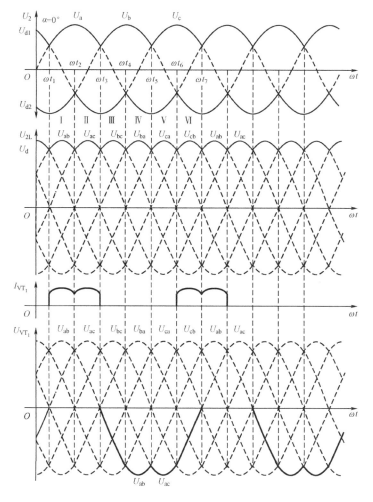

图 1-3-14　三相桥式全控整流电路带电阻性负载 $\alpha=0°$ 时的波形

（2）$\alpha=30°$、$60°$、$90°$ 时的工作原理分析。

依照同样的方法，不难分析 $\alpha=30°$、$60°$、$90°$ 时的波形。$\alpha=30°$ 的波形如图 1-3-16

所示，$\alpha=60°$的波形如图 1-3-17 所示，$\alpha=90°$的波形如图 1-3-18 所示。

（3）三相全控桥式整流电路的工作特点。

任何时候共阴、共阳极组各有一只元件同时导通才能形成电流通路。

共阴极组晶闸管 VT_1、VT_3、VT_5，按相序依次触发导通，相位互差 120°，共阳极组 VT_2、VT_4、VT_6，相位相差 120°，同一相的晶闸管相位相差 180°，每个晶闸管导通角为 120°。

输出电压 U_d 由六段线电压组成，每周期脉动六次，每周期脉动频率为 300Hz。

晶闸管承受的电压波形与三相半波相同，只与晶闸管导通情况有关，波形由 3 段组成：一段为零（忽略导通时的压降），两段为线电压。晶闸管承受最大正、反向电压的关系也相同。

变压器二次绕组流过正、负两个方向的电流，消除了变压器的直流磁化，提高了变压器的利用率。

对触发脉冲的要求：要使电路正常工作，需保证应同时导通的两个晶闸管均有脉冲，常用的方法有两种：一种是宽脉冲触发，它要求触发脉冲的宽度大于 60°（一般为 80°～100°），另一种是双窄脉冲触发，即触发一个晶闸管时，向小一个序号的晶闸管补发脉冲。宽脉冲触发要求触发功率大，易使脉冲变压器饱和，所以多采用双窄脉冲触发。

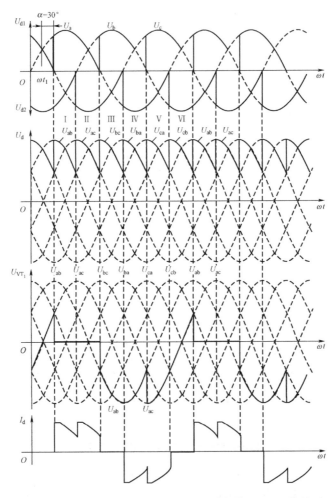

图 1-3-15　三相桥式全控整流电路电阻性负载 $\alpha=30°$ 的波形

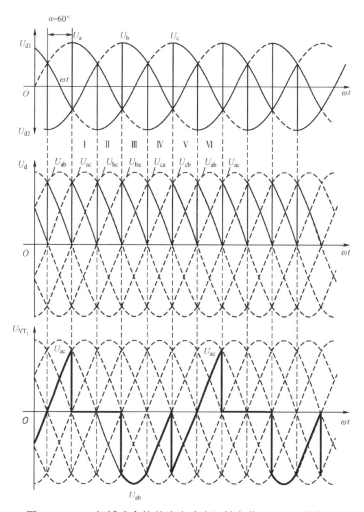

图 1-3-16 三相桥式全控整流电路电阻性负载 $\alpha=60°$ 的波形

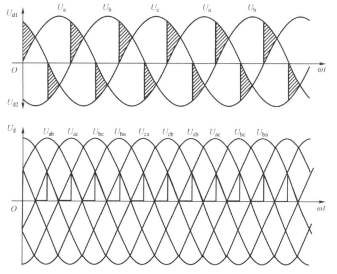

图 1-3-17 三相桥式全控整流电路电阻性负载 $\alpha=90°$ 的波形

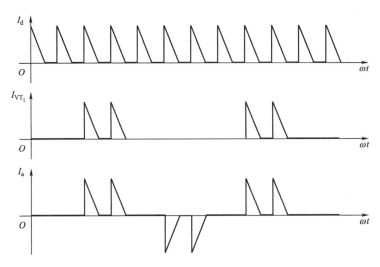

图 1-3-18 三相桥式全控整流电路电阻性负载 $\alpha=90°$ 的波形（续）

当电阻性负载 $\alpha\leqslant60°$ 时，U_d 波形连续；当 $\alpha>60°$ 时，U_d 波形断续；当 $\alpha=120°$ 时，输出电压为零，$u_d=0$，三相全控桥式整流电路电阻性负载移相范围为 $0°\sim120°$。晶闸管两端承受的最大正反向电压是变压器二次线电压的峰值：

$$U_{FM}=U_{RM}=\sqrt{2}\times\sqrt{3}U_2=\sqrt{6}U_2=2.45U_2$$

输出电压平均值：

$\alpha=60°$ 是输出电压波形连续和断续的分界点，输出电压平均值应分两种情况计算：

当 $\alpha\leqslant60°$ 时，

$$U_d=\frac{1}{\pi/3}\int_{\frac{\pi}{3}+\alpha}^{\frac{2\pi}{3}+\alpha}\sqrt{2}\sqrt{3}U_2\sin\omega t\,d(\omega t)=2.34U_2\cos\alpha=1.35U_{2L}\cos\alpha$$

当 $\alpha>60°$ 时，

$$U_d=\frac{1}{\pi/3}\int_{\frac{\pi}{3}+\alpha}^{\pi}\sqrt{3}\sqrt{2}U_2\sin\omega t\,d(\omega t)=2.34U_2[1+\cos(\pi/3+\alpha)]$$

2）电感性负载

与电阻性负载分析方法一样，不难得出电感性负载的波形。当 $\alpha\leqslant60°$ 时，电感性负载的工作情况与电阻性负载相似，各晶闸管的通断情况、输出整流电压 U_d 波形、晶闸管承受的电压波形都一样；区别在于由于电感的作用，使得负载电流波形变得平直，当电感足够大时，负载电流的波形近似为一条水平线。图 1-3-19 为三相桥式全控整流电路电感性负载 $\alpha=30°$ 时的波形。

当 $\alpha>60°$ 时，电感性负载时的工作情况与电阻性负载时不同，电阻性负载时 U_d 波形不会出现负的部分，而电感性负载时，由于电感 L 的作用，U_d 波形会出现负的部分。当 $\alpha=90°$ 时，U_d 波形上下对称，平均值为零，因此，电感性负载三相桥式全控整流电路的 α 角移相范围为 $90°$。图 1-3-20 为三相桥式全控整流电路电感性负载 $\alpha=90°$ 时的波形。

任务三 交流-直流（AC-DC）变换

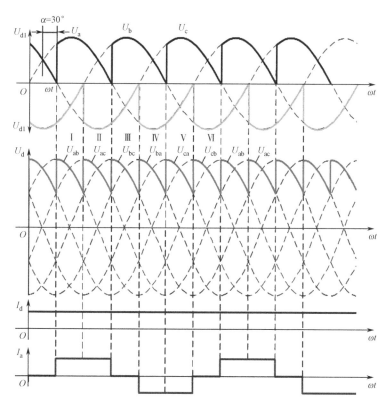

图 1-3-19　三相桥式全控整流电路电感性负载 $\alpha=30°$ 时的波形

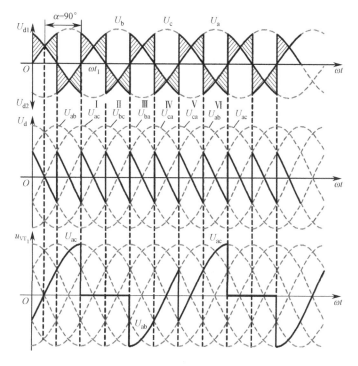

图 1-3-20　三相桥式全控整流电路电感性负载 $\alpha=90°$ 时的波形

输出电压平均值：

由于 U_d 波形是连续的，所以

$$U_d = \frac{1}{\pi/3} \int_{\frac{\pi}{3}+\alpha}^{\frac{2\pi}{3}+\alpha} \sqrt{6} U_2 \sin\omega t \mathrm{d}(\omega t)$$

$$= 2.34 U_2 \cos\alpha = 1.35 U_{2L} \cos\alpha$$

输出电流平均值：

$$I_d = \frac{1}{R} 2.34 U_2 \cos\alpha$$

晶闸管电流平均值：

$$I_{dT} = \frac{1}{3} I_d$$

晶闸管额定电流：

$$I_{T(AV)} = \frac{I_T}{1.57}(1.5 \sim 2) = 0.368 I_d (1.5 \sim 2)$$

变压器二次电流有效值：

$$I_2 = \sqrt{2} I_T = \sqrt{\frac{2}{3}} I_d = 0.816 I_d$$

3）反电势电感性负载

三相桥式全控整流电路接反电势阻感负载时，在负载电感足够大足以使负载电流连续的情况下，电路工作情况与电感性负载时相似，电路中各处电压、电流波形均相同，仅在计算 I_d 时有所不同，接反电势阻感负载时的 I_d 为：

$$I_d = \frac{U_d - E}{R}$$

实训 4　单相桥式全控整流电路

（一）实训目的、要求

通过装配、调试单相桥式全控整流电路，观察、记录、分析电路中电阻性负载、电阻电感性负载情况下的相关电压、波形。熟悉、掌握电路的工作原理，提高设计、装配、调试能力。

（二）实训准备

1．材料准备（表 1-3-1）

表 1-3-1　材料表

名　称	型号规格	数　量	备　注
双踪示波器		1	
数字万用表		1	

任务三 交流-直流（AC-DC）变换

续表

名　称	型号规格	数量	备　注
树脂板	300×500×3mm	1	用于主电路安装
散热片	铝板 40×80×3	4	自行加工，用于晶闸管散热
晶闸管	20A 700V	4	如图 1-3-21（c）所示也可采用模块
快速熔断器	RS0 250V 20A	1	如图 1-3-21（a）所示
电源变压器	220/110V 2kVA	1	
同步变压器	220/15V	1	可自制
脉冲变压器	300T/200T×2	1	可自制
直流电抗器	DLK-1.5	1	如图 1-3-21（b）所示，也可自制
触发电路	任务二的实训件	1	已调试好
直流电动机	110V 1.1kW	1	
其他元件	参看图注		

（a）快速熔断器　　（b）直流电抗器　　（c）晶闸管

图 1-3-21　器件外形

2．预习

复习教材，了解、熟悉单相全波全控整流电路的原理，输出电压公式、负载和晶闸管的端电压的波形；了解、熟悉实习电路、元件的性能及其工作原理。

（三）实训内容及步骤

1．实训线路及原理

图 1-3-22 为单相桥式全控整流电路原理图，图中锯齿波触发电路使用任务二安装调试好的集成触发电路。

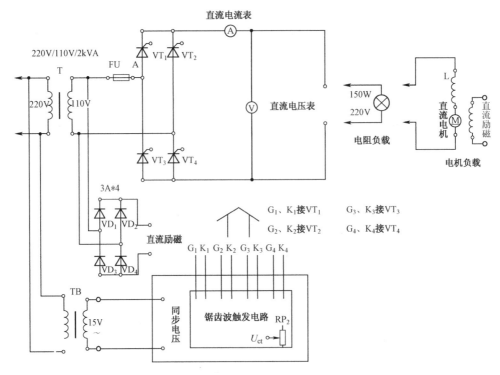

图 1-3-22 单相桥式全控整流电路原理图（电阻性、电机负载）

2. 电路制作

根据原理图在树脂板上安装主电路，在布置元件时，要求元件排列均匀，布局合理，便于测量。元件引脚极性正确，安装牢固。负载电路便于拆装、更换。

1）触发电路的调试

先接通触发电路电源，触发电路开始工作，用双踪示波器观察同步电压波形与输出触发脉冲波形。调整 RP_2，看触发脉冲能否在 0°～170°之间移相。如果不能调到 0°左右，可在 R_5 与 TCA785 的 11 引脚连接端上接一 20kΩ 可变电阻至 −15V 电源电压端，调整 RP_2 到最低端（中心端与地阻值最小端），再调整可变电阻，使触发脉冲在 0°处。再调整 RP_2，移相范围应在 0°～170°之间。如果不行，找出原因，寻求解决方法，直到符合要求为止。再将锯齿波触发电路的输出脉冲端分别接至全控桥中相应晶闸管的门极和阴极（G_1、K_1 对应 VT_1，G_4、K_4 对应 VT_6，G_2、K_2 对应 VT_3，G_3、K_3 对应 VT_4），注意不要接反了，否则无法进行整流实验。

2）单相全波可控整流电路接电阻性负载测试

将 150W 或 200W 白炽灯组（带灯头）负载接入主电路，作调试前的整机检查，符合要求后，通电测试。调节 RP_2，在 α=0°、30°、60°、90°、120° 时，用示波器观察、记录整流电压 U_d 和晶闸管两端电压 U_{VT_1}、U_{VT_4} 的波形，并记录电源电压 U_2 和负载电压 U_d 的数值于表 1-3-2 中。

任务三 交流-直流（AC-DC）变换

表 1-3-2 电压波形记录表

α	30°	60°	90°	120°
U_2（V）				
U_d（记录值）				
U_d（计算值）				

3）单相全波可控整流电路接电机负载测试

主电路接入直流电动机和电抗器，励磁电源电路可并接上一 470μF/250V 的电解电容，注意电容极性，不能接错。在接通主电路电源之前，先接通励磁电源。记录输入电压 U_2、晶闸管 VT_1 端电压 U_{VT_1}、晶闸管 VT_4 端电压 U_{VT_4} 和输出电压 U_d 的电压值和波形到表 1-3-3 中。

表 1-3-3 电压波形记录表

α	30°	60°	90°	120°
U_2（V）				
U_d（记录值）				
U_d（计算值）				

单相全波可控整流电路波形如图 1-3-23 所示。

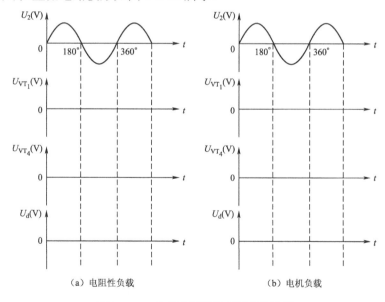

(a) 电阻性负载　　(b) 电机负载

图 1-3-23 单相全波可控整流电路波形

3．实训报告

（1）分别画出电阻性、电机负载 α=30°、60°、90°、120°、150° 时 U_d 和 U_{VT} 的波形，记录上表的电压值并加以分析。

（2）画出电路的移相特性 $U_d=f(\alpha)$ 曲线并加以分析。

（3）分析、解决实训当中出现的问题。

(4）实验心得体会。

4．注意事项

（1）双踪示波器有两个探头，可同时观测两路信号，但这两路探头的地线都与示波器的外壳相连，所以，两个探头的地线不能同时接在同一电路中的不同点位的两点上，否则这两点会通过示波器的外壳发生电气短路。为此，为了保证测量的顺利进行，可将其中一根探头的地线取下，或外包绝缘，只使用其中一路的地线，这样从根本上解决了这个问题。当需要同时观测两个信号时，必须在被测电路上找到这两个信号的公共点，将探头的地线接与此处，探头各接至被测信号，示波器上能同时观测两路信号而不发生意外。

（2）避免晶闸管意外损坏，实验时要注意以下几点：

在触发电路主回路未接通时，首先要测试触发电路，只有触发电路工作正常后，才可以接通主回路。在接通主回路前，必须先调 RP_2 使控制电压为零，且确定负载无短路，接通主回路后，才可逐渐加大控制电压 U_{ct}，避免过流，并随时观察电流表和电压表，如发现不正常现象，应立即关断电源，分析并找出原因，并加以解决。

（3）由于晶闸管具有一定的维持电流，故要使晶闸管可靠工作，其通过的电流不能太小，否则会造成晶闸管时断时续，本实验中负载电流必须大于 50mA。

（4）在实验中要注意同步电压与触发脉冲相位的关系，触发电路的输出脉冲端分别接至全控桥中相应晶闸管的门极和阴极，不能接错，所以，在主回路接线时应充分考虑这个问题，否则实验就无法顺利进行。

（5）如果学时允许，可在此电路中进行半波可控整流电路、单相桥式半控整流电路的电阻性负载、电感性负载实训。

实训5　三相桥式全控整流电路

（一）实训目的、要求

通过装配、调试三相桥式全控整流电路，观察、记录、分析电路中电阻性负载、电感性负载情况下的相关电压、波形。理解三相全控桥式整流电路触发脉冲形成过程及特点，加深对三相全控桥式整流电路工作原理和特性的理解，理解并比较电阻性负载和电感性负载情况下的工作原理及特性，提高设计、装配、调试能力。

（二）实训准备

1．材料准备（表1-3-4）

表1-3-4　材料表

名　称	型号规格	数　量	备　注
双踪示波器		1	
数字万用表		1	
树脂板	300*500*3mm	1	用于主电路安装

任务三　交流-直流（AC-DC）变换

续表

名　　称	型号规格	数　量	备　　注
散热片	铝板 40×80×3	4	自行加工，用于晶闸管散热
晶闸管	20A 700V	4	也可采用模块
快速熔断器	RS0 250V 20A	3	
电源变压器	三相 380/110V 2kVA	1	D，y11
同步变压器	三相 380/30V	1	D，y11
脉冲变压器	300T/200T	1	可自制
直流电抗器	DLK—1.5	1	可自制
触发电路	任务二的实训件	1	改装
白炽灯组	150W	2	
直流电动机	110V　1.1kW	1	
集成电路	KCA785	3	
集成电路	KC41	1	
集成电路	555	1	
其他元件	参看图注		

2. 预习

复习教材，了解、熟悉三相全波全控整流电路的原理，输出电压公式、负载和晶闸管的端电压的波形；了解、熟悉实习电路、元件的性能及其工作原理。

（三）实训内容及步骤

1. 实训线路及原理

图 1-3-24 为三相桥式全控整流电路，图中触发电路使用任务二安装调试好的集成触发电路，并在此基础上进行改装。

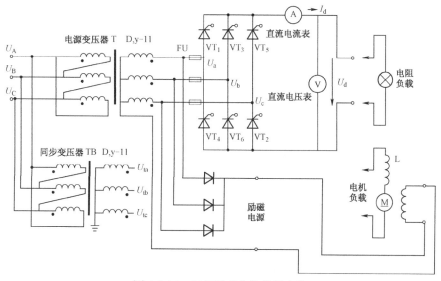

图 1-3-24　三相桥式全控整流电路

图 1-3-25 为三相桥式全控整流触发电路,图中集成电路 NE555 是为降低触发电路脉冲放大器的功耗而设。大多数触发电路在 TCA785 的脉冲禁止端施加直流电压,当电压小于 2.5V 时,起封锁作用,TCA785 不发脉冲;当电压大于 2.5V 时,不起封锁作用,TCA785 输出脉冲,这样就造成脉冲放大器长期工作在导通状态,功耗过大而严重发热。为了解决这个问题,在 TCA785 的脉冲禁止端加上由 NE555 组成的高频脉冲调制器,这样 TCA785 的输出脉冲就变成了频率与其相同的高频调制脉冲,不仅抑制了干扰信号,而且使三极管的导通时间变为原来的 1/4,降低了功耗,消除了三极管发热现象。

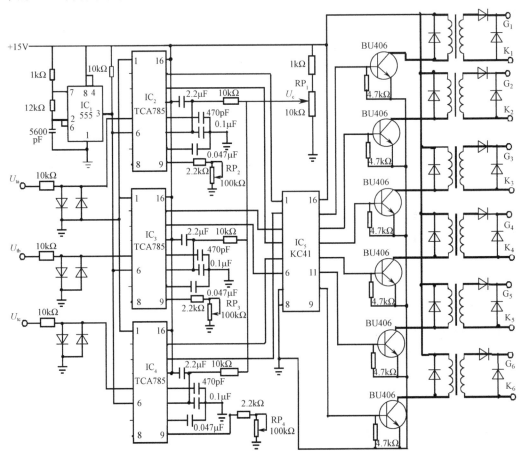

图 1-3-25 三相桥式全控整流触发电路

集成电路 KC41 为六路双脉冲形成器,是三相全控桥式触发线路中必备的电路,它具有双脉冲形成和电子开关控制封锁双脉冲形成两种功能。图 1-3-26 为 KC41 的内部脉冲逻辑电路和引脚排列图。

当把移相触发器的触发脉冲输入到 KC41 电路的 1~6 端时,由输入二极管完成了补脉冲,再由 T_1~T_6 电流放大分六路输出。补脉冲按 A→-C,-C→B,B→-A,-A→C,C→-B,-B→A 顺序排列组合。T_7 是电子开关,当控制 7#端接逻辑 "0" 电平时 T_7 截止,各路有输出触发脉冲。当控制 7#端接逻辑 "1" 电平(15V)时,T_7 导通,各路无输出触发脉冲。

任务三 交流-直流（AC-DC）变换

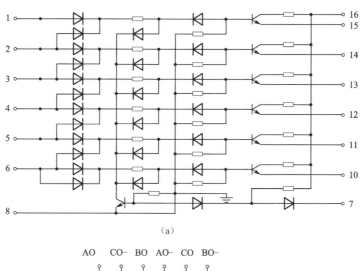

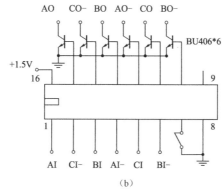

图 1-3-26 KC41 内部原理电路和引脚排列图

主要技术数据如下：

（1）电源电压：直流 15V，允许波动±5%（±10%时功能正常）。
（2）电源电流：≤20mA。
（3）输出脉冲：最大输出能力 20mA（流出脉冲电流），幅度≥13V。
（4）输入端二极管反压：≥18V。
（5）控制端正向电流：≤8mA。
（6）封装：KC41 电路采用 16 引脚陶瓷双列直插式封装。
（7）允许使用环境温度：-10～70℃。

2. 电路制作

根据原理图在树脂板上安装主电路，在布置元件时，要求元件排列均匀，布局合理，便于测量。元件引脚极性正确，安装牢固。负载电路便于拆装、更换。

1）触发电路的调试

接通触发电路电源（+15V），输入三相同步电压。先调节 RP_1，使控制电压 U_c 为 5V 左右，用万用表、示波器观测 IC_2 的引脚 10（锯齿波）及 14、15 引脚的输出（双脉冲列）的幅值与波形。调节 RP_2 使 IC_2 锯齿波幅值为 8V，再调整 RP_1 使 U_c 减小至最小，此时适当调整

RP_2，使 IC_2 的脉冲刚好消失。

再以 IC_2 的锯齿波为基准，调节 IC_2 和 IC_3 的锯齿波斜率与 IC_2 相同。

调节控制电压 U_c，使 U_c 为 0～10V，观察脉冲的移相范围，测量 6 个触发脉冲，是否互差 60°，并记录触发脉冲的波形。

测量 IC_5 引脚 10～15 的输出脉冲的幅值与相位，各触发脉冲应准确无误。

用示波器观察每只晶闸管的控制极、阴极，应有幅度为 1～2V 的脉冲。

2）三相全波可控整流电路接电阻性负载测试

各触发脉冲正确无误后，断开电源，将 150W 或 200W 白炽灯组（带灯头）负载接入主电路，作调试前的整机检查，符合要求后，主电路和触发电路均通入电源。调节 RP_1，在 $\alpha=0°$、30°、60°、90° 时，用示波器观察、记录整流电压 U_d 和晶闸管两端电压 U_{VT_1}、U_{VT_4} 的波形，并记录电源电压 U_2 和负载电压 U_d 的数值于表 1-3-5 中，且比较它们的平均值与计算值是否一致。

表 1-3-5　电压值记录表

α	30°	60°	90°
U_2（V）			
U_d（记录值）			
U_d（计算值）			

3）三相全波可控整流电路接电机负载测试

断开电源后，将主电路接入直流电动机和电抗器，励磁电源电路为三相半波不控整流电路。在接通主电路电源之前，先接通励磁电源。记录输入电压 U_2、晶闸管 VT_1 端电压 U_{VT_1}、晶闸管 VT_4 端电压 U_{VT_4} 和输出电压 U_d 的电压值和波形，并记录电源电压 U_2 和负载电压 U_d 的数值于表 1-3-6 中，且比较它们的平均值与计算值是否一致。

表 1-3-6　电压值记录表

α	30°	60°	90°
U_2（V）			
U_d（记录值）			
U_d（计算值）			

3．实训报告

（1）分别画出电阻性、电机负载 $\alpha=30°$、60°、90° 时 U_d 和 U_{VT} 的波形，记录上表的电压值并加以分析。

（2）画出电路的移相特性 $U_d=f(\alpha)$ 曲线并加以分析。

（3）分析、解决实训中出现的问题。

（4）实验心得体会。

任务四 直流-直流（DC-DC）变换

将大小固定的直流电压变换成大小可调的直流电压的变换称为 DC-DC 变换，又称为直流斩波。直流斩波技术可以用来降压、升压和变阻，已被广泛应用于直流电动机调速、蓄电池充电、开关电源等方面，特别是在电力牵引上，如地铁、城市轻轨、电气机车、无轨电车、电瓶车、电铲车等。

实现 DC-DC 变换有两种模式，一种是线性调节模式（如串联型稳压电源），另一种是开关调节模式。在线性调节器模式中，晶体管工作在线性工作区，晶体管功率损耗大；开关调节模式中的晶体管（或开关器件）工作在高频开关状态，在理想开关情况下，晶体管损耗为零。因此，开关调节模式与线性调节模式相比具有功耗小、效率高、体积小、质量轻，稳压范围宽等明显的优点。

DC-DC 变换分类：①按激励方式分为他激式和自激式两种方式。他激式 DC-DC 变换中有专门的电路产生激励信号控制电力半导体器件开关；自激式变换中电力半导体器件是作为振荡器的一部分（作为振荡器的振荡管）。②按调制方式分为脉宽调制 PWM 和频率调制 PFM 两种方式。目前，脉宽调制在 DC-DC 变换中占据主导地位。③按储能电感与负载连接方式分为串联型和并联型两种。④按电力半导体器件在开关过程中是否承受电压、电流应力，分为硬开关和软开关。软开关是指电力半导体器件在开关过程中承受零电压（ZVS）或零电流（ZIS）。⑤按输入、输出电压大小分为降压型和升压型。⑥按输入与输出之间是否有电气隔离，分为隔离型和不隔离型。

下面以基本 DC-DC 变换器为例进行讲解。

1. Buck（降压型）变换器

Buck 变换电路如图 1-4-1 所示，它是一种降压型 DC-DC 变换器，即其输出电压平均值 U_o 恒小于输入电压 E，主要应用于开关稳压电源、直流电机速度控制、带蓄电池负载，以及需要直流降压变换的环节。

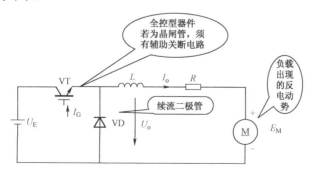

图 1-4-1 Buck 变换电路

降压斩波电路图及波形图，如图 1-4-2 所示。

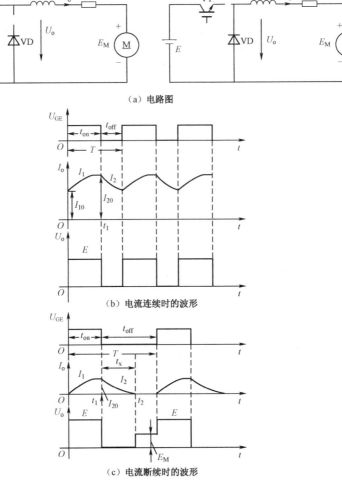

图 1-4-2 降压斩波电路图及波形图

$t=0$ 时刻驱动 VT 导通,电源 E 向负载供电,负载电压 $U_o=E$,负载电流 I_o 按指数曲线上升。

$t=t_1$ 时控制 VT 关断,二极管 VD 续流,负载电压 U_o 近似为零,负载电流呈指数曲线下降。

为获得平直的输出直流电压,输出端除使用大电感外,也可在负载两端并接电容组成 L-C 形式的低通滤波电路。根据功率器件 VT 的开关频率,L、C 的数值,电感电流 I_o 可能连续或断续。

电流连续时如图 1-4-2(b)所示。

负载电压平均值:

$$U_o = \frac{t_{on}}{t_{on}+t_{off}}E = \frac{t_{on}}{T}E = DE$$

式中　t_{on}——VT 通的时间;

　　　t_{off}——VT 断的时间;

D——导通占空比。

负载电流平均值：

$$I_o = \frac{U_o - E_M}{R}$$

电流断续时如图 1-4-2（c）所示。

U_o 平均值会被抬高，一般不希望出现。为使 I_o 连续且脉动小，通常使 L 值较大。

2. Boost（升压型）变换器

Boost 变换电路如图 1-4-3 所示。它是一种升压型 DC-DC 变换器，其输出电压平均值 U_o 要大于输入电压 E，主要用于开关稳压电源、直流电机能量回馈制动中。

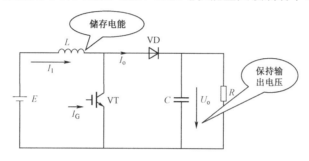

图 1-4-3 Boost 变换器

升压斩波电路及其工作波形，如图 1-4-4 所示。

工作原理：

假设 L、C 值很大，VT 通时，E 向 L 充电，充电电流恒为 I_1，同时 C 的电压向负载 R 供电，因 C 值很大，输出电压 U_o 为恒值，记为 U_o。设 VT 通的时间为 t_{on}，此阶段 L 上积蓄的能量为 $EI_1 t_{on}$

VT 断时，E 和 L 共同向 C 充电并向负载 R 供电。设 VT 断的时间为 t_{off}，则此期间电感 L 释放能量为 $(U_o - E)I_1 t_{off}$。

稳态时，在一个周期 T 中，L 积蓄能量与释放能量相等，得：

$$EI_1 t_{on} = (U_o - E)I_1 t_{off}$$

$$U_o = \frac{t_{on} + t_{off}}{t_{off}} E = \frac{T}{t_{off}} E$$

$T/t_{off} > 1$，输出电压高于电源电压，故为升压斩波电路，又称 Boost 变换器。

之所以电路具有升压功能，是因为：①电感 L 储能之后具有使电压泵升的作用；②电容 C 可将输出电压保持住。

Boost 变换器典型应用举例：

直流电动机传动：用于直流电动机传动时，通常用于直流电动机再生制动时把电能回馈给直流电源。实际 L 值不可能为无穷大，因此，有电动机电枢电流连续和断续两种工作状态，如图 1-4-5 所示。

电机反电动势相当于图 1-4-3 中的电源，此时直流电源相当于图 1-4-3 中的负载。由于直流电源的电压基本是恒定的，因此不必并联电容器。

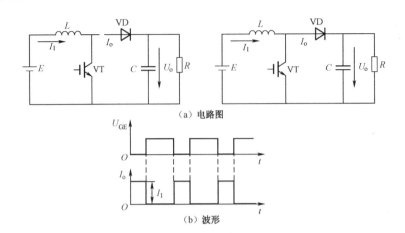

(a) 电路图

(b) 波形

图 1-4-4 升压斩波电路及其工作波形

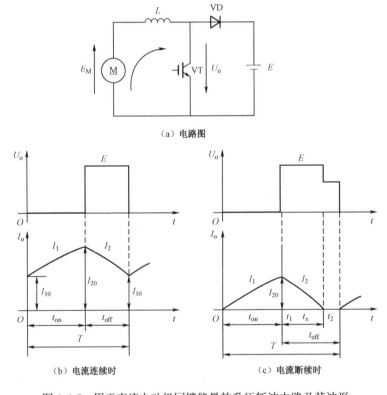

(a) 电路图

(b) 电流连续时

(c) 电流断续时

图 1-4-5 用于直流电动机回馈能量的升压斩波电路及其波形

实训 6 直流斩波电路

(一) 实训目的、要求

(1) 掌握降压斩波电路 Buck、升压斩波电路 Boost 变换器的工作原理、特点与电路组成。

(2) 熟悉 Buck、Boost 变换器连续与不连续工作模式的工作波形图。

(3) 掌握 Buck、Boost 变换器的调试方法。

任务四 直流-直流（DC-DC）变换

（4）掌握由分立元件组成的驱动控制电路特性。

（二）实训准备

1. 材料准备（表1-4-1）

表1-4-1 材料表

名 称	型号规格	数 量	备 注
双踪示波器		1	
数字万用表		1	
树脂板	300mm×500mm×3mm	1	用于主电路安装
散热片	铝板 40×80×3	2	自行加工，用于GTR等散热
电力晶体管	1/2QM50DY	1	或30A800V的GTR
绝缘栅双极晶体管	GP50B60P01	1	或GT40Q321
电源变压器	单相 220/110V 2kVA	1	
直流电抗器	DLK—1.5	1	可自制
电感	22mH、3.2mH	各1	如图1-4-6（a）所示
电容	330μ/200V	1	如图1-4-6（b）所示或470μ/200V
电容	100μ/400V	1	
驱动电路	任务三的实训件	2	
白炽灯	150W	1	
直流电动机	110V 1.1kW	1	
PWM信号发生器		1	或自装一个由555电路组成的频率、占空比可调的信号发生电路
其他元件	参看图注		

（a）电感　　　　　　　（b）电容

图1-4-6 电感电容实物图

2. 预习

（1）复习教材，了解降压斩波电路Buck、升压斩波电路Boost变换器的工作原理、特点与电路组成。

（2）熟悉驱动电路的工作原理和调试方法。

（三）实训内容及步骤

1. 电路制作

（1）安装：根据原理图（图1-4-7），在树脂板上分别安装降压斩波电路Buck、升压斩波电路Boost变换器的主电路和直流电源电路。在布置元件时，要求元件排列均匀，布局合理，便于测量，元件引脚极性正确。对焊接的要求：净化元件引线和焊点表面，焊接牢固，无虚焊，焊点光亮、圆滑、饱满、无裂纹、大小适中且一致。

（2）将Buck降压斩波主电路［图1-4-7（b）］与驱动电路（实训三的IGBT驱动电路和电源电路）连接。

（3）通电试验：根据电气原理图反复核对装配好的电路，无误后，将原安装的电路电源和同步电源接入电路，接通220V电源。看有无发热、冒烟现象，发现有发热、冒烟现象，应立即拔掉电源，查找原因并排除故障。

2. 测量

未加入PWM信号前，观察直流电机是否运转。将PWM信号发生器8～10kHz范围内的方波输出信号加到驱动电路的输入端，直流电机应该运转，观察信号发生器输出与驱动电路的输出波形是否正常，如有异常现象，则先设法排除故障。

调节信号发生器信号的占空比，使I_0处于连续与不连续的临界状态（通过观察电阻R两端的波形），记录这时的占空比D与工作周期T。

用示波器测出IGBT栅—射极电压U_{GE}与集—射极电压U_{CE}；二极管VD阴极与阳极之间的电压U_o；电抗器L两端的电压U_L；电阻电压U_R；电动机两端的电压E_M及它们的波形。

调节信号发生器信号的占空比，使I_0处于连续状态，用示波器测出IGBT栅—射极电压U_{GE}与集—射极电压U_{CE}；二极管VD阴极与阳极之间的电压U_o；电抗器L两端的电压U_L；电阻电压U_R；电动机两端的电压E_M及它们的波形。

调节信号发生器信号的占空比，使I_0处于不连续状态，用示波器测出IGBT栅—射极电压U_{GE}与集—射极电压U_{ce}；二极管VD阴极与阳极之间的电压U_o；电抗器L两端的电压U_L；电阻电压U_R；电动机两端的电压E_M及它们的波形。改变频率，再观测它们的变化。

再将Boost升压斩波主电路［图1-4-7（c）］与驱动电路（实训三的IGBT驱动电路和电源电路）连接。通电，在未加入PWM信号前，观察白炽灯是否发光。将PWM信号发生器100Hz～1kHz范围内的方波输出信号加到驱动电路的输入端，白炽灯应该发光。

调节信号发生器信号的占空比，使I_1处于连续与不连续的临界状态（通过观察电阻R两端的波形），记录这时的占空比D与工作周期T。用示波器观察并记录此时GTR集电极—发射极与基极—发射极间电压、波形及它们之间的关系，理解GTR的工作原理。观测电感两端、电阻两端、二极管两端、白炽灯两端的电压波形，理解工作过程。

调节信号发生器信号的占空比，使I_1处于连续状态，用示波器观察并记录占此时GTR集电极—发射极与基极—发射极的间电压、波形及它们之间的关系，理解GTR的工作原理。观测电感两端、电阻两端、二极管两端、白炽灯两端的电压波形，理解工作过程。

任务四 直流-直流（DC-DC）变换

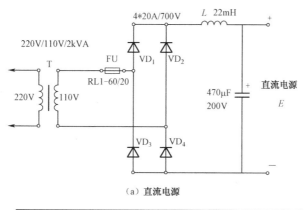

（a）直流电源

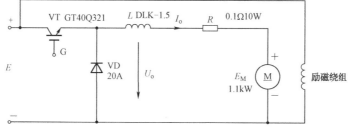

（b）Buck降压斩波主电路

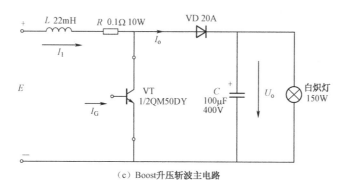

（c）Boost升压斩波主电路

图 1-4-7 直流斩波电路

调节信号发生器信号的占空比，使 I_1 处于不连续状态，用示波器观察并记录此时 GTR 集电极—发射极与基极—发射极间电压、波形及它们之间的关系，理解 GTR 的工作原理。观测电感两端、电阻两端、二极管两端、白炽灯两端的电压波形，理解工作过程。改变频率，再观测它们的变化。

把电感 L 改为 3.2mH，观测电感电流连续点的变化情况。

把 GTR 的吸收电路断开，观察这时集电极—发射极两端波形尖峰情况的变化。

3．实习报告

（1）记录实训过程中的电压和波形，写出对工作过程的理解。

（2）试对 Buck、Boost 变换器的优缺点做一评述。

（3）实验的收获、体会与改进意见。

第二篇
直流电机技术

任务一　直流电机的原理和结构

输入和输出均为直流电的旋转电机，称为直流电机。直流电机和交流电机相似，也是能量转换的机械，直流电机分为直流发电机和直流电动机两种。直流发电机把机械能转换成直流电能，而直流电动机则把直流电能转换成机械能。一般来说，将直流电动机俗称为直电机。

由于直流电动机的调速性能好，启动及制动转矩大，过载能力强，又易于控制，可靠性高，因此，广泛用于电力机车、船舶机械、轧钢机、机床、高炉送料机械、造纸机械、纺织拖动、挖掘机械、卷扬机和起重设备中。但随着半导体技术的发展，晶闸管整流的直流电源正在逐步取代直流发电机，晶闸管整流电源配合直流电动机而组成的调速系统目前正被广泛采用，如图 2-1-1（a）～图 2-1-1（b）所示。

1.1　直流电机的种类及其特性

定义：将直流电能转换为机械能的转动装置。电动机定子提供磁场，直流电源向转子的绕组提供电流，换向器使转子电流与磁场产生的转矩保持方向不变。

直流电机按励磁方式分为永磁、他励和自励三类，其中，自励又分为并励、串励和复励三种。

1）他励直流电机

励磁绕组与电枢绕组无连接关系，而由其他直流电源对励磁绕组供电的直流电机称为他励直流电机，接线如图 2-1-1（g）所示。图中 M 表示电动机，若为发电机，则用 G 表示。永磁直流电机也可看做他励直流电机。

任务一　直流电机的原理和结构

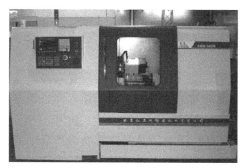
（a）高精度切削机床

（b）轧钢机

（c）造纸机

（d）龙门刨床

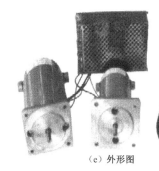
（e）外形图

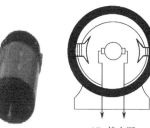
（f）接电源

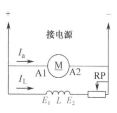
（g）内部接线图

图 2-1-1　直流电机的应用及接线图

2）并励直流电机

并励直流电机的励磁绕组与电枢绕组相并联，作为并励发电机来说，是电机本身发出来的端电压为励磁绕组供电；作为并励电动机来说，励磁绕组与电枢绕组共用同一电源，从性能上讲与他励直流电机相同。

3）串励直流电机

串励直流电机的励磁绕组与电枢绕组串联后，再接直流电源，这种直流电机的励磁电流就是电枢电流。

4）复励直流电机

复励直流电机有并励和串励两个励磁绕组，若串励绕组产生的磁通势与并励绕组产生的磁通势方向相同，称为积复励。若两个磁通势方向相反，则称为差复励。不同励磁方式的直流电机有着不同的特性。一般情况下，直流电动机的主要励磁方式是并励式、串励式和复励式，直流发电机的主要励磁方式是他励式、并励式和和复励式。

直流电机的优点如下：

（1）调速性能好。"调速性能"是指电动机在一定负载条件下，根据需要人为地改变电动机的转速。直流电动机可以在重负载条件下，实现均匀、平滑的无级调速，而且调速范围较宽。

（2）启动力矩大。可以均匀而经济地实现转速调节。因此，凡是在重负载下启动或要求均匀调节转速的机械，如大型可逆轧钢机、卷扬机、电力机车、电车等，都用直流电动机拖动。

几种常见的直流电动机，如图 2-1-2 所示。

图 2-1-2　常见的直流电动机

1.2　直流电机的结构

直流电机分为两部分：定子与转子，如图 2-1-3 所示。

任务一 直流电机的原理和结构

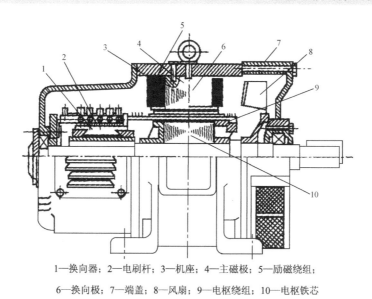

1—换向器；2—电刷杆；3—机座；4—主磁极；5—励磁绕组；
6—换向极；7—端盖；8—风扇；9—电枢绕组；10—电枢铁芯

图 2-1-3 小型直流电机的基本结构

1. 定子

定子包括主磁极、机座、换向极、电刷装置等。

1) 主磁极

主磁极由铁芯和绕组两大部分构成，如图 1-2-4 所示。铁芯一般由 1~1.5mm 厚的低碳钢板冲片叠压而成，为了减小主磁极磁通变化而产生的涡流损耗。叠片用铆钉铆成整体，铁芯下部称为极靴或极掌，它比极身宽，这样设计是为了让气隙磁场分布合理。

主磁极的作用是在定子、转子之间建立磁场，使电枢绕组在磁场的作用下感应电动势和产生电磁转矩。

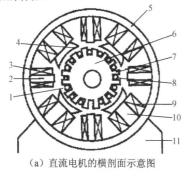 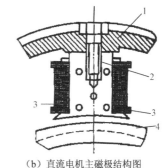

（a）直流电机的横剖面示意图　　　　　　　　（b）直流电机主磁极结构图

1—电枢绕组；2—换向极；3—换向绕组；4—极靴；　　1—机座；2—铁芯；3—励磁绕组；4—极靴
5—铁轭；6—电枢铁芯；7—电枢齿；8—电枢槽；
9—励磁绕组；10—主磁极；11—底座

图 2-1-4 直流电机主磁极结构图

2) 换向极

换向极的作用是改善直流电机的方向，结构如图 2-1-5 所示。换向极由换向极铁芯和套在铁芯上的换向极绕组构成。换向极铁芯用整块扁钢或硅钢片叠成,对于换向要求较高的场合,需要用钢片经绝缘叠装而成。换向极绕组一般用几匝粗的扁铜线绕成,并与电枢绕组电路相串联,换向极装在两相邻主极之间并用螺钉固定于机座上。

3)机座

机座有两个作用:一是作为电机主磁路的一部分;二是用来固定主磁极、换向极和端盖等部件,起机械支撑作用。机座通常用铸钢或厚钢板焊成。

4)端盖

端盖装在电机机座两端,其作用是保护电机免受外部机械破坏,同时用来支撑轴承、固定刷架。

5)电刷装置

电刷装置的作用是把转动的电枢绕组与静止的外电路相连接,引入(或引出)直流电。

电刷装置的结构如图 2-1-6 所示。电刷装置由压紧弹簧、铜辫、碳刷和碳刷盒等组成。刷杆座固定在端盖或轴承内盖上,电刷的位置通过电刷座的调整进行确定。电刷的后面有一铜辫,是由细铜丝编织而成,其作用是引入、引出电流。

1—换向极铁芯;2—换向极绕组

图 2-1-5 换向极的结构图

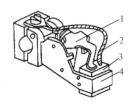

1—压紧弹簧;2—铜辫;3—碳刷;4—碳刷盒

图 2-1-6 电刷装置的结构图

2. 转子

转子又称为电枢,转子包括电枢铁芯、电枢绕组、换向器、转轴、轴承和风扇等部件。

1)电枢铁芯

电枢铁芯是磁路的一部分,用来嵌放电枢绕组。电枢铁芯一般用厚 0.5mm 的低硅钢片或冷轧硅钢片叠压而成,一层层涂有绝缘漆,如有氧化膜可不用涂漆,这样是为了减少磁滞和涡流损耗,提高效率。每张冲片冲有槽和轴向通风孔。叠成的铁芯两端用夹件和螺杆紧固成圆柱形,在铁芯的外圆周上有均匀分布的槽,内嵌绕组。

2)电枢绕组

电枢绕组由许多按一定规律连接的线圈组成,它是直流电机的主要电路部分,也是通过电流、感应电动势实现电机能量转换的关键部件。线圈用漆包线绕制而成,嵌放在电枢铁芯槽内,每个线圈有两个出线端,接到换向器的换向片上,所有线圈按一定规律连接成一闭合回路。

3)换向器

在直流电动机中,换向器的作用是将端上的直流电流转换为绕组内的交流电流;在直流发电机中,它将绕组内生产补注电动势转换为端上的直流电动势,换向器由许多梯形铜排制成的换向片组成,每片之间用云母绝缘,如图 2-1-7 所示。换向片数与线圈元件数相同。

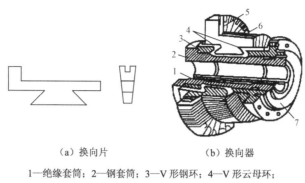

(a) 换向片　　　　　　　(b) 换向器

1—绝缘套筒；2—钢套筒；3—V 形钢环；4—V 形云母环；

5—云母片；6—换向片；7—螺旋压圈

图 2-1-7　换向器

1.3　直流电机的工作原理

1. 直流发电机的工作原理

直流电机的工作原理是建立在电磁力及电磁感应基础之上的,直流发电机借电刷和旋转的换向器作机械整流,而实现电枢绕组中的交流电和外电路中的直流电之间的相互变换。从结构上看,一般直流电机均是磁极固定、电枢旋转的。图 2-1-8 是一个简单的直流发电机模型的工作原理图。N、S 为一对固定的磁极,转子电枢线圈 abcd 两端分别接到两个圆柱体的铜片上,称为换向片,由换向片构成的整体称为称向器,铁芯和线圈合称电枢,通过在空间静止不动的电刷 A 和 B 与换向片接触,即可向外部供电。

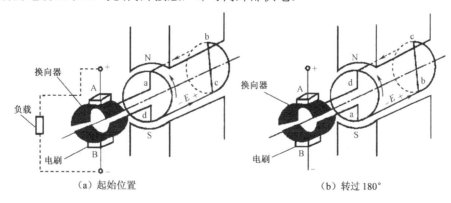

(a) 起始位置　　　　　　　(b) 转过 180°

图 2-1-8　直流发电机模型的工作原理图

当发动机拖动电枢以恒速 n 逆时针方向旋转时,在线圈中将产生感应电动势,其大小为:

$$E=B_\delta lv$$

式中　l——导体的有效长度(m);

　　　v——导体与磁场的相对速度(m/s);

　　　B_δ——导体所在位置处的磁通密度(Wb/m)。

线圈感应电动势的方向可由右手定则确定。在图 2-1-8（a）所示的瞬间，ab 导体处于 N 极下，根据右手定则可以判定其电动势的方向为 b→a，而 cd 导体处于 S 极下，电动势的方向为 d→c，整个线圈的电动势为 2E，方向为 d→c→b→a，此刻 a 点通过换向片与电刷 A 接触，b 点通过换向片与电刷 B 接触，则电刷 A 呈正电位，电刷 B 呈负电位，流向负载的电流是由电刷 A 指向 B。

如图 2-1-8（b）所示，线圈转过 180°，导体 cd 处在 N 极下面，根据右手定则可以确定其电动势的方向为 c→d；导体 ab 处于 S 极下，其感应电动势的方向为 a→b，元件中的电动势方向为 a→b→c→d，与图 2-1-8（a）正好相反。可见线圈中感应的电动势是交变电动势，电动势的大小随时间按正弦规律变化。

从以上分析可见，由于换向器的作用，使处在 N 极下面的导体永远与电刷 A 接触，处在 S 极下面的导体永远与电刷 B 接触，使电刷 A 总是呈正电位，电刷 B 总是呈负电位，从而获得直流输出电动势，实际发电机电枢铁芯上有许多个线圈，它们按照一定的规律连接起来，构成电枢绕组。感应的电动势脉动程度很小，可以认为是直流电动势。相应的发电机是直流发电机，同时也说明直流发电机实质上是带有换向器的交流发电机。

2. 直流电动机的工作原理

直流电动机将外部电源的直流电借助于换向装置变成交流电送到电枢绕组，利用载流导体在磁场中受到力的作用而旋转。如图 2-1-9（a）所示，在电刷 A 和 B 之间加上一直流电压，若电流由电刷 A 经线圈 abcd 的方向从电刷 B 流出，根据左手定则判定，处在 N 极下的导体 ab 受到一个向左的电磁力作用，处在 S 极下的导体 cd 受到一个向右的电磁力作用，两个电磁力形成一个使转子按逆时针方向旋转的电磁转矩。如图 2-1-9（b）所示，当电枢转过 180° 时，外部电路的电流 I 不变，线圈中的电流方向为 d→a，此时电磁力的方向不变，电动机按恒定方向旋转，带动轴上的负载也按恒定方向旋转。

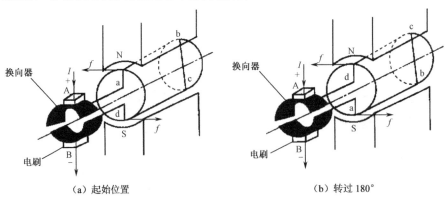

(a) 起始位置　　　　　　　　(b) 转过 180°

图 2-1-9　直流电动机的工作原理

由此可见，在直流电动机中，线圈中的电流是交变的，但产生的电磁转矩的方向是恒定的。与直流发电机一样，直流电动机的电枢也是由多个线圈组成的，多个线圈所产生的电磁转矩方向一致。

从以上分析可以看出，一台直流电动机既可用做发电机又可用做电动机的运行，称为直流电机的可逆原理。

1.4 直流电动机的铭牌

直流电动机的铭牌是用来标明直流电机的型号及额定数据的，包括电机的型号、额定值、绝缘等级、励磁电流及励磁方式、厂商和出厂数据等。

1. 额定功率和额定电压

1）额定功率 P_N

P_N 是指电动机额定运行时的输出功率，单位为 kW 或 W，额定功率对直流发电机和直流电动机来说是不同的。

直流发电机的功率是指电刷间输出的供给负载的电功率，$P_N=U_N I_N$；而直流电动机的额定功率是指轴上输出的机械功率，$P_N=U_N I_N \eta_N$。

2）额定电压 U_N

U_N 是指额定运行时电刷两端的电压，单位为 V。

2. 额定电流和励磁方式

1）额定电流 I_N

I_N 是指额定运行时经电刷输出（或输入）的电流，单位为 A。

2）励磁方式

励磁方式是指直流电机励磁电流的供给方式，如他励、并励、串励和复励等方式。

除以上标志外，电机铭牌上还标有额定温升、工作方式、出厂日期、出厂编号等。

例 1-1 一台直流电动机，额定功率 P_N=7.5kW，额定电压 U_N=220V，额定转速 n_N=1540r/min，额定效率 η_N=90%。求电动机的额定电流 I_N 及额定负载时的输入功率 P_1。

解 额定电流为：

$$I_N = P_N / (U_N \eta_N) = 7.5 \times 10^3 / (220 \times 0.9) = 38.88 (A)$$

输入功率为：

$$P_1 = P_N / \eta_N = 7.5 \times 10^3 / 0.9 = 8.333 (kW)$$

实训 7 直流电机的拆装

（一）实训目的

通过拆装电机，对电机的结构有一个感性认识。

（二）工具

扳手、螺丝刀等。

（三）拆卸步骤

（1）拆除接至电机的所有接线。

(2) 拆除电动机的所有螺栓,记录底脚下面的垫片厚度。

(3) 拆除与电动机相连接的传动装置。

(4) 拆除轴伸端的联轴器或皮带轮。

(5) 拆除换向器端的轴承外盖螺钉,取出轴承外盖。

(6) 打开换向器端的视察窗,从刷盒中取出电刷,再拆下刷杆上的连接线。

(7) 拆下换向器的端盖取出刷架。

(8) 用线板将换向器包好。

(9) 拆除风扇罩和风扇。

(10) 拆下轴伸端的端盖螺钉,把带有端盖的电动机转子取出,对于中型电动机,将后轴承盖拆下,再卸下后端盖。

(11) 检查轴承,若有故障,拆卸轴承并更换。

直流电动机的拆装示意图如图 2-1-10 所示。

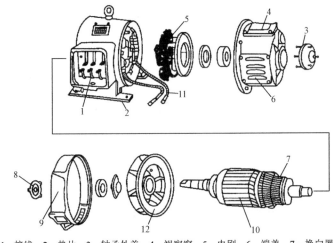

1—接线;2—垫片;3—轴承外盖;4—视察窗;5—电刷;6—端盖;7—换向器;
8—轴承盖;9—后端盖;10—转子;11—连接线;12—风扇

图 2-1-10 直流电动机的拆装示意图

(四) 安装步骤

(1) 修配零部件要达到装配要求,然后装配定子。

(2) 套装轴承内盖和轴承。

(3) 装刷架于前端盖内,转子穿入定子膛内。

(4) 装端盖及轴承外盖,对称扭紧螺栓。

(5) 检查间隙并调整均匀,将电刷放入刷盒内压好弹簧。

(6) 研磨电刷,测试各刷压,不可超过额定电压的 10%。

(7) 装地脚螺栓,装引线和出线盒。

(8) 装联轴器或皮带轮及其他部件。

(9) 调整电刷中性线,试验检查,最后上油漆。

（五）注意事项

（1）拆卸电机时要注意零部件要按顺序摆放。

（2）拆除电刷时要注意电刷的结构特点和安装位置。

（3）拿出转子时要注意轻拿，不要与定子碰撞，注意观察换向极的结构特点。

（4）轴承间隙较大和滚珠有破损，要及时更换轴承。

（5）安装时要注意定子内和转子外干净清洁，不能有异物。

（6）安装时要注意紧固的平衡，安装完后转动转轴，要能转动自如。

（六）质量要求

（1）电动机装配前，应通过各项试验项目：轴承、电刷装置、风扇、引出线、端盖等全面检查合格，电动机运转部分的各零部件应固定良好；铭牌数据正确，字迹清楚。

（2）检查装配部位有无障碍物，详细检查配合表面，如止口面、螺孔、销钉孔等。要求各零部件清洗，无油垢、铁屑和杂物，托灰板清洁完好。

（3）将定子、转子所有紧固部位紧固好，并有防松措施；电动机内部不许有杂物存在，所有螺钉螺栓、垫圈等规格应符合要求，外形应一致，不许存在脱扣，螺母外形尺寸不一的现象。

（4）电动机引出线电缆规格和长度应符合要求，绝缘应良好，线夹紧固要可靠，无油污和碎裂现象。

（5）定子、转子的铁芯中心线对齐，通风孔内无杂物堵塞，铁芯和绝缘表面应无油渍和锈蚀。

（6）电动机测温屏蔽线要固定可靠，无悬空和折断现象。

（7）电动机机座下部垫片所垫位置要正确，接触要严密，用 0.05mm 塞尺插入缝隙检查时，插入面积小于全面积的 5%，用锤子检查时，不应松动，轴承座底部垫片要安放正确，绝缘板应露出每边 5mm 左右。

（8）电动机转子穿入定子，装配完毕，用工具或手转动转子时无摩擦的声音，转子应转动灵活。

（9）电动机外部零部件应齐全。

电动机定子、转子间气隙值应符合图样或原始记录，从铁芯任一端探测的气隙不均匀度应不大于10%，同一轴向端探测的气隙之差，不应大于气隙平均值的5%。

气隙平均值，应由测定相互间隔 1200mm 的三点位置的气隙值来进行计算。电动机定子、转子间的气隙不均匀度如表 2-1-1 所示。

表 2-1-1 电动机定子、转子之间气隙不均匀度

公称气隙（mm）	不均匀度%	公称气隙（mm）	不均匀度%
0.2～0.5	±25	1.0～1.3	±15
0.5～0.75	±20	>1.4	±10
0.75～1.0	±18		

任务二　直流电机的继电控制

2.1　并励直流电动机的基本控制线路

1. 启动控制线路

1）手动启动控制线路

手动启动控制线路图，如图 2-2-1 所示。

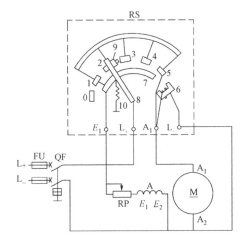

（a）BQ3 直流电动机启动变阻器外形图　　　　　　（b）并励直流电动机手动启动控制电路图

图 2-2-1　手动启动控制线路图

2）电枢回路串电阻二级启动控制线路

电枢回路串电阻二级启动控制线路图，如图 2-2-2 所示。

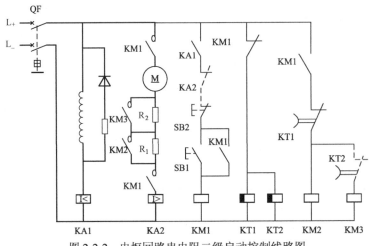

图 2-2-2　电枢回路串电阻二级启动控制线路图

3）并励直流电机正反转控制线路

并励直流电机正反转控制线路图，如图 2-2-3 所示。

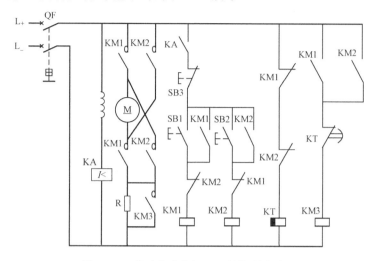

图 2-2-3　并励直流电机正反转控制线路图

2．制动控制线路

1）能耗制动控制线路

能耗制动是指保持直流电动机的励磁电流不变，将电枢绕组的电源切除后，立即使其与制动电阻连接成闭合回路，电枢凭惯性处于发电运行状态，将动能转化为电能并消耗在电枢回路中，同时获得制动力矩，迫使电动机迅速停转。

并励直流电动机能耗制动原理，如图 2-2-4 所示。

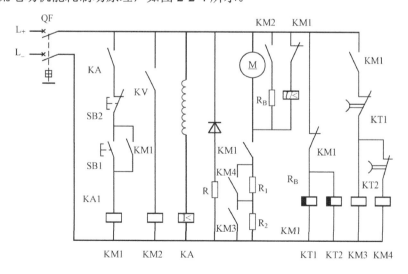

图 2-2-4　并励直流电动机能耗制动原理

2）反接制动控制线路

直流电动机的反接制动，通常是通过改变电枢两端电压极性或改变励磁电流的方向来改变电磁转矩的方向，形成制动转矩，从而迫使电动机迅速停转，如图 2-2-5 所示。

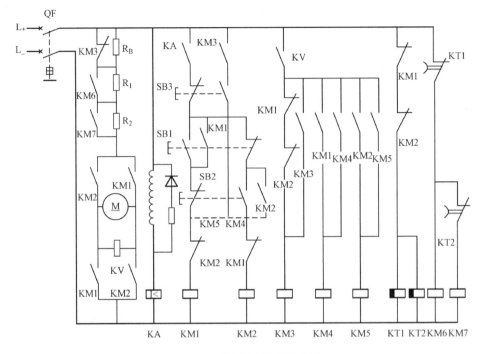

图 2-2-5 反接制动控制线路图

2.2 串励直流电动机的基本控制线路

主要特点：①具有较大的启动转矩，启动性能好；②过载能力较强。

串励直流电动机的外形及原理图，如图 2-2-6 所示。

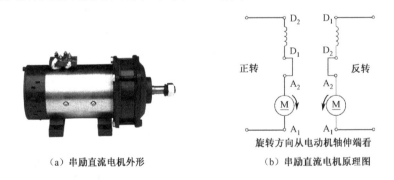

（a）串励直流电机外形　　　　（b）串励直流电机原理图

图 2-2-6 串励直流电动机的外形及原理图

1. 启动控制线路

1）手动启动控制线路

串励直流电动机的手动启动控制线路图，如图 2-2-7 所示。

任务二 直流电机的继电控制

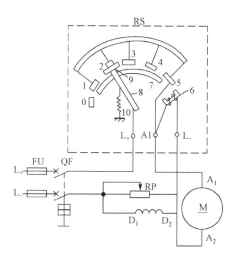

图 2-2-7　串励直流电动机的手动启动控制线路图

2）自动启动控制线路

自动启动控制线路，如图 2-2-8 所示。

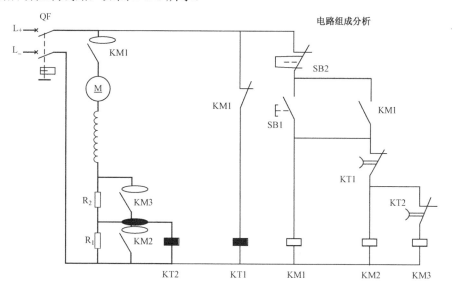

图 2-2-8　自动启动控制线路

2. 正反转控制线路

串励直流电动机的反转常用励磁绕组反接法来实现。因为串励电动机电枢绕组两端的电压很高，而励磁绕组两端的电压较低，反接较容易。

串励直流电动机正反转控制线路，如图 2-2-9 所示。

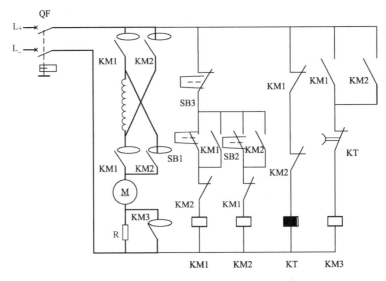

图 2-2-9　串励直流电动机正反转控制线路

3. 制动控制线路

1）能耗制动控制电路

串励直流电动机的能耗制动分为自励式和他励式两种。

（1）自励式能耗制动

自励式能耗制动是指当电动机断开电源后，将励磁绕组反接并与电枢绕组和制动电阻串联构成闭合回路，使惯性运转的电枢处于自励发电状态，产生与原方向相反的电流和电磁转矩，迫使电动机迅速停转。

串励直流电动机自励式能耗制动控制电路，如图 2-2-10 所示。

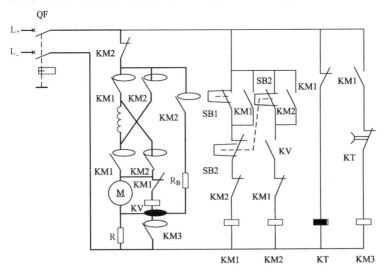

图 2-2-10　串励直流电动机自励式能耗制动控制电路

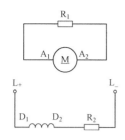

图 2-2-11 他励式能耗制动

（2）他励式能耗制动

制动时，切断电动机电源，将电枢绕组与放电电阻 R_1 接通，将励磁绕组与电枢绕组断开后串入分压电阻 R_2，再接入外加直流电源励磁，如图 2-2-11 所示。

串励直流电动机（作伺服电动机）他励式能耗制动控制电路，如图 2-2-12 所示。

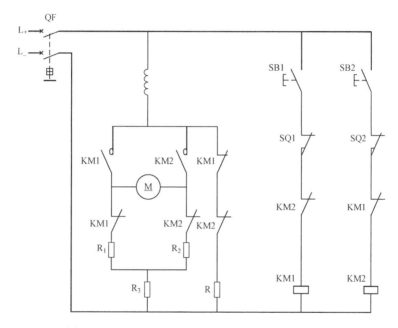

图 2-2-12　串励直流电动机他励式能耗制动控制电路

2）串励直流电动机反接制动控制电路

（1）位能负载时转速反向法。

这种方法就是强迫电动机的转速反向，使电动机的转速方向与电磁转矩的方向相反，以实现制动，如图 2-2-13 所示。

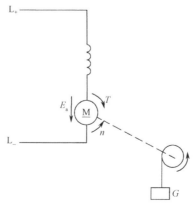

图 2-2-13　位能负载时转速反向法

(2)电枢直接反接法。

电枢直接反接法,如图 2-2-14 所示。

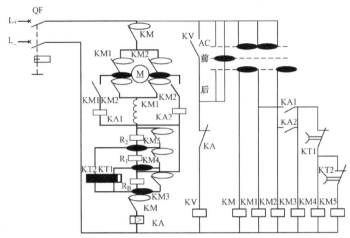

图 2-2-14 电枢直接反接法

实训 8 安装调试并检修并励直流电动机正反转及能耗制动控制线路

(一)实训目标

(1)能够正确安装并励直流电动机正反转控制线路及能耗制动控制线路。

(2)能够进行通电调试,并能独立检修各种故障。

(二)工具、仪表及器材

工具与仪表如表 2-2-1 所示,器材如表 2-2-2 所示。

表 2-2-1 工具与仪表

工 具	电工常用工具
仪 表	MF47 型万用表、ZC25—3 型兆欧表、636 转速表、MG20(MG21)型电磁系钳形电流表

表 2-2-2 电器元件明细表

代 号	名 称	型 号	规 格	数 量
M	Z 型并励直流电动机	Z200/20—220	200W、220V、I_N=1.1A、I_{FN}=0.24A、200r/min	1
QF	直流断路器	DZ5—20/220	2 极、22V、20A、整定电流 1.1A	1
KM1~KM3	直流接触器	CX0—40/20	2 常开、2 常闭、线圈功率 P=22W	3
KT	时间继电器	JS7—3A	线圈电压 220V、延时范围 0.4~60s	1
KA	欠电流继电器	JL14—ZQ	I_N=1.5A	1
SB1~SB3	按钮	LA19—11A	电流:5A	3
R	启动变阻器		100Ω、1.2A	1
	端子板	JD0	380V、10A、20 节	1
	导线	BVR—1.5	1.5mm²(7×0.52mm)	若干
	控制板		500mm×400mm×20mm	1

（三）安装训练

1. 安装方法及步骤

安装方法如下：

（1）按元件表配齐元件，并检查元件质量。

（2）根据原理图绘出布置图，然后在控制板上合理布置和牢固安装各电路元件，并贴上醒目的文字符号。

（3）在控制板上根据原理图进行正确布线和套编码套管。

（4）安装直流电动机。

（5）连接控制板外部的导线。

（6）自检。

检查无误后通电试车，具体操作如下：

（1）将启动变阻器 R 的阻值调到最大位置，合上电源开关 QF，按下正转启动按钮 SB1，用钳形电流表测电枢绕组和励磁绕组的电流，观察其大小的变化，同时观察并记下电动机的转向，待转速稳定后，用转速表测其转速。然后按下 SB3 停车，并记下无制动停车所用的时间 t_1。

（2）按下反转启动按钮 SB2，用钳形电流表测量电枢绕组和励磁绕组的电流，观察其大小的变化；同时观察并记下电动机的转向，与（1）比较是否两者方向相反。如果两者方向相同，应切断电源并检查接触器 KM1、KM2 主触点的接线正确与否，改正后重新通电试车。增加一只欠压继电器 KV 和制动电阻 R_B，参照电路图，把正反转控制线路板改装成能耗制动控制线路板，检查无误后通电试车，具体操作如下：

① 合上电源开关 QF，按下启动按钮 SB1，待电动机启动转速稳定后，用转速表测试其转速。

② 按下 SB2，电动机进行能耗制动，记下能耗制动所用的时间 t_2，并与无制动所用的时间 t_1 比较，求出时间差 $\Delta t = t_1 - t_2$。

2. 安装注意事项

（1）通电试车前要认真检查接线是否正确、牢靠，特别是励磁绕组的接线；继电器动作是否正常，有无卡阻现象；欠电流继电器、时间继电器，以及欠电压继电器的整定值是否满足要求。

（2）对电动机无制动停车时间 t_1 和能耗制动停车时间 t_2 的比较，必须保证电动机的转速在两种情况下基本相同时开始计时。

（3）制动电阻 R_B 的值，可按下式估算：

$$R_B = E_a / I_N - R_a \approx U_N / I_N - R_a$$

式中　U_N——电动机的额定电压（V）；

　　　I_N——电动机的额定电流（A）；

　　　R_a——电动机电枢回路电阻（Ω）。

（4）若遇异常情况，应立即断开电源停车检查，必须有指导教师在现场监护。

（5）训练应在规定的时间内完成，同时要做到安全操作，文明生产。

（四）检修训练

1. 故障设置

在控制电路或主电路中人为设置电气自然故障两处。

1）教师示范检修

教师进行示范检修时，可把检修步骤及要求贯穿其中，直到故障排除。用试验法来观察故障现象，用逻辑分析法缩小故障范围并在电路图上用虚线标出故障后通电试车。

2）学生检修训练

教师示范检修后，再由指导教师重新设置两个故障点，让学生进行检修训练，在学生检修的过程中，教师要巡回进行启发性指导。

2. 检修注意事项

（1）要认真听取和仔细观察指导教师在示范过程中的讲解和检修操作。

（2）要熟练掌握电路图中各个环节的作用。

（3）故障分析、排除故障的思路和方法要正确。

（4）工具和仪表使用要正确。

（5）不能随意更改线路和带电触摸电器元件。

（6）带电检修必须在规定的时间内完成。

任务三　单闭环直流调速系统分析调试与维护

3.1　调速的基本概念和方法

在生产的各个部门，有大量的生产机械要求在不同的场合、用不同的速度进行工作，以提高生产率和保证产品的质量。要求具有速度调节（简称调速）功能的生产机械很多，如各种机床、轧钢机、起重运输设备、造纸机、纺织机械等。如何根据不同的生产机械对调速的要求来选择机电传动控制系统的调速方案，这是本任务所要介绍的内容。

用机械配合的方法来实现速度的调节。在用纯机械方法调速的设备中，驱动用电动机一般运行在固有机械特性的一个转速上，速度的调节是通过变速齿轮箱或几套变速皮带轮或其他变速机构来实现的。在用纯电气方法调速的设备中，机械变速机构十分简单，只用一套变速齿轮或皮带轮，把电动机转速变为符合工作需要的转速。在电气与机械配合调速的设备中，可用电动机来得到多种转速，同时又可用机械变速机构的换挡来进行变速。

电气调速有许多优点，例如，可简化机械变速机构，提高传动效率，操作简单，易于获得无级调速，便于实现远距离控制和自动控制，因此，在生产机械中广泛采用电气方法调速。当然，仅用电气方法调速，电气系统要复杂一些，投资要大些。

3.2　电气调速系统性能指标

机电传动控制系统调速方案的选择，主要是根据生产机械对调速系统提出的调速技术指标来决定的，技术指标有静态技术指标和动态技术指标。

1. 静态技术指标

1）调速范围 D

在额定负载下，生产机械要求电动机的最高转速与最低转速之比。

$$D = \frac{n_{\max}}{n_{\min}}$$

2）静差率 S

电动机由理想空载转速到额定负载时的转速降，与其理想空载转速之比的百分数（图2-3-1）。

$$S = \frac{\Delta n_{\mathrm{nom}}}{n_0} \times 100\%$$

$$= \frac{\Delta n_{\mathrm{nom}}}{n_{0\min}} \times 100\%$$

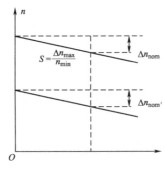

图 2-3-1 静差率

由电机拖动的理论可知调速范围 D 和静差率 S 之间的关系：

$$D = \frac{n_{nom} S}{\Delta n_{nom}(1-S)}$$

调速范围和静差率这两项指标并不是彼此孤立的，必须同时提出才有意义。

3）平滑性

在调速范围内，相邻的两级转速相差越小，则调速越平滑。平滑的程度用平滑系数 φ 来表征。φ 越接近 1，则平滑性越好。$\varphi=1$ 时，成为无级调速，此时转速连续可调，级数无穷多，调速的平滑性最好。

2．动态技术指标

1）跟随性能指标

在给定信号作用下，系统输出量变化的情况用跟随性能指标来描述。当给定信号的变化方式不同时，输出响应也不同。

具体的跟随指标如下：

（1）上升时间 t_r：在阶跃响应时间中，输出量从零起第一次上升到稳定值所需的时间，它反映动态响应的快速性。

（2）超调量 σ：在阶跃响应时间中，输出量超出稳态值的最大偏差与稳态值之比的百分数。

（3）调节时间 t_s：在阶跃响应过程中，输出衰减到与稳态值之差进入±5%或±2%，允许误差范围之内所需的最小时间，又称为过渡过程时间。调节时间用来衡量系统整个调节过程的快慢，t_s 小，表示系统的快速性好。

2）抗扰性能指标

控制系统在稳态运行中，由于电动机负载的变化，电网电压的波动等干扰因素的影响，都会引起输出量的变化，经历一段动态过程后，系统总能达到新的稳态。这就是系统的抗扰过程。

具体的抗扰性能指标如下：

（1）动态降落 ΔC_{max}：系统稳定运行时，突加一定数值的阶跃扰动（如额定负载扰动）后所引起的输出量最大降落，用原稳态值的百分数表示。

（2）恢复时间 t_v：从阶跃扰动作用开始，到输出量恢复到与新稳态值之差进入某基准量

任务三 单闭环直流调速系统分析调试与维护

C_b 的±5%（或±2%）范围之内所需的时间，定义为恢复时间 t_v。其中，C_b 称为抗扰指标中输出量的基准值，视具体情况选定。

3．经济指标

调速的经济指标表明了调速经济性的好坏，该指标取决于调速系统的设备投资及运行费用，而运行费用很大程度上决定于调速过程中的损耗。各种调速方法的经济指标相差很多，在满足一定的技术指标条件下，再确定经济指标较好的方案，力求设备投资少，损耗小且维修方便。

3.3 直流调速的三种基本方法

根据直流电动机转速方程：

$$n = \frac{U - IR}{K_e \phi}$$

式中　n——转速（r/min）；
　　　U——电枢电压（V）；
　　　I——电枢电流（A）；
　　　R——电枢回路总电阻（Ω）；
　　　ϕ——励磁磁通（Wb）；
　　　K_e——由电机结构决定的电动势常数。

直流调速有三种基本方法，如表 2-3-1 所示。

表 2-3-1　直流调速的三种基本方法

方法一：调节电枢供电电压 U	方法二：减弱励磁磁通 ϕ	方法三：改变电枢回路电阻 R
工作条件： 保持励磁为额定值； 保持电阻 $R = R_a$	工作条件： 保持电压 $U = U_N$； 保持电阻 $R = R_a$	工作条件： 保持励磁为额定值； 保持电压 $U = U_N$
调节过程： 改变电压 $U_N \to U\downarrow \to n\downarrow, n_0\downarrow$	调节过程： 减小励磁 $\phi_N \to \phi\downarrow \to n\uparrow, n_0\uparrow$	调节过程： 增加电阻 $R_a \to R\uparrow \to n\downarrow, n_0$ 不变
调速特性： 转速下降，机械特性曲线平行下移	调速特性： 转速上升，机械特性曲线变软	调速特性： 转速下降，机械特性曲线变软
调压调速特性曲线	减弱励磁磁通调速	调阻调速特性曲线

三种调速方法的性能与比较:

对于要求在一定范围内无级平滑调速的系统来说,以调节电枢供电电压的方式为最好。改变电阻只能有级调速;减弱磁通虽然能够平滑调速,但调速范围不大,往往只是配合调压方案,在基速(额定转速)以上作小范围的弱磁升速。因此,自动控制的直流调速系统往往以调压调速为主。

3.4 单闭环有静差直流调速系统

1. 系统结构

该系统的主电路采用晶闸管三相全控桥式整流电路(图 2-3-2),其输出电压为:

$$U_{d0}=2.34U_2\cos\alpha$$

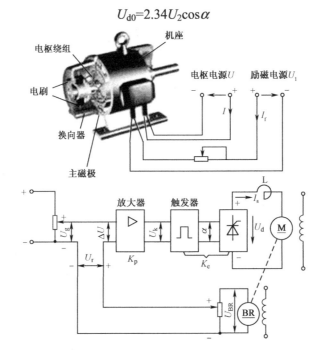

图 2-3-2　晶闸管三相全控桥式整流电路

在图 2-3-2 中,放大器为比例放大器(或比例调节器),直流电动机 M 由晶闸管可控整流器经过平波电抗器 L 供电。整流器整流电压 U_d 可由控制角 α 来改变。触发器的输入控制电压为 U_k。为使速度调节灵敏,使用放大器来把输入信号 ΔU 加以扩大,ΔU 为给定电压 U_g 与速度反馈信号 U_f 的差值。

2. 调速性能

1)系统的静特性

可控整流器的输出电压为:

$$U_d = K_3 U_k = K_5 K_p (U_g - \gamma n)$$

在电动机电枢回路中,若忽略晶闸管的管压降 ΔE,则有:

$$U_\mathrm{d} = K_\mathrm{e}\Phi n + I_\mathrm{a} R_\Sigma = C_\mathrm{e} n + I_\mathrm{a} R_\Sigma$$

可得带转速负反馈的晶闸管—电动机有静差调速系统的机械特性方程：

$$n = \frac{K_0 U_\mathrm{g}}{C_\mathrm{e}(1+K)} - \frac{R_\Sigma}{C_\mathrm{e}(1+K)} I_\mathrm{a} = n_{0\mathrm{f}} - \Delta n_\mathrm{f}$$

式中　K_p——放大器的电压放大倍数；

γ——转速反馈倍数；

$C_\mathrm{e} = K_\mathrm{e}\Phi$——电磁常数；

$K_0 = K_\mathrm{p} K_\mathrm{e}$——从放大器输入端到可控整流电路输出端的电压放大倍数；

$K = \gamma K_\mathrm{p} K_\mathrm{e} / C_\mathrm{e}$——闭环系统的开环放大倍数。

2）开环调速系统与闭环调速系统的比较

（1）在给定电压一定时，有：

$$n_{0\mathrm{f}} = \frac{K_0 U_\mathrm{g}}{C_\mathrm{e}(1+K)} = \frac{n_0}{1+K}$$

闭环系统所需的给定电压 U_s 要比开环系统高（1+K）倍。因此，若突然失去转速负反馈，就可能造成严重事故。

（2）如果将系统闭环与开环的理想空载转速调得一样，即 $n_{0\mathrm{f}} = n_0$，则：

$$\Delta n_\mathrm{f} = \frac{R_\Sigma}{C_\mathrm{e}(1+K)} I_\mathrm{a} = \frac{\Delta n}{1+K}$$

在同一负载电流下，闭环系统的转速降仅为开环系统转速降的 1/（1+K）倍，从而大大提高了机械特性的硬度，使系统的静差度减少。

（3）在最大运行转速 $n_\max$ 和低速时的最大允许静差度 S_2 不变的情况下，
开环系统的调速范围为。

$$D = \frac{n_\max S_2}{\Delta n_\mathrm{N}(1+S_2)}$$

闭环系统调速范围为：

$$D_\mathrm{f} = \frac{n_\max S_2}{\Delta n_\mathrm{N}(1-S_2)} = \frac{n_\max S_2}{\dfrac{\Delta n_\mathrm{N}}{1+K}(1-S_2)} = (1+K)D$$

闭环系统的调速范围是开环系统的（1+K）倍。

提高系统的开环放大倍数 K 是减小静态转速降落、扩大调速范围的有效措施。但是放大倍数也不能过分增大，否则系统容易产生不稳定现象。

3．基本特性

（1）有静差系统是利用偏差来进行控制的。

（2）转速 n（被调量）紧随给定量 U_n* 的变化而变化。

（3）其对包围在转速反馈环内的各种干扰都有很强的抑制作用。

（4）系统对给定量 U_n* 和检测元件的干扰没有抑制能力。

4. 优缺点

（1）优点：

系统中的晶闸管整流装置不但经济、可靠，而且其功率放大倍数在 10^4 以上，门极可直接采用电子电路控制，响应速度为毫秒级。

（2）缺点：

由于晶闸管的单向导电性，它不允许电流反向，给系统的可逆运行造成困难。另一问题是当晶闸管导通角很小时，系统的功率因素很低，并产生较大的谐波电流，从而引起电网电压波动殃及同电网中的用电设备，造成"电力公害"。

5. 系统的机械特性

当电流连续时，系统的机械特性方程式为：

$$n = \frac{1}{C_e}(U_{d0} - I_d R) = \frac{1}{C_e}\left(\frac{m}{\pi} U_m \sin\frac{\pi}{m} \cos\alpha - I_d R\right)$$

式中 C_e——电机在额定磁通下的电动势系数。

改变控制角 α，得到一簇平行直线，这和 G-M 系统的特性很相似，如图 2-3-3 所示。图中电流较小的部分画成虚线，表明这时电流波形可能断续，上式已经不适用了。

特点：①当电流连续时，特性还比较硬；②断续段特性则很软，而且呈显著的非线性。

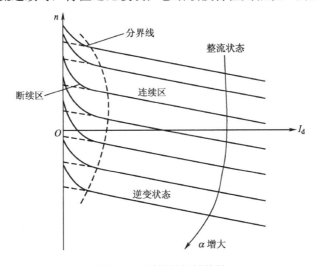

图 2-3-3 系统的机械特性

3.5 转速负反馈有静差调速系统

1. 系统的组成及特点

开环调速系统只适用于对调速精度要求不高的场合，但许多需要无级调速的生产机械为了保证加工精度，常常对调速精度提出一定的要求，这时开环调速已不能满足要求。

任务三 单闭环直流调速系统分析调试与维护

1) 系统组成

转速负反馈有静差系统,如图 2-3-4 所示。

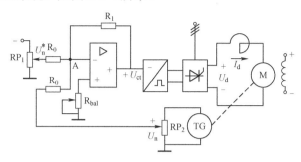

图 2-3-4 转速负反馈有静差系统

由图 2-3-4 可见,该系统的控制对象是直流电动机 M,被控量是电动机的转速 n,晶闸管触发及整流电路为功率放大和执行环节,由运算放大器构成的比例调节器为电压放大和电压(综合)比较环节,电位器 RP_1 为给定元件,测速发电机 TG 与电位器 RP_2 为转速检测元件。该调速系统的组成框图,如图 2-3-5 所示。

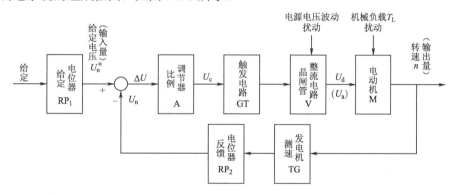

图 2-3-5 系统组成框图

2) 特点

① 把转速反馈与给定比较形成控制信号,组成闭环控制;

② 测速环节:直流测速发电机,与直流电机同轴连接;

③ 设置放大器。

利用自动控制原理中传输的化简原理,得到调速系统的静特性方程式,从而得出系统电机转速与负载电流(或转矩)的稳态关系,它在形式上与开环机械特性相似,但本质上却有很大的不同,故定名为"静特性",如图 2-3-6 所示。

这种系统是以存在偏差为前提的,反馈环节只是检测偏差,减小偏差,而不能消除偏差,因此它是有静差调速系统。

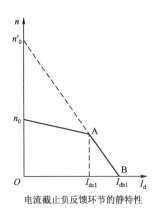

电流截止负反馈环节的静特性

图 2-3-6 静特性

闭环系统能够减少稳态速降的实质在于它的自动调节作用,在于它能随着负载的变化而相应地改变整流电压,而开环系统不能自动调节。以负载增大为例,闭环调速系统的自动调节过程如下:

$$T_L \uparrow \rightarrow n \downarrow \rightarrow U_n \downarrow \rightarrow \Delta U_n \uparrow \rightarrow U_c \uparrow \rightarrow U_d \uparrow \rightarrow I_d \uparrow \rightarrow T_M > T_L \rightarrow n \uparrow$$

—— 转速负反馈起调节作用,直到$T_o=T_L$稳定 ——

总结:具有比例调节器的单闭环调速系统的基本性质,强调指出有静差系统的概念。这种系统是以存在偏差为前提的,反馈环节只是检测偏差,减小偏差,而不能消除偏差,因此它是有静差调速系统。

全面地看,反馈控制系统一方面能够有效地抑制一切被包在负反馈环内前向通道上的扰动作用;另一方面,则紧紧地跟随着给定作用,对给定信号的任何变化都是唯命是从的。而系统精度依赖于给定和反馈精度。

3.6 单闭环调速系统的限流保护——电流截止负反馈

问题的提出:根据直流电动机电枢回路的平衡方程式可知,电枢电流 I_d 为:

$$I_d = \frac{U_d - C_e n}{R_a} = \frac{U_d - E}{R_a}$$

当电机启动时,由于存在机械惯性,所以不可能立即转动起来,即 $n=0$,则其反电动势 $E=0$。这时启动电流为:

$$I_d = U_d / R_a$$

它只与电枢电压 U_d 和电枢电阻 R_a 有关。由于电枢电阻很小,因此启动电流是很大的。为了避免启动时的电流冲击,在电压不可调的场合,可采用电枢串电阻启动,在电压可调的场合则采用降压启动。

另外,有些生产机械的电动机可能会遇到堵转情况。例如,由于故障造成机械轴被卡住或挖土机工作时遇到坚硬的石头等。在这种情况下,由于闭环系统的机械特性很硬,若没有限流环节的保护,电枢电流将远远超过允许值。但若采用图 2-3-7 所示的电流截止负反馈电路,让上述两种情况中的电流接近图 2-3-8 所示的挖土机特性,则完全可以解决由于机械惯性和堵转引起的大电流问题。

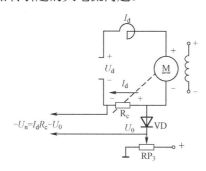

图 2-3-7　电流截止负反馈电路图

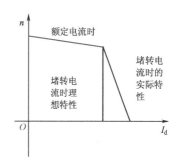

图 2-3-8　挖土机特性

引入电流截止负反馈后，其反馈流程如图 2-3-9 所示。

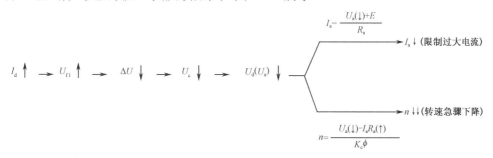

图 2-3-9　反馈流程

3.7　单闭环无静差调速系统

无静差调速系统概念：调速系统受到扰动作用后，又进入稳态运行时，系统的给定量与被调量的反馈量保持相等，即 $\Delta U = U_n^* - U_n = 0$，也就是扰动前后的稳态转速不变，如图 2-3-10 所示。

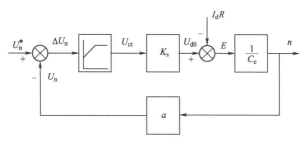

图 2-3-10　无静差调速系统稳态结构图

积分调节器（I 调节器）重要特性：

（1）延缓性：积分调节器输入阶跃信号时，输出按积分线性增长。

（2）积累性：只要积分调节器输入信号存在，不论信号大小如何变化，积分的积累作用都持续下去，只不过输出值上升速率不同而已。

（3）记忆性：在积分过程中，如果输入信号变为零，输出电压能保持在输入信号改变前的瞬时值，该电压值就是充电电容 C 两端的电压值，若要使输出值下降，必须改变输入信号 U_{in} 的极性，其变化过程如图 2-3-11 所示。

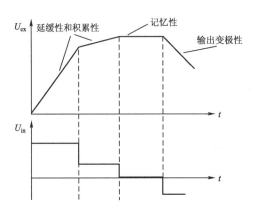

图 2-3-11 I 调节器的积累性及记忆性

若初始不为零，积分调节器输出值为：

$$U_{en} = \frac{1}{\tau}\int U_{in} dt + U_{en0}$$

比例调节器的输出量完全取决于输入量的"现状"；而积分调节器的输出，既取决于输出的初始值，又取决于输入量对时间的积累过程（即历史状况）。尽管目前 $U_{in}=0$，只要历史上曾经出现过 U_{in} 的值，输出就存在一定数值，这就是比例控制规律与积分控制规律的根本区别。

虽然积分调节器通过不断的积累过程来最后消除误差，但由于积分调节器的输出是逐渐的积累，在控制的快速性上，积分控制远不如比例控制。而比例调节器虽然响应快，但系统存在静差，如果既要稳态精度高，又要动态响应快，就把 P 与 I 结合起来，取长补短，形成比例积分调节器（PI 调节器）。

采用比例积分（PI）调节器的单闭环无静差调速系统：

将上述有静差系统中的比例放大器改成比例积分调节器，便构成了无静差系统。为了限制启动冲击电流，系统也采用电流截止负反馈。当 $I_d \leqslant I_{da}$ 时，上述系统的稳态结构如下。

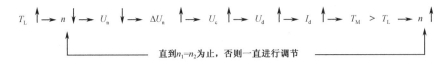

实训 9 单闭环直流调速系统调试

（一）实训目的

（1）熟悉单闭环直流调速系统的组成、工作原理、调试方法。

任务三 单闭环直流调速系统分析调试与维护

(2) 了解单闭环直流调速系统的静态和动态特性。

(二) 实训设备

(1) MCL-31 低压控制电路及仪表。
(2) MCL-32 电源控制屏。
(3) MCL-33 触发电路及晶闸管主回路。
(4) MEL-03 三相可调电阻器。
(5) MEL-11 电容箱。
(6) 直流电动机—发电机—测速机组。
(7) 万用表。
(8) 双踪示波器。

(三) 实训原理

在单闭环直流调速系统中设置了一个调节器,转速调节器的输出控制晶闸管整流器的触发装置。单闭环直流调速系统原理如图 2-3-12 所示。转速调节器是调速系统的主导调节器,它使转速跟随其给定电压变化,稳态时实现转速无静差,对负载变化起抗扰作用,其输出限幅值决定电机允许的最大电流。

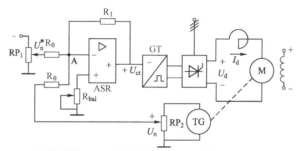

ASR—转速调节器;GT—触发装置;M—直流电机;TG—测速发电机

图 2-3-12 单闭环直流调速系统原理图

(四) 实训内容及步骤

1. 控制单元调试

在主电路切断电源的情况下,进行转速调节器(ASR)输出正、负限幅值的调试,使转速调节器为 PI 调节器,将 MCL-31 的给定端 U_g 与转速调节器的"2"端相接,接通控制电路电源(红色指示灯亮)。分别加入一定的正、负输入电压,调整转速调节器的正、负限幅电位器 RP_1、RP_2,使转速调节器输出电压正、负限幅值等于±5V。

2. 系统调试

在实训装置断电情况下,按单闭环直流调速系统实训线路图及接线图进行接线,使系统构成单闭环调速系统。将 MCL-31 的正负给定开关 S_1 拨向正给定位置,开关 S_2 拨向给定位置,调节给定电位器 RP_1 使 U_g=0V,顺时针调节转速反馈电位器 RP 使电阻值最大,即转速反馈最强。电动机加额定励磁电压,按下 MCL-32 电源控制屏的"闭合"按钮,接通主电路电源(绿色指示灯亮),调节给定电位器 RP_1 逐渐增加给定电压 U_g,若稍加给定,电机转速很高并且调节给定电压 U_g 也不可控,则表明转速反馈极性有误,应立即调节给定电位器 RP_1 使 U_g=0V,然后切断电源,将转速反馈两根线相互调换后,再接通电源,然后逐渐增加给定电压 U_g,观察电机转速是否可控,正常之后,调节给定电压使 U_g=5V,再调节转速反馈电位器 RP,使转速达到额定转速 1500r/m。突加给定,用示波器观察转速反馈的波形,通过改变转速调节器的 PI 参数使转速反馈波形达到较好的波形。

3. 系统特性测试

1)静态特性测试

分别测绘 n=1500r/m 与 n=500r/m 时系统的静态特性曲线 $n=f(I_d)$。注意:电流 I_d≤1A。

2)动态波形的观察

(1)观察记录单闭环直流调速系统突加给定启动时的动态波形,$U_i^*=f(t)$、$U_{ct}=f(t)$、$U_n=f(t)$、$U_i=f(t)$。同时用万用表测量系统稳定运行时(n=1500r/m)以下各点的电压值,U_n^*、U_n、U_i^*、U_i、U_{ct}、U_d 并记录 I_d、n 的值。

(2)观察记录单闭环直流调速系统在稳定运行时(n=1500r/m),受负载扰动时的动态波形(注意:电流 I_d≤1A),$U_i^*=f(t)$、$U_{ct}=f(t)$、$U_n=f(t)$、$U_i=f(t)$。同时用万用表测量扰动后系统稳定运行时以下各点的电压值,U_n^*、U_n、U_i^*、U_i、U_{ct}、U_d 并记录 I_d、n 的值。

(五)实训报告

(1)绘制 n=1500r/m 与 n=500r/m 时的系统静特性曲线 $n=f(I_d)$。

(2)绘制单闭环直流调速系统突加给定启动时的动态波形曲线。$U_i^*=f(t)$、$U_{ct}=f(t)$、$U_n=f(t)$、$U_i=f(t)$。稳定运行时各点的电压值,U_n^*、U_n、U_i^*、U_i、U_{ct}、U_d 及 I_d、n 的值。

(3)绘制单闭环直流调速系统在稳定运行时受负载扰动时动态波形曲线。$U_i^*=f(t)$、$U_{ct}=f(t)$、$U_n=f(t)$、$U_i=f(t)$。稳定运行时各点的电压值,U_n^*、U_n、U_i^*、U_i、U_{ct}、U_d 及 I_d、n 的值。

(4)简述通过实训的心得体会及建议。

任务四 速度、电流双闭环直流调速系统

4.1 单闭环调速系统存在的问题

（1）用一个调节器综合多种信号，各参数间相互影响。
（2）环内的任何扰动，只有等到转速出现偏差时才能进行调节，因而转速动态降落大。
（3）电流截止负反馈环节限制启动电流，不能充分利用电动机的过载能力获得最快的动态响应，启动时间较长。

单闭环直流调速系统如图 2-4-1 所示。

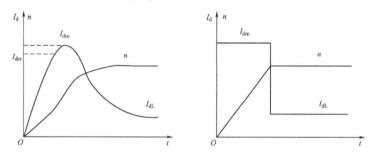

图 2-4-1　电流截止负反馈单闭环直流调速系统

最佳理想启动过程：在电机最大电流（转矩）受限制的条件下，希望充分利用电机的允许过载能力，最好是在过渡过程中始终保持电流（转矩）为允许的最大值。

改进思路：为了获得近似理想的过渡过程，并克服几个信号综合在一个调节器输入端的缺点，最好的办法就是将主要的被调量转速与辅助被调量电流分别加以控制，用两个调节器分别调转速和电流，构成转速、电流双闭环调速系统。

4.2 转速、电流双闭环调速系统的组成

双闭环调速系统原理图，如图 2-4-2 所示。

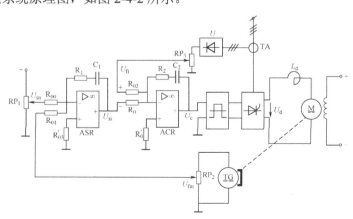

图 2-4-2　双闭环调速系统原理图

双闭环直流调速系统静态结构图,如图 2-4-3 所示。

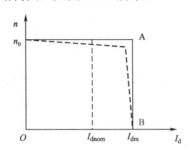

(a)双闭环调速系统的静态特性

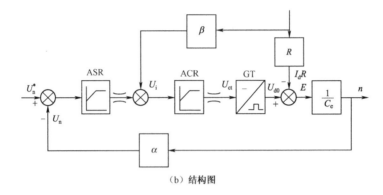

(b)结构图

图 2-4-3 双闭环直流调速系统静态结构图

系统特点：

(1) 两个调节器,一环嵌套一环；速度环是外环,电流环是内环。

(2) 两个 PI 调节器均设置有限幅；一旦 PI 调节器限幅(即饱和),其输出量为恒值,输入量的变化不再影响输出,除非有反极性的输入信号使调节器退出饱和,即饱和的调节器暂时隔断了输入和输出间的关系,相当于使该调节器断开。而输出未达限幅时,调节器才起调节作用,使输入偏差电压在调节过程中趋于零,而在稳态时为零。

(3) 电流检测采用三相交流电流互感器。

(4) 电流、转速均实现无静差。由于转速与电流调节器采用 PI 调节器,因此系统处于稳态时,转速和电流均为无静差。转速调节器 ASR 输入无偏差,实现转速无静差。

4.3 双闭环调速系统的静特性

双闭环系统的静特性如图 2-4-3 所示。

特点：

(1) n_0-A 的特点。

① ASR 不饱和。

② ACR 不饱和。

$$\Delta U_n = 0, \Delta U_i = 0$$

$$\therefore U_n^* = U_n = \alpha n \text{ 或 } n = \frac{U_n^*}{\alpha} = n_0$$

式中 n_0——理想空载转速。

此时转速 n 与负载电流 I_{dL} 无关，完全由给定电压 U_n^* 所决定。

电流给定有如下关系：

$$U_i^* = U_i = \beta I_d$$

因 ASR 不饱和，$U_i^* < U_{im}^*$，故 $I_d < I_{dm}$。n_0A 这段静特性从 $I_d = 0$ 一直延伸到 $I_d = I_{dm} = I_{dnom}$。

（2）A-B 段的特点。

① ASR 饱和。

② ACR 不饱和。

电流跟随 I_{dm}，$I_d = \dfrac{U_m^*}{\beta} = I_{dm}$ 起到了过流保护作用。

（3）双闭环调速系统的静特性在负载电流小于 I_{dm} 时表现为转速无静差，这时转速负反馈起主要调节作用。在启动或堵转时，负载电流达到 I_{dm} 后，转速调节器饱和，电流调节器起主要调节器作用，系统表现为电流无静差，得到过电流的自动保护。双闭环系统只能抑制启动或堵转时的过电流，但当系统发生其他故障引起过电流时，系统不能保护，需另设过电流保护电路。

4.4 系统各变量的稳态工作点和稳态参数计算

1. 系统稳态工作点确定

双闭环调速系统在稳态工作时其输入信号都为零，各变量之间存在以下关系：

$$U_n^* = U_n = \alpha n = \alpha n_0$$

$$U_i^* = U_i = \beta I_d = \beta I_{dL}$$

$$U_{ct} = \frac{U_{d0}}{K_s} = \frac{C_e n + I_d R}{K_s} = \frac{C_e U_n^* / \alpha + I_{dL} R}{K_s}$$

由以上各关系可以看出，在稳态工作点上，电机转速由给定电压 U_n^* 决定，ASR 的输出量 U_i^* 由负载电流 I_{dL} 决定，而与转速给定值无关，ACR 的输出量则同时取决于 n 和 I_{dL} 的大小。这些关系反映了 PI 调节器不同于 P 调节器的特点。比例环节的输出量总是正比于其输入量，而 PI 调节器则不然，其输出量的稳态值与输入无关，而是由它后面环节的需要所决定的。

2. 电流、转速反馈系数的确定

（1）转速反馈系数：

$$\alpha = \frac{U_{nm}^*}{n_{max}}$$

（2）电流反馈系数：

$$\beta = \frac{U_{im}^*}{I_{dm}}$$

两个给定电压的最大值是受运算放大器的允许输入电压限制的。

4.5 双闭环调速系统动态特性

1. 突加给定系统启动过程分析

设系统启动前处于停车状态：

$$\alpha U_n^* = 0, \quad U_i = 0, \quad U_{ct} = 0,$$
$$n = 0, \quad U_i^* = 0, \quad U_{d0} = 0,$$

当输入阶跃信号时，系统进入启动过程。按照转速调节器 ASR 在启动过程中经历的不饱和、饱和、退饱和三种情况，整个动态过程分成图中标明的 Ⅰ、Ⅱ、Ⅲ 三个阶段。

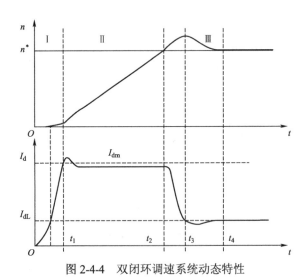

图 2-4-4 双闭环调速系统动态特性

1）第 Ⅰ 阶段　电流上升阶段（$0 \sim t_1$）

突加 $U_n^* \to \Delta U_n$ 很大 $\to$ ASR 迅速饱和 $\to U_i^* = U_{im}^* \to U_{ct}$、$U_{d0}$、$I_d$ 迅速上升 $\to n$ 上升 $\to I_d \uparrow \approx I_{dm}$ 时，$U_i = U_{im}^*$。在本阶段：ASR 由不饱和迅速饱和（U_n 增长慢）。ACR 不饱和（U_i 增长快）。

2）第 Ⅱ 阶段　恒流升速阶段（$t_1 \sim t_2$）

ASR 饱和 $\to U_i^* \approx U_{im}^* \to I_d \approx I_{dm} \to$ 电机以恒加速度上升（n 线性上升至 n^*）

$n \uparrow \to E \uparrow \to I_d \downarrow \to U_i \downarrow \to \Delta U_i \uparrow \to U_{ct} \uparrow \to U_{d0} \uparrow \to I_d \uparrow$（$I_d$ 维持 I_{dm} 不变）。在本阶段中：①由于 n 的线性增长，使 E 为一个线性渐增的干扰量，ACR 起调节作用，使 U_{ct} 和 U_{d0} 基本上线性增长；②在调整过程中，I_d 略低于 I_{dm}，保证$\Delta U > 0$，U_{ct} 线性上升。恒流升速阶段是启动过程中的主要阶段。

3）第 Ⅲ 阶段　转速调节阶段（t_2 以后）

$\Delta U_n = 0$（$n = n^*$）$\to$ ASR 仍饱和 $\to U_i \approx U_{im}^* \to I_d \approx I_{dm} > I_L \to n \uparrow > n^* \to \Delta U_n < 0 \to$ ASR 退饱和 $\to$

$U_i^* \downarrow < U_{im}^* \rightarrow I_d \downarrow \rightarrow I_d < I_L \rightarrow n \downarrow \rightarrow n\infty$（转速可能会经过几次振荡，但转速环会进行调节）。

结论：在启动过程中，ASR 饱和后，系统成为恒流调节系统；ASR 退饱和后，系统达到稳定运行时，表现为转速无静差调速系统。

2．动态抗扰性能分析

1）抗负载扰动

2）抗负载扰动作用

由双闭环调速系统抗负载扰动作用的动态结构图 2-4-5 可以看出，负载扰动作用在电流环之外、转速环之内，所以双闭环调速系统在抗负载扰动方面和单闭环调速系统只能依靠转速来进行抗扰调节有所不同。

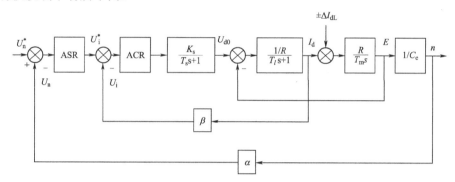

图 2-4-5　抗负载扰动作用的动态结构图

3）抗电网电压扰动作用

由动态结构图 2-4-6 可知：电网电压扰动在电流环之内，电压扰动尚未影响到转速前就已经为电流环所抑制。因而双闭环系统中电网电压扰动引起的动态速降（升）比单闭环小得多。

3．对比分析

（1）在单闭环调速系统中，电网电压扰动的作用点离被调量较远，调节作用受到多个环节的延滞，因此，单闭环调速系统抵抗电压扰动的性能要差一些。

（2）在双闭环系统中，由于增设了电流内环，电压波动可以通过电流反馈得到比较及时的调节，不必等它影响到转速以后才能反馈回来，抗扰性能大有改善。

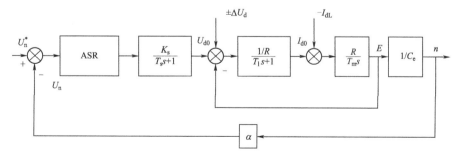

图 2-4-6　抗电网电压扰动作用的动态结构图

（六）双闭环调速系统优点

（1）具有良好的静特性（接近理想的"挖土机特性"）。

（2）具有较好的动态特性，启动时间短（动态响应快），超调量也较小。

（3）系统抗扰动能力强，电流环能较好地克服电网电压波动的影响，而速度环能抑制被它包围的各个环节扰动的影响，并最后消除转速偏差。

（4）由两个调节器分别调节电流和转速。这样，可以分别进行设计，分别调整（先调好电流环，再调速度环），调整方便。

实训 10　双闭环直流调速系统调试

（一）实训目的

（1）熟悉双闭环直流调速系统的组成、工作原理、调试方法。

（2）了解双闭环直流调速系统的静态和动态特性。

（二）实训设备

（1）MCL-31 低压控制电路及仪表。

（2）MCL-32 电源控制屏。

（3）MCL-33 触发电路及晶闸管主回路。

（4）MEL-03 三相可调电阻器。

（5）MEL-11 电容箱。

（6）直流电动机—发电机—测速机组。

（7）万用表。

（8）双踪示波器。

（三）实训原理

在双闭环直流调速系统中设置了两个调节器，转速调节器的输出当做电流调节器的输入，电流调节器的输出控制晶闸管整流器的触发装置。电流调节器在里面称为内环，转速调节器在外面称为外环，这样就形成转速、电流双闭环调速系统。双闭环直流调速系统原理图如图 2-4-7 所示。为了获得良好的静、动态性能，转速和电流两个调节器都采用 PI 调节器。转速调节器是调速系统的主导调节器，它使转速跟随其给定电压变化，稳态时实现转速无静差，对负载变化起抗扰作用，其输出限幅值决定电机允许的最大电流。电流调节器使电流紧紧跟随其给定电压变化，对电网电压的波动起及时抗扰作用，在转速动态过程中能够获得电动机允许的最大电流，从而加快动态过程。当电动机过载甚至堵转时，限制电枢电流的最大值，起快速的自动保护作用。一旦故障消失，系统立即自动恢复正常。

任务四 速度、电流双闭环直流调速系统

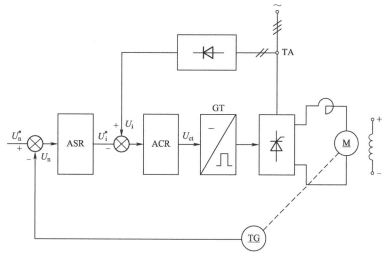

ASR—转速调节器；ACR—电流调节器；GT—触发装置；M—直流电动机；TG—测速发电机；TA—电流互感器

图 2-4-7 双闭环直流调速系统原理图

（四）实训内容

1. 控制单元调试

在主电路切断电源的情况下，进行控制单元调试。

1）转速调节器（ASR）输出正、负限幅值的调试

使转速调节器为 PI 调节器，将 MCL-31 的给定端 U_g 与转速调节器的"2"端相接，接通控制电路电源（红色指示灯亮）。分别加入一定的正、负输入电压，调整转速调节器的正、负限幅电位器 RP_1、RP_2，使转速调节器输出电压正、负限幅值等于±5V。

2）电流调节器输出控制角 α 的调试

使电流调节器为 PI 调节器，将 MCL-31 的给定端 U_g 与电流调节器的输入端"3"端相接，电流调节器的输出端"7"端与 MCL-33 的 U_{ct} 相接，接通控制电路电源（红色指示灯亮）。调节 MCL-31 的给定电位器 RP_1 使给定 $U_g=0V$，调节 MCL-33 偏移电压电位器 U_b，同时用示波器观察触发脉冲，使 $\alpha=120°$，然后加入一定的负输入电压，调整电流调节器正限幅电位器 RP_1，同时用示波器观察触发脉冲，使 $\alpha=30°$。

2. 系统调试

系统调试步骤是先内环，后外环，即先调试电流环，然后调试转速环。

1）电流环调试

直流电动机不加励磁，将 MCL-31 的给定端 U_g 与电流调节器的输入端"3"端相接，MCL3-2 电源控制屏的电流反馈端 I_f 与电流调节器的输入端"1"端相接，并顺时针调整电流反馈电位器 RP_1 使电阻值最大，即电流反馈最强，电流调节器的输出端"7"端与 MCL-33 的 U_{ct} 相接，使系统构成 PI 调节器的单闭环系统。

将 MCL-31 的正负给定开关 S_1 拨向负给定位置，开关 S_2 拨向给定位置，调节给定电位

器 RP_2 使 $U_g=0V$，按 MCL-32 电源控制屏的"闭合"按钮，接通主电路电源（绿色指示灯亮），调节给定电位器 RP_2 逐渐增加给定电压 U_g，使之等于转速调节器（ASR）输出限幅值（-5V），然后调整电流反馈电位器 RP_1，观察主电路电流，使之等于 $1.1I_{ed}$（I_{ed}=1.1A）。

突加给定，用示波器观察电流反馈的波形，通过改变电流调节器的 PI 参数使电流反馈波形达到较好的波形。

2）转速环调试

在实训装置断电情况下，按双闭环直流调速系统实训线路图及接线图进行接线，使系统构成双闭环调速系统。

将 MCL-31 的正负给定开关 S_1 拨向正给定位置，开关 S_2 拨向给定位置，调节给定电位器 RP_1 使 $U_g=0V$，顺时针调节转速反馈电位器 RP 使电阻值最大，即转速反馈最强。

电动机加额定励磁电压，按下 MCL-32 电源控制屏的"闭合"按钮，接通主电路电源（绿色指示灯亮），调节给定电位器 RP_1 逐渐增加给定电压 U_g，若稍加给定，电机转速很高并且调节给定电压 U_g 也不可控，则表明转速反馈极性有误，应立即调节给定电位器 RP_1 使 $U_g=0V$，然后切断电源，将转速反馈两根线相互调换后，再接通电源，然后逐渐增加给定电压 U_g，观察电动机转速是否可控，正常之后，调节给定电压使 $U_g=5V$，再调节转速反馈电位器 RP，使转速达到额定转速 1500rpm。

突加给定，用示波器观察转速反馈的波形，通过改变转速调节器的 PI 参数使转速反馈波形达到较好的波形。

3）系统调试

双闭环直流调速系统总体调试，通过改变转速调节器、电流调节器的 PI 参数使系统静态、动态性能较好。

3. 系统特性测试

1）静态特性测试

分别测绘 n=1500rpm 与 n=500rpm 时系统的静态特性曲线 $n=f(I_d)$。注意电流 $I_d \leqslant 1A$。

2）动态波形的观察

（1）观察记录双闭环直流调速系统突加给定启动时的动态波形，$U_i^*=f(t)$、$U_{ct}=f(t)$、$U_n=f(t)$、$U_i=f(t)$。同时用万用表测量系统稳定运行时（n=1500rpm）以下各点的电压值，U_n^*、U_n、U_i^*、U_i、U_{ct}、U_d 并记录 I_d、n 的值。

（2）观察记录双闭环直流调速系统在稳定运行时（n=1500rpm），受负载扰动时的动态波形（注意电流 $I_d \leqslant 1A$），$U_i^*=f(t)$、$U_{ct}=f(t)$、$U_n=f(t)$、$U_i=f(t)$。同时用万用表测量扰动后系统稳定运行时以下各点的电压值，U_n^*、U_n、U_i^*、U_i、U_{ct}、U_d 并记录 I_d、n 的值。

（五）实训报告

（1）绘制 n=1500rpm 与 n=500rpm 时系统静的特性曲线 $n=f(I_d)$。

（2）绘制双闭环直流调速系统突加给定启动时的动态波形曲线。$U_i^*=f(t)$、$U_{ct}=f(t)$、$U_n=f(t)$、$U_i=f(t)$。稳定运行时各点的电压值，U_n^*、U_n、U_i^*、U_i、U_{ct}、U_d 及 I_d、n 的值。

（3）绘制双闭环直流调速系统在稳定运行时受负载扰动时的动态波形曲线。$U_i^*=f(t)$、

任务四 速度、电流双闭环直流调速系统

$U_{ct}=f(t)$、$U_n=f(t)$、$U_i=f(t)$。稳定运行时各点的电压值，U_n^*、U_n、U_i^*、U_i、U_{ct}、U_d 及 I_d、n 的值。

（4）简述通过实训的心得体会及建议。

双闭环直流调速系统实训线路图，如图 2-4-8 所示。

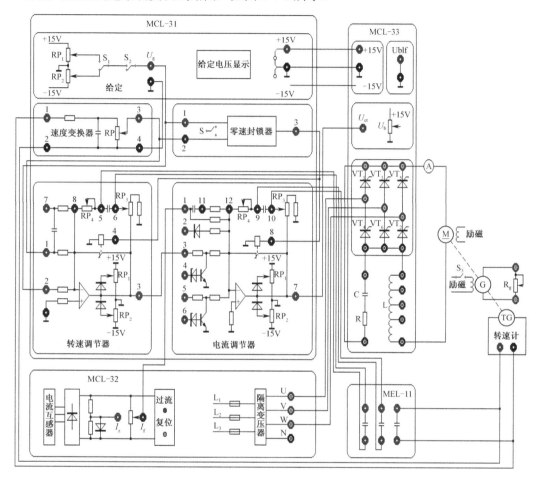

图 2-4-8　双闭环直流调速系统实训线路图

任务五 PWM控制技术

5.1 PWM控制的基本原理

冲量相等而形状不同的窄脉冲（见图2-5-1）加在具有惯性的环节上时，其效果基本相同。冲量指窄脉冲的面积；效果基本相同是指环节的输出响应波形基本相同。低频段非常接近，仅在高频段略有差异。

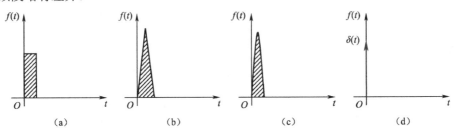

图 2-5-1 冲量相等而形状不同的各种窄脉冲

1. 面积等效原理

分别将如图2-5-1所示的电压窄脉冲加在一阶惯性环节（RL电路）上，如图2-5-2（a）所示。其输出电流$I(t)$对不同窄脉冲时的响应波形如图2-5-2（b）所示。从波形可以看出，在$I(t)$的上升段，$I(t)$的形状也略有不同，但其下降段则几乎完全相同。脉冲越窄，各$I(t)$响应波形的差异也越小。如果周期性地施加上述脉冲，则响应$I(t)$也是周期性的。用傅里叶级数分解后可看出，各$I(t)$在低频段的特性非常接近，仅在高频段有所不同。

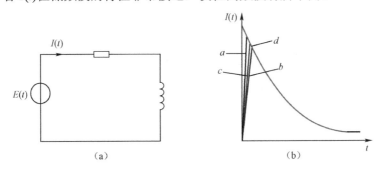

图 2-5-2 冲量相同的各种窄脉冲的响应波形

用一系列等幅不等宽的脉冲来代替一个正弦半波（图2-5-3），正弦半波N等分，看成N个相连的脉冲序列，宽度相等，但幅值不等；用矩形脉冲代替，等幅，不等宽，中点重合，面积（冲量）相等，宽度按正弦规律变化。

SPWM波形——脉冲宽度按正弦规律变化而和正弦波等效的PWM波形。

任务五 PWM 控制技术

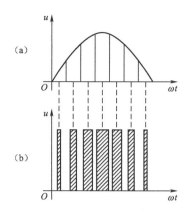

图 2-5-3 用 PWM 波代替正弦半波

要改变等效输出正弦波幅值，按同一比例改变各脉冲宽度即可。

等幅 PWM 波和不等幅 PWM 波：由直流电源产生的 PWM 波通常是等幅 PWM 波，如直流斩波电路及本任务主要介绍的 PWM 逆变电路；输入电源是交流，得到不等幅 PWM 波。

PWM 电流波：电流型逆变电路进行 PWM 控制，得到的就是 PWM 电流波。

PWM 波形可等效的各种波形：

直流斩波电路：等效直流波形。

SPWM 波：等效正弦波形，还可以等效成其他所需波形，如等效所需非正弦交流波形等，其基本原理和 SPWM 控制相同，也基于等效面积原理。

5.2 PWM 逆变电路及其控制方法

目前，中小功率的逆变电路几乎都采用 PWM 技术。逆变电路是 PWM 控制技术最为重要的应用场合。PWM 逆变电路也可分为电压型和电流型两种，目前实用的几乎都是电压型。

1. 计算法和调制法

1）计算法

根据正弦波频率、幅值和半周期脉冲数，准确计算 PWM 波各脉冲宽度和间隔，据此控制逆变电路开关器件的通断，就可得到所需的 PWM 波形。

缺点：烦琐，当输出正弦波的频率、幅值或相位变化时，结果都要变化。

2）调制法

输出波形作调制信号，进行调制得到期望的 PWM 波形；通常采用等腰三角波或锯齿波作为载波；等腰三角波应用最多，其任一点水平宽度和高度成线性关系且左右对称；与任一平缓变化的调制信号波相交，在交点控制器件通断，就得宽度正比于信号波幅值的脉冲，符合 PWM 的要求。

调制信号波为正弦波时，得到的就是 SPWM 波形；调制信号不是正弦波，而是其他所需波形时，也能得到等效的 PWM 波形。

结合 IGBT 单相桥式电压型逆变电路对调制法进行说明：设负载为阻感负载，工作时 VT_1 和 VT_2 通断互补，VT_3 和 VT_4 通断也互补。

控制规律：

在 U_o 正半周，VT_1 通，VT_2 断，VT_3 和 VT_4 交替通断，负载电流比电压滞后，在电压正半周，电流有一段为正，一段为负，负载电流为正区间，VT_1 和 VT_4 导通时，U_o 等于 U_d，VT_4 关断时，负载电流通过 V_1 和 VD_3 续流，U_o=0，负载电流为负区间，I_o 为负，实际上从 VD_1 和 VD_4 流过，仍有 U_o=U_d，VT_4 断，VT_3 通后，I_o 从 VT_3 和 VD_1 续流，U_o=0，U_o 总可得到 U_d 和零两种电平。

在 U_o 负半周，让 VT_2 保持通，VT_1 保持断，VT_3 和 VT_4 交替通断，U_o 可得 $-U_d$ 和零两种电平。

(1) 单极性 PWM 控制方式（单相桥逆变，如图 2-5-4 所示）。

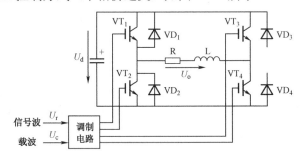

图 2-5-4 单相桥式 PWM 逆变电路

在 U_r 和 U_c 的交点时刻控制 IGBT 的通断。在 U_r 正半周，VT_1 保持通，VT_2 保持断，当 U_r>U_c 时使 VT_4 通，VT_3 断，U_o=U_d；当 U_r<U_c 时使 VT_4 断，VT_3 通，U_o=0。在 U_r 负半周，VT_1 保持断，VT_2 保持通，当 U_r<U_c 时使 VT_3 通，VT_4 断，U_o=$-U_d$；当 U_r>U_c 时使 VT_3 断，VT_4 通，U_o=0，虚线 U_{of} 表示 U_o 的基波分量。单极性 PWM 控制方式波形如图 2-5-5 所示。

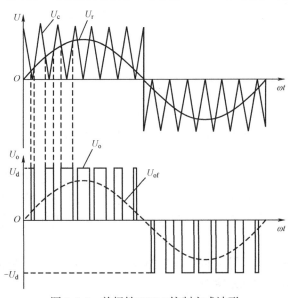

图 2-5-5 单极性 PWM 控制方式波形

(2) 双极性 PWM 控制方式（单相桥逆变）。

在 U_r 半个周期内，三角波载波有正有负，所得 PWM 波也有正有负。在 U_r 一个周期内，输出 PWM 波只有 $\pm U_d$ 两种电平，仍在调制信号 U_r 和载波信号 U_c 的交点控制器件通断。在 U_r 正负半周，对各开关器件的控制规律相同，当 $U_r > U_c$ 时，给 VT_1 和 VT_4 导通信号，给 VT_2 和 VT_3 关断信号，如 $I_o > 0$，VT_1 和 VT_4 通，如 $I_o < 0$，VD_1 和 VD_4 通，$U_o = U_d$；当 $U_r < U_c$ 时，给 VT_2 和 VT_3 导通信号，给 VT_1 和 VT_4 关断信号，如 $I_o < 0$，VT_2 和 VT_3 通，如 $I_o > 0$，VD_2 和 VD_3 通，$U_o = -U_d$。双极性 PWM 控制方式波形如图 2-5-6 所示。

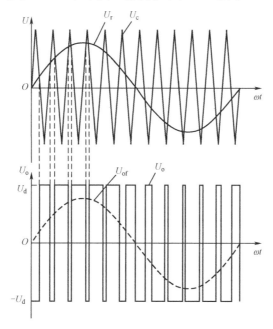

图 2-5-6　双极性 PWM 控制方式波形

单相桥式电路既可采用单极性调制，也可采用双极性调制。

(3) 双极性 PWM 控制方式（三相桥逆变，如图 2-5-7 所示）

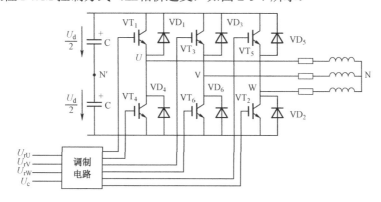

图 2-5-7　三相桥式 PWM 型逆变电路

三相 PWM 控制公用 U_c，三相的调制信号 U_{rU}、U_{rV} 和 U_{rW} 依次相差 120°。

U 相的控制规律：

当 $U_{rU}>U_c$ 时，给 VT_1 导通信号，给 VT_4 关断信号，$U_{UN'}=U_d/2$；当 $U_{rU}<U_c$ 时，给 VT_4 导通信号，给 VT_1 关断信号，$U_{UN'}=-U_d/2$；当给 VT_1（VT_4）加导通信号时，可能是 VT_1（VT_4）导通，也可能是 VD_1（VD_4）导通。$U_{UN'}$、$U_{VN'}$ 和 $U_{WN'}$ 的 PWM 波形只有 $\pm U_d/2$ 两种电平，U_{UV} 波形可由 $U_{UN'}-U_{VN'}$ 得出，当 VT_1 和 VT_6 通时，$U_{UV}=U_d$；当 VT_3 和 VT_4 通时，$U_{UV}=-U_d$；当 VT_1 和 VT_3 或 VT_4 和 VT_6 通时，$U_{UV}=0$。三相桥式 PWM 逆变电路波形如图 2-5-8 所示。

输出线电压 PWM 波由 $\pm U_d$ 和 0 三种电平构成，负载相电压 PWM 波由 $(\pm 2/3)U_d$、$(\pm 1/3)U_d$ 和 0 共五种电平组成。

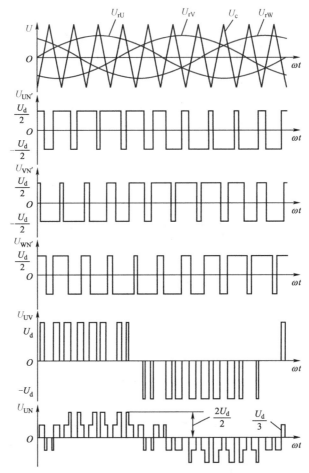

图 2-5-8 三相桥式 PWM 逆变电路波形

防直通死区时间：

同一相上、下两臂的驱动信号互补，为防止上、下臂直通造成短路，留一小段上、下臂都施加关断信号的死区时间。死区时间的长短主要由器件关断时间决定。死区时间会给输出 PWM 波带来影响，使其稍稍偏离正弦波。

特定谐波消去法（Selected Harmonic Elimination PWM，SHEPWM）：计算法中一种较有代表性的方法，如图 2-5-9 所示。在输出电压半周期内，器件通、断各 3 次（不包括 0 和 π），共 6 个开关时刻可控。为减少谐波并简化控制，要尽量使波形对称。

任务五 PWM 控制技术

首先，消除偶次谐波，使波形正、负两半周期镜对称，即：
$$u(\omega t) = -u(\omega t + \pi)$$

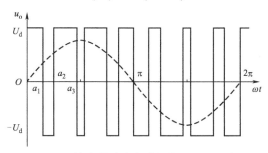

图 2-5-9 特定谐波消去法的输出 PWM 波形

其次，消除谐波中的余弦项，使波形在半周期内前后 1/4 周期以 π/2 为轴线对称。
$$u(\omega t) = u(\pi - \omega t)$$

1/4 周期对称波形，用傅里叶级数表示为：
$$u(\omega t) = \sum_{n=1,3,5,\cdots}^{\infty} a_n \sin n\omega t$$

式中，$a_n = \dfrac{4}{\pi} \int_0^{\pi/2} u(\omega t) \sin n\omega t \mathrm{d}\omega t$

在图 2-5-9 中，能独立控制 a_1、a_2 和 a_3 共 3 个时刻。该波形的 a_n 为：
$$a_n = \frac{4}{\pi}\left[\int_0^{a_1} \frac{U_d}{2}\sin n\omega t\mathrm{d}\omega t + \int_{a_1}^{a_2}(-\frac{U_d}{2}\sin n\omega t)\mathrm{d}\omega t + \int_{a_2}^{a_3}\frac{U_d}{2}\sin n\omega t\mathrm{d}\omega t + \int_{a_3}^{\frac{\pi}{2}}(-\frac{U_d}{2}\sin n\omega t)\mathrm{d}\omega t\right]$$
$$= \frac{2U_d}{n\pi}(1 - 2\cos n\alpha_1 + 2\cos n\alpha_2 - 2\cos n\alpha_3)$$

式中，$n=1,3,5, \cdots$

确定 a_1 的值，再令两个不同的 $a_n=0$，就可建三个方程，求得 a_1、a_2 和 a_3。

消去两种特定频率的谐波：

在三相对称电路的线电压中，相电压所含的 3 次谐波相互抵消，可考虑消去 5 次和 7 次谐波，得如下方程：

$$\begin{cases} a_1 = \dfrac{2U_d}{5\pi}(1 - 2\cos\alpha_1 + 2\cos\alpha_2 - 2\cos\alpha_3) \\ a_5 = \dfrac{2U_d}{5\pi}(1 - 2\cos 5\alpha_1 + 2\cos 5\alpha_2 - 2\cos 5\alpha_3) = 0 \\ a_7 = \dfrac{2U_d}{7\pi}(1 - 2\cos 7\alpha_1 + 2\cos 7\alpha_2 - 2\cos 7\alpha_3) = 0 \end{cases}$$

给定 a_1，解方程可得 a_1、a_2 和 a_3。a_1 改变，a_2 和 a_3 也相应改变。

一般来说，在输出电压半周期内器件通、断各 k 次，考虑 PWM 波 1/4 周期对称，k 个开关时刻可控，除用一个控制基波幅值，可消去 $k-1$ 个频率的特定谐波，k 越大，开关时刻的计算越复杂。

除计算法和调制法外，还有跟踪控制方法。

2. 异步调制和同步调制

载波比——载波频率 f_c 与调制信号频率 f_r 之比，$N=f_c/f_r$。根据载波和信号波是否同步及载波比的变化情况，PWM 调制方式分为异步调制和同步调制。

1）异步调制

异步调制——载波信号和调制信号不同步的调制方式。

通常保持 f_c 固定不变，当 f_r 变化时，载波比 N 是变化的。在信号波的半周期内，PWM 波的脉冲个数不固定，相位也不固定，正负半周期的脉冲不对称，半周期内前后 1/4 周期的脉冲也不对称。当 f_r 较低时，N 较大，一周期内脉冲数较多，脉冲不对称的不利影响都较小，当 f_r 增高时，N 减小，一周期内的脉冲数减少，PWM 脉冲不对称的影响就变大。因此，在采用异步调制方式时，希望采用较高的载波频率，以使在信号波频率较高时仍能保持较大的载波比。

2）同步调制

同步调制——N 等于常数，并在变频时使载波和信号波保持同步。

基本同步调制方式，f_r 变化时 N 不变，信号波一周期内输出脉冲数固定。三相，公用一个三角波载波，且取 N 为 3 的整数倍，使三相输出对称。为使一相的 PWM 波正负半周镜对称，N 应取奇数。当 $N=9$ 时的同步调制三相 PWM 波形如图 2-5-10 所示。

f_r 很低时，f_c 也很低，由调制带来的谐波不易滤除；f_r 很高时，f_c 会过高，使开关器件难以承受。为了克服上述缺点，可以采用分段同步调制的方法。

3）分段同步调制

把 f_r 范围划分成若干个频段，每个频段内保持 N 恒定，不同频段 N 不同。在 f_r 高的频段采用较低的 N，使载波频率不致过高；在 f_r 低的频段采用较高的 N，使载波频率不致过低。图 2-5-11 为分段同步调制方式示例。为防止 f_c 在切换点附近来回跳动，采用滞后切换的方法。同步调制比异步调制复杂，但用微机控制时容易实现。可在低频输出时采用异步调制方式，高频输出时切换到同步调制方式，这样把两者的优点结合起来，和分段同步方式效果接近。

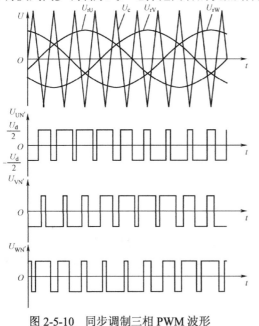

图 2-5-10　同步调制三相 PWM 波形　　图 2-5-11　分段同步调制方式示例

3. 规则采样法

按 SPWM 基本原理，自然采样法中要求解复杂的超越方程，难以在实时控制中在线计算，工程应用不多。

1）规则采样法特点

工程实用方法，效果接近自然采样法，计算量小得多。

2）规则采样法原理

如图 2-5-12 所示，三角波两个正峰值之间为一个采样周期 T_c。在自然采样法中，脉冲中点不和三角波一周期中点（即负峰点）重合。规则采样法使两者重合，每个脉冲中点为相应三角波中点，计算大为简化。三角波负峰时刻 t_D 对信号波采样得 D 点，过 D 作水平线和三角波交于 A、B 点，在 A 点时刻 t_A 和 B 点时刻 t_B 控制器件的通断，脉冲宽度 δ 和用自然采样法得到的脉冲宽度非常接近。

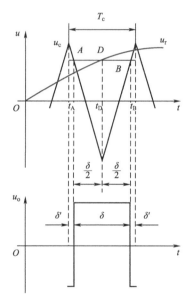

图 2-5-12 规则采样法

规则采样法计算公式推导：

在正弦调制信号波公式中，a 称为调制度，$0 \leq a < 1$；ω_r 为信号波角频率。由图 2-5-12 可得：

$$u_r = a\sin\omega_r t$$

在三角波一周期内，脉冲两边间隙宽度为：

$$\frac{1 + a\sin\omega_r t_D}{\delta/2} = \frac{2}{T_c/2}$$

三相桥逆变电路的情况：

通常三相的三角波载波公用，三相调制波相位依次差 120°，同一三角波周期内三相的脉宽分别为 δ_U、δ_V 和 δ_W，脉冲两边的间隙宽度分别为 δ'_U、δ'_V 和 δ'_W，同一时刻三相正弦调制波电压之和为零，由上式得：

$$\delta = \frac{T_c}{2}(1 + a\sin\omega_r t_D)$$

$$\delta' = \frac{1}{2}(T_c - \delta) = \frac{T_c}{4}(1 - a\sin\omega_r t_D)$$

$$\delta_U + \delta_V + \delta_W = \frac{3T_c}{2}$$

$$\delta'_U + \delta'_V + \delta'_W = \frac{3T_c}{2}$$

利用以上两式可简化三相 SPWM 波的计算。

4．PWM 逆变电路的谐波分析

使用载波对正弦信号波调制，产生了和载波有关的谐波分量。谐波频率和幅值是衡量 PWM 逆变电路性能的重要指标之一。

分析双极性 SPWM 波形：

同步调制可看成异步调制的特殊情况，只分析异步调制方式。

分析方法：

不同信号波周期的 PWM 波不同，无法直接以信号波周期为基准分析，以载波周期为基础，再利用贝塞尔函数推导出 PWM 波的傅里叶级数表达式，分析过程相当复杂，结论却简单而直观。

1）单相的分析结果

不同调制度 a 时的单相桥式 PWM 逆变电路在双极性调制方式下输出电压的频谱图如图 2-5-13 所示。其中所包含的谐波角频率为：

$$n\omega_c \pm k\omega_r$$

式中，$n=1,3,5,\cdots$ 时，$k=0,2,4,\cdots$；$n=2,4,6,\cdots$ 时，$k=1,3,5,\cdots$。

可以看出，PWM 波中不含低次谐波，只含有角频率 ω_c 及其附近的谐波，以及 $2\omega_c$、$3\omega_c$ 等及其附近的谐波。在上述谐波中，幅值最高影响最大的是角频率为 ω_c 的谐波分量。

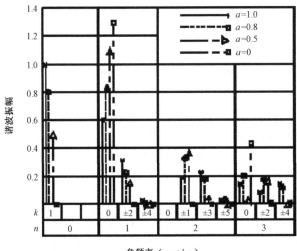

图 2-5-13　单相桥式 PWM 逆变电路输出电压频谱图

2）三相的分析结果

三相桥式 PWM 逆变电路采用公用载波信号时不同调制度 a 时的三相桥式 PWM 逆变电路输出线电压的频谱图，如图 2-5-14 所示。在输出线电压中，所包含的谐波角频率为：

$$n\omega_c \pm k\omega_r$$

式中，$n=1,3,5,\cdots$时，$k=3(2m-1)\pm 1$，$m=1,2,\cdots$；

$n=2,4,6,\cdots$时，$k=\begin{cases} 6m+1, & m=0,1,\cdots \\ 6m-1, & m=1,2,\cdots \end{cases}$。

和单相比较，共同点是都不含低次谐波，一个较显著的区别是载波角频率 ω_c 整数倍的谐波被消去了，谐波中幅值较高的是 $\omega_c \pm 2\omega_r$ 和 $2\omega_c \pm \omega_r$。

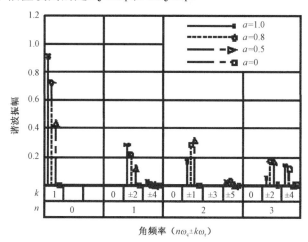

图 2-5-14 三相桥式 PWM 逆变电路输出线电压频谱图

SPWM 波中谐波主要是角频率为 ω_c、$2\omega_c$ 及其附近的谐波，很容易滤除。当调制信号波不是正弦波时，谐波由两部分组成：一部分是对信号波本身进行谐波分析所得的结果，另一部分是由信号波对载波的调制而产生的谐波。后者的谐波分布情况和 SPWM 波的谐波分析一致。

5．提高直流电压利用率和减少开关次数

直流电压利用率——逆变电路输出交流电压基波最大幅值 U_{1m} 和直流电压 U_d 之比。

提高直流电压利用率可提高逆变器的输出能力；减少器件的开关次数可以降低开关损耗；正弦波调制的三相 PWM 逆变电路，调制度 a 为 1 时，输出相电压的基波幅值为 $U_d/2$，输出线电压的基波幅值为 $(\sqrt{3}/2)U_d$，即直流电压利用率仅为 0.866。这个值是比较低的，其原因是正弦调制信号的幅值不能超过三角波幅值。在实际电路工作时，考虑到功率器件的开通和关断都需要时间，如不采取其他措施，调制度不可能达到 1。采用这种调制方法实际能得到的直流电压利用率比 0.866 还要低。

1）梯形波调制方法的思路

采用梯形波作为调制信号，可有效提高直流电压利用率。当梯形波幅值和三角波幅值相等时，梯形波所含的基波分量幅值更大。

梯形波调制方法的原理及波形,如图 2-5-15 所示。梯形波的形状用三角化率 $s=U_t/U_{to}$ 描述,U_t 为以横轴为底时梯形波的高,U_{to} 为以横轴为底边把梯形两腰延长后相交所形成的三角形的高。$s=0$ 时梯形波变为矩形波,$s=1$ 时梯形波变为三角波。梯形波含低次谐波,PWM 波含同样的低次谐波,低次谐波(不包括由载波引起的谐波)产生的波形畸变率为 δ。

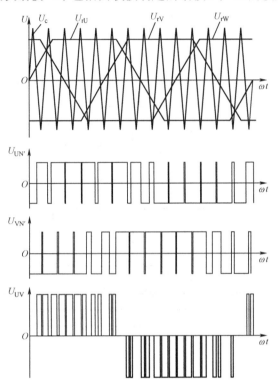

图 2-5-15 梯形波调制方法的原理及波形

图 2-5-16 为 δ 和 U_{1m}/U_d 随 s 变化的情况,$s=0.4$ 时,谐波含量也较少,δ 约为 3.6%,直流电压利用率为 1.03,综合效果较好。

图 2-5-17 为 s 变化时各次谐波分量幅值 U_{nm} 和基波幅值 U_{1m} 之比。

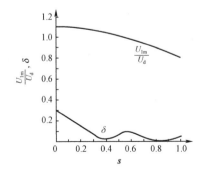 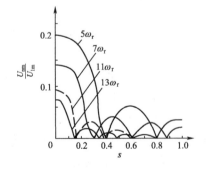

图 2-5-16 s 变化时的 δ 和直流电压利用率　　图 2-5-17 s 变化时的各次谐波含量

梯形波调制的缺点:输出波形中含 5 次、7 次等低次谐波。

在实际使用时,可以考虑当输出电压较低时用正弦波作为调制信号,使输出电压不含低次谐波；当正弦波调制不能满足输出电压的要求时，改用梯形波调制，以提高直流电压利用率。

2）线电压控制方式（叠加3次谐波）

对两个线电压进行控制，适当地利用多余的一个自由度来改善控制性能。

目标：使输出线电压不含低次谐波的同时尽可能提高直流电压利用率，并尽量减少器件开关次数。

直接控制手段仍是对相电压进行控制，但控制目标却是线电压。

相对线电压控制方式，控制目标为相电压时称为相电压控制方式。

在相电压调制信号中叠加3次谐波，使之成为鞍形波，输出相电压中也含3次谐波，且三相的三次谐波相位相同。合成线电压时，3次谐波相互抵消，线电压为正弦波。如图2-5-18所示，鞍形波的基波分量幅值大。

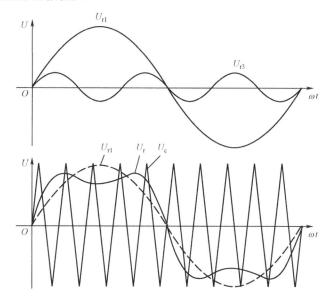

图 2-5-18 叠加3次谐波的调制信号

除叠加3次谐波外，还可叠加其他3倍频的信号，也可叠加直流分量，都不会影响线电压。

3）线电压控制方式（叠加3倍次谐波和直流分量，如图2-5-19所示）

叠加 U_p，既包含3倍次谐波，也包含直流分量，U_p 大小随正弦信号的大小而变化。设三角波载波幅值为1，三相调制信号的正弦分别为 u_{rU1}、u_{rV1} 和 u_{rW1}，并令：

$$U_p = -\min(U_{rU1}, U_{rV1}, U_{rW1}) - 1$$

则三相的调制信号分别为

$$U_{rU} = U_{rU1} + U_p$$
$$U_{rV} = U_{rV1} + U_p$$
$$U_{rW} = U_{rW1} + U_p$$

不论 U_{rU1}、U_{rV1} 和 U_{rW1} 幅值的大小，U_{rU}、U_{rV}、U_{rW} 总有1/3周期的值和三角波负峰值

相等。在这 1/3 周期中,不对调制信号值为 –1 的相进行控制,只对其他两相进行控制,因此,这种控制方式又称为两相控制方式。

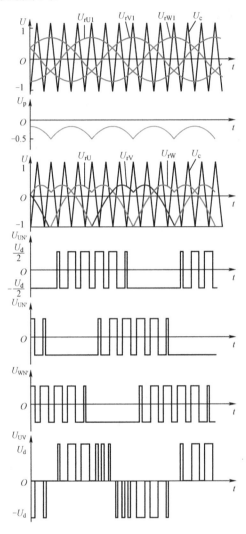

图 2-5-19 线电压控制方式举例

优点:
(1) 在 1/3 周期内器件不动作,开关损耗减少 1/3;
(2) 最大输出线电压基波幅值为 U_d,直流电压利用率提高;
(3) 输出线电压不含低次谐波,优于梯形波调制方式。

6. PWM 逆变电路的多重化

和一般逆变电路一样,大容量 PWM 逆变电路也可采用多重化技术。采用 SPWM 技术理论上可以不产生低次谐波,因此,在构成 PWM 多重化逆变电路时,一般不再以减少低次谐波为目的,而是为了提高等效开关频率,减少开关损耗,减少和载波有关的谐波分量。

PWM 逆变电路多重化连接方式有变压器方式和电抗器方式,利用电抗器连接实现二重

PWM 逆变电路的示例如图 2-5-20 所示。电路的输出从电抗器中心抽头处引出，图中两个逆变电路单元的载波信号相互错开 180°，所得到的输出电压波形如图 2-5-21 所示。在图 2-5-21 中，输出端相对于直流电源中点 N′ 的电压 $U_{UN'}=(U_{U1N'}+U_{U2N'})/2$，已变为单极性 PWM 波了。输出线电压共有 0、$\pm(1/2)U_d$、$\pm U_d$ 五个电平，比非多重化时谐波有所减少。

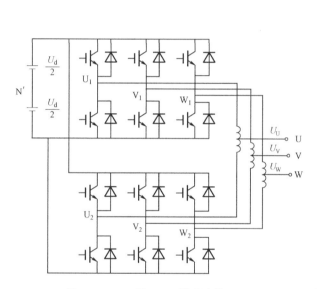

图 2-5-20 二重 PWM 逆变电路

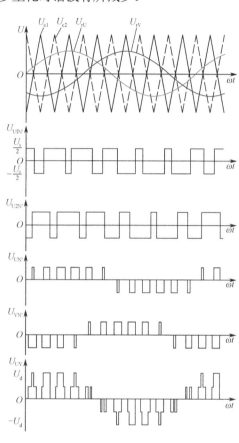

图 2-5-21 二重 PWM 逆变电路输出波形

一般多重化逆变电路中电抗器所加电压频率为输出频率，因而需要的电抗器较大。而在多重 PWM 型逆变电路中，电抗器上所加电压的频率为载波频率，比输出频率高得多，因此只要很小的电抗器就可以了。

二重化后，输出电压中所含谐波的角频率仍可表示为 $n\omega_c+k\omega_r$，但其中当 n 为奇数时的谐波已全部被除去，谐波的最低频率在 $2\omega_c$ 附近，相当于电路的等效载波频率提高一倍。

5.3 PWM 跟踪控制技术

PWM 波形生成的第三种方法——跟踪控制方法。

把希望输出的波形作为指令信号，把实际波形作为反馈信号，通过两者的瞬时值比较来决定逆变电路各器件的通断，使实际的输出跟踪指令信号变化，常用的有滞环比较方式和三角波比较方式。

1. 滞环比较方式

1）电流跟踪控制（图 2-5-22）

基本原理：

把指令电流 I^* 和实际输出电流 I 的偏差 I^*-I 作为滞环比较器的输入（图 2-5-23），比较器输出控制器件 VT_1 和 VT_2 的通断。VT_1（或 VD_1）通时，I 增大；VT_2（或 VD_2）通时，I 减小。通过环宽为 $2DI$ 的滞环比较器的控制，I 就在 $I^*+\Delta I$ 和 $I^*-\Delta I$ 的范围内，呈锯齿状地跟踪指令电流 I^*。

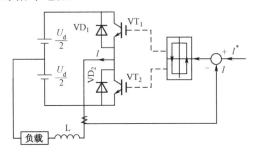
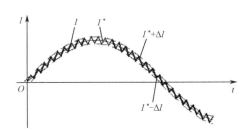

图 2-5-22　滞环比较方式电流跟踪控制举例　　图 2-5-23　滞环比较方式的指令电流和输出电流

滞环环宽对跟踪性能的影响：环宽过宽时，开关频率低，跟踪误差大；环宽过窄时，跟踪误差小，但开关频率过高。

电抗器 L 的作用：L 大时，I 的变化率小，跟踪慢；L 小时，I 的变化率大，开关频率过高。

三相的情况：

采用滞环比较方式的电流跟踪型 PWM 变流电路（图 2-5-24）有如下特点：

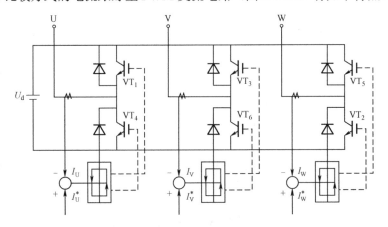

图 2-5-24　三相电流跟踪型 PWM 逆变电路

（1）硬件电路简单；

（2）实时控制，电流响应快；

（3）不用载波，输出电压波形（图 2-5-25）中不含特定频率的谐波；

（4）和计算法及调制法相比，相同开关频率时输出电流中高次谐波含量多；

(5) 闭环控制，是各种跟踪型 PWM 变流电路的共同特点。

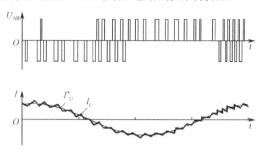

图 2-5-25　三相电流跟踪型 PWM 逆变电路输出波形

2) 电压跟踪控制

采用滞环比较方式实现电压跟踪控制，如图 2-5-26 所示。把指令电压 U^* 和输出电压 U 进行比较，滤除偏差信号中的谐波，滤波器的输出送入滞环比较器，由比较器输出控制开关通断，从而实现电压跟踪控制。和电流跟踪控制电路相比，只是把指令和反馈从电流变为电压。输出电压 PWM 波形中含大量高次谐波，必须用适当的滤波器滤除。

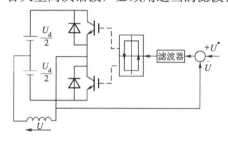

图 2-5-26　电压跟踪控制电路举例

$U^*=0$ 时，输出 U 为频率较高的矩形波，相当于一个自励振荡电路。

U^* 为直流时，U 产生直流偏移，变为正负脉冲宽度不等，正宽负窄或正窄负宽的矩形波。

U^* 为交流信号时，只要其频率远低于上述自励振荡频率，从 U 中滤除由器件通断产生的高次谐波后，所得的波形就几乎和 U^* 相同，从而实现电压跟踪控制。

2．三角波比较方式

1) 基本原理

不是把指令信号和三角波直接进行比较，而是闭环控制。把指令电流 I_U^*、I_V^* 和 I_W^* 和实际输出电流 I_U、I_V、I_W 进行比较，求出偏差，放大器 A 放大后，再和三角波进行比较，产生 PWM 波形。

放大器 A 通常具有比例积分特性或比例特性，其系数直接影响电流跟踪特性，逆变电路如图 2-5-27 所示。

2) 特点

开关频率固定，等于载波频率，高频滤波器设计方便；为改善输出电压波形，三角波载波常用三相；和滞环比较控制方式相比，这种控制方式输出电流谐波少。

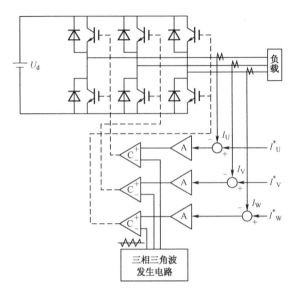

图 2-5-27　三角波比较方式电流跟踪型逆变电路

3. 定时比较方式

不用滞环比较器，而是设置一个固定的时钟。以固定采样周期对指令信号和被控量采样，按偏差的极性来控制开关器件通断。在时钟信号到来时刻，如 $I<I^*$，令 TV_1 通，TV_2 断，使 I 增大；如 $I>I^*$，令 VT_1 断，VT_2 通，使 I 减小。每个采样时刻的控制作用都使实际电流与指令电流的误差减小。

采用定时比较方式时，器件最高开关频率为时钟频率的 1/2，和滞环比较方式相比，电流误差没有一定的环宽，控制的精度低一些。

5.4　PWM 整流电路及其控制方法

实用的整流电路几乎都是晶闸管整流或二极管整流。晶闸管相控整流电路：输入电流滞后于电压，且谐波分量大，因此功率因数很低。二极管整流电路：虽位移因数接近 1，但输入电流谐波很大，所以功率因数也很低。把逆变电路中的 SPWM 控制技术用于整流电路，就形成了 PWM 整流电路。可使其输入电流非常接近正弦波，且和输入电压同相位，功率因数近似为 1，又称为单位功率因数变流器或高功率因数整流器。

1. PWM 整流电路的工作原理

PWM 整流电路也可分为电压型和电流型两大类，目前电压型使用较多。

1）单相 PWM 整流电路

图 2-5-28（a）和图 2-5-28（b）分别为单相半桥和全桥 PWM 整流电路。半桥电路直流侧电容必须由两个电容串联，其中点和交流电源连接。全桥电路直流侧电容只要一个就可以。交流侧电感 L_s 包括外接电抗器的电感和交流电源内部电感，是电路正常工作所必需的。

任务五　PWM 控制技术

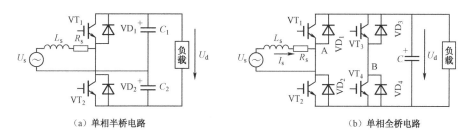

(a) 单相半桥电路　　　　　　　　　(b) 单相全桥电路

图 2-5-28　单相 PWM 整流电路

单相全桥 PWM 整流电路的工作原理：

正弦信号波和三角波相比较的方法对 $VT_1 \sim VT_4$ 进行 SPWM 控制，就可在交流输入端 AB 产生 SPWM 波形 U_{AB}。U_{AB} 中含有和信号波同频率且幅值成比例的基波和载波有关的高频谐波，不含低次谐波。由于 L_s 的滤波作用，谐波电压只使 I_s 产生很小的脉动。当信号波频率和电源频率相同时，I_s 也为与电源频率相同的正弦波。U_s 一定时，I_s 幅值和相位仅由 U_{AB} 中基波 U_{ABf} 的幅值及其与 U_s 的相位差决定。改变 U_{ABf} 的幅值和相位，可使 I_s 和 U_s 同相或反相，I_s 比 U_s 超前 90°或 I_s 与 U_s 相位差为所需角度。

相量图（图 2-5-29）：

（1）滞后相角 δ，I_s 和 U_s 同相，整流状态，功率因数为 1，PWM 整流电路最基本的工作状态。

（2）超前相角 δ，I_s 和 U_s 反相，逆变状态，说明 PWM 整流电路可实现能量正反两方向流动，这一特点对于需再生制动的交流电动机调速系统很重要。

（3）滞后相角 δ，I_s 超前 U_s 90°，电路向交流电源送出无功功率，这时称为静止无功功率发送器（StatIc Var Generator，SVG）。

（4）通过对幅值和相位的控制，可以使 I_s 比 U_s 超前或滞后任一角度 φ。

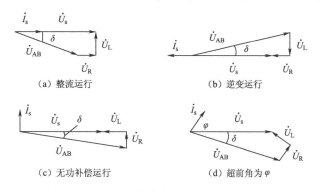

(a) 整流运行　　　　　　　　　(b) 逆变运行

(c) 无功补偿运行　　　　　　　(d) 超前角为 φ

图 2-5-29　PWM 整流电路的运行方式相量图

对单相全桥 PWM 整流电路工作原理的进一步说明：

在整流状态下，$U_s > 0$ 时，（TV_2、VD_4、VD_1、L_s）和（TV_3、VD_1、VD_4、L_s）分别组成两个升压斩波电路，以（TV_2、VD_4、VD_1、L_s）为例进行说明。TV_2 通时，U_s 通过 TV_2、VD_4 向 L_s 储能。VT_2 关断时，L_s 中的储能通过 VD_1、VD_4 向 C 充电。$U_s < 0$ 时，（VT_1、VD_3、VD_2、

L_s) 和（VT_4、VD_2、VD_3、L_s）分别组成两个升压斩波电路。由于是按升压斩波电路工作，如控制不当，直流侧电容电压可能比交流电压峰值高出许多倍，对器件形成威胁。另一方面，如直流侧电压过低，如低于 U_s 的峰值，则 U_{AB} 中就得不到图 2-5-29（a）中所需的足够高的基波电压幅值，或 U_{AB} 中含有较大的低次谐波，这样就不能按需要控制 I_s，I_s 波形会畸变。

由此可见，电压型 PWM 整流电路是升压型整流电路，其输出直流电压可从交流电源电压峰值附近向高调节，如要向低调节就会使性能恶化，以至于不能工作。

2）三相 PWM 整流电路

最基本的 PWM 整流电路之一，应用最广。工作原理和前述的单相全桥电路相似，只是从单相扩展到三相进行 SPWM 控制，在交流输入端 A、B 和 C 可得 SPWM 电压，按图 2-5-29（a）的相量图控制，可使 I_a、I_b、I_c 为正弦波且和电压同相且功率因数近似为 1。和单相相同，该电路也可工作在逆变运行状态及图 2-5-29（c）或 2-5-29（d）所示的状态。

2. PWM 整流电路的控制方法

有多种控制方法，根据有没有引入电流反馈可分为两种：没有引入交流电流反馈的——间接电流控制；引入交流电流反馈的——直接电流控制。

1）间接电流控制

间接电流控制又称为相位和幅值控制。按图 2-5-29（a）所示［逆变时为图 2-5-29（b）］的相量关系来控制整流桥交流输入端电压，使得输入电流和电压同相位，从而得到功率因数为 1 的控制效果。

（1）控制原理。

和实际直流电压 U_d 比较后送入 PI 调节器，PI 调节器的输出为一直流电流信号 I_d，I_d 的大小和交流输入电流幅值成正比。稳态时，$U_d=0$，PI 调节器输入为零，PI 调节器的输出 I_d 和负载电流大小对应，也和交流输入电流幅值对应。负载电流增大时，C 放电而使 U_d 下降，PI 的输入端正偏差，使其输出 I_d 增大，进而使交流输入电流增大，也使 U_d 回升。达到新的稳态时，U_d 和 I_d 相等，I_d 为新的较大的值，与较大的负载电流和较大的交流输入电流对应。负载电流减小时，调节过程和上述过程相反。

（2）从整流运行向逆变运行转换。

首先负载电流反向而向 C 充电，U_d 抬高，PI 调节器负偏差，I_d 减小后变为负值，使交流输入电流相位和电压相位反相，实现逆变运行。稳态时，U_d 和 I_d 仍然相等，PI 调节器输入恢复到零，I_d 为负值，并与逆变电流的大小对应。

（3）控制系统中其余部分的工作原理。

上面的乘法器是 I_d 分别乘以和 a、b、c 三相相电压同相位的正弦信号，再乘以电阻 R，得到各相电流在 R_s 上的压降 U_{Ra}、U_{Rb} 和 U_{Rc}。

下面的乘法器是 I_d 分别乘以比 a、b、c 三相相电压相位超前 π/2 的余弦信号，再乘以电感 L 的感抗，得到各相电流在电感 L_s 上的压降 U_{La}、U_{Lb} 和 U_{Lc}。各相电源相电压 U_a、U_b、U_c 分别减去前面求得的输入电流在电阻 R 和电感 L 上的压降，就可得到所需要的交流输入端各相的相电压 U_A、U_B 和 U_C 的信号，用该信号对三角波载波进行调制，得到 PWM 开关信号去控制整流桥，就可以得到需要的控制效果。

(4)存在的问题。

在信号运算过程中用到电路参数 L_s 和 R_s,当 L_s 和 R_s 的运算值和实际值有误差时,会影响到控制效果;基于系统的静态模型设计,动态特性较差;应用较少。

2)直接电流控制

通过运算求出交流输入电流指令值,再引入交流电流反馈,通过对交流电流的直接控制而使其跟踪指令电流值,因此称为直接电流控制。

(1)控制系统组成

双闭环控制系统,外环是直流电压控制环,内环是交流电流控制环。

外环的结构、工作原理和间接电流控制系统相同。外环 PI 的输出为 i_d,i_d 分别乘以和 a、b、c 三相相电压同相位的正弦信号,得到三相交流电流的正弦指令信号,i_a,i_b 和 i_c,分别和各自的电源电压同相位,其幅值和反映负载电流大小的直流信号 i_d 成正比,指令信号和实际交流电流信号比较后,通过滞环对器件进行控制,便可使实际交流输入电流跟踪指令值。

(2)优点

控制系统结构简单,电流响应速度快,系统鲁棒性好;获得了较多的应用。

实训 11　开环直流脉宽调速系统

(一)实训目的

(1)掌握开环直流脉宽调速系统的组成、原理及各主要单元部件的工作原理。
(2)熟悉直流 PWM 专用集成电路 SG3525 的组成、功能与工作原理。
(3)熟悉 H 型 PWM 变换器的各种控制方式的原理与特点。

(二)实训内容

(1)PWM 控制器 SG3525 性能测试。
(2)控制单元调试。
(3)系统开环调试。
(4)系统稳态、动态特性测试。
(5)H 型 PWM 变换器不同控制方式时的性能测试。

(三)实训系统的组成和工作原理

在中小容量的直流传动系统中,采用自关断器件的脉宽调速系统比相控系统具有更多的优越性,因而日益得到广泛应用。

PWM 变换器主电路系采用 MOSFET 所构成的 H 型结构形式,UPW 为脉宽调制器,DLD 为逻辑延时环节,GD 为 MOS 管的栅极驱动电路,FA 为瞬时动作的过流保护。

脉宽调制器 UPW 采用美国硅通用公司的第二代产品 SG3525,这是一种性能优良,功能全、通用性强的单片集成 PWM 控制器。由于它简单、可靠及使用方便灵活,大大简化了脉宽调制器的设计及调试,故获得广泛使用。

（四）实训设备及仪器

（1）MCL 系列教学实训台主控制屏。
（2）MCL-31 组件（适合 MCL-Ⅲ）。
（3）MCL-10 组件或 MCL-10A 组件。
（4）电机导轨及测速发电机、直流发电机 M01。
（5）直流电动机 M03。
（6）双踪示波器。

（五）注意事项

（1）直流电动机工作前，必须先加上直流激磁。
（2）测取静特性时，须注意主电路电流不许超过电机的额定值（1A）。
（3）系统开环连接时，不允许突加给定信号 U_g 启动电机（RP_3、RP_4 调到零）。
（4）改变接线时，必须先按下主控制屏总电源开关的"断开"红色按钮，同时使系统的给定为零。
（5）双踪示波器的两个探头地线通过示波器外壳短接，故在使用时，必须使两探头的地线同电位（只用一根地线即可），以免造成短路事故。
（6）实训时需要特别注意启动限流电路的继电器有否吸合，如该继电器未吸合，进行过流保护电路调试或进行加负载试验时，就会烧坏启动限流电阻。

（六）实训步骤

采用 MCL-10 组件

1. SG3525 性能测试

分别连接"3"和"5"、"4"和"6"、"7"和"27"、"31"和"22"、"32"和"23"，将 S_2 打向"通"，然后打开面板右下角的电源开关。

（1）用示波器观察"25"端的电压波形，记录波形的周期，幅度（需记录 S_1 开关拨向"通"和"断"两种情况）。

（2）S_5 开关打向"0V"，用示波器观察"30"端的电压波形，调节 RP_2 电位器，使方波的占空比为 50%。

S_5 开关打向"给定"，分别调节 RP_3、RP_4，分别记录"30"端输出波形的最大占空比和最小占空比。

2. 控制电路的测试——逻辑延时时间的测试

S_5 开关打向"给定"，用示波器观察"33"和"34"端的输出波形。并记录延时时间 t_d。

3. 开环系统调试

（1）断开主电源，连接 12—13，14—15，16—17，18—19。
（2）接入直流电动机 M03。将 8、10 引入到直流电动机的"电枢"绕组。将直流励磁电源引入直流电动机的"并励"。

（3）将直流励磁电源引入直流发电机的"并励"，将直流发电机的"电枢"绕组两端接灯箱负载，注意在该回路中串联直流电流表，以测量 I_d。

（4）将交流电源（线电压）引入到挂箱的"1"、"2"两端。

（5）S_4 开关扳向上"正给定"，同时逆时针调节 RP_3 电位器到底，合上主电源。调节 RP_3 电位器使电机转速逐渐升高，并达到 1400r/min。

系统开环机械特性测定：

使电机空载转速达 1400r/min，改变直流发电机负载电灯个数（并联），在空载至最大负载范围内测取 5 个点，记录相应的转速 n 和直流发电机电流 I_d 到表 2-5-1 中。

表 2-5-1　n=1400r/min 时的机械特性记录表

n（r/min）					
I_d（A）					

调节 RP_3，使电机空载 n=1000r/min 和 n=500r/min，作同样的记录到表 2-5-2 和表 2-5-3 中，可得到电机在中速和低速时的机械特性。

表 2-5-2　n=1000r/min 时的机械特性记录表

n（r/min）					
I_d（A）					
M（N·m）					

表 2-5-3　n=500r/min 时的机械特性记录表

N（r/min）					
I_d（A）					
M（N·m）					

4．以下的实训方法针对 MCL-10A 组件

1）SG3525 性能测试

（1）用示波器观察"1"端的电压波形，记录波形的周期、幅度。

（2）用示波器观察"2"端的电压波形，调节 RP_2 电位器，使方波的占空比为 50%。

（3）用导线将"G"的"1"和"UPW"的"3"相连，分别调节正负给定，记录"2"端输出波形的最大占空比和最小占空比。

2）控制电路的测试——逻辑延时时间的测试

在上述实训的基础上，分别将正、负给定调到零，用示波器观察"DLD"的"1"和"2"端的输出波形，并记录延时时间 t_d。

3）开环系统调试

（1）断开主电源，连接隔离电路的 G1-G1，G2-G2， G3-G3，G4-G4。

（2）接入直流电动机 M03。将 H 桥的 5、7 两端引入到直流电动机的"电枢"绕组。将直流励磁电源引入直流电动机的"并励"。

（3）将直流励磁电源引入直流发电机的"并励"，将直流发电机的"电枢"绕组两端接灯箱负载，注意在该回路中串联直流电流表，以测量 I_d。

（4）接通测速电机电源，并打开右下角的开关，以便观测电机转速。

（5）将电源 U、V、W 与 PWM 模块的 U、V、W 相连。

（6）S_1 开关扳向上"正给定"，同时逆时针调节 RP_1 电位器到底，合上主电源。调节 RP_1 电位器使电机转速逐渐升高，并达到 1400r/min。

系统开环机械特性测定：

使电机转速达 1400r/min，改变直流发电机负载电灯个数（并联），在空载至最大负载范围内测取 5 个点，记录相应的转速 n 和直流发电机电流 I_d 到表 2-5-4 中。

表 2-5-4　n=1400r/min 时机械特性记录表

n（r/min）					
I_d（A）					

调节 RP_1，使空载时 n=1000r/min 和 n=500r/min，作同样的记录到表 2-5-5 和表 2-5-6 中，可得到电机在中速和低速时的机械特性。

表 2-5-5　n=1000r/min 时的机械特性记录表

n（r/min）					
I_d（A）					
M（N·m）					

表 2-5-6　n=500r/min 时的机械特性记录表

n（r/min）					
I_d（A）					
M（N·m）					

开环直流脉宽调速系统的电路组成如图 2-5-30 所示。

任务五　PWM 控制技术

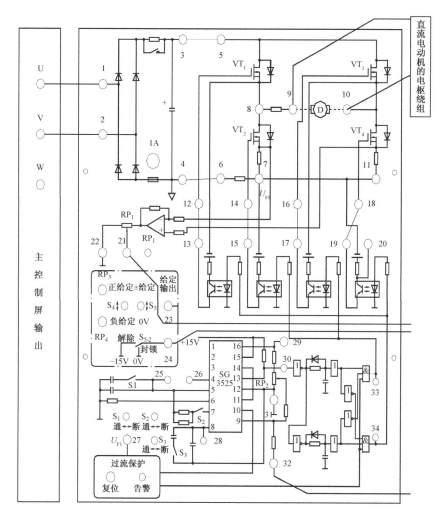

图 2-5-30　开环直流脉宽调速系统的电路组成

任务六 集成电路PWM调速

6.1 SG3525A 脉宽调制器控制电路简介

1. SG3525A 脉宽调制器控制电路简介

SG3525A 系列脉宽调制器控制电路可以改进为各种类型的开关电源的控制性能和使用较少的外部零件。在芯片上的 5.1V 基准电压调定在±1%,误差放大器有一个输入共模电压范围。它包括基准电压,这样就不需要外接的分压电阻器了。一个到振荡器的同步输入可以使多个单元成为从电路或一个单元和外部系统时钟同步。在 CT 和放电引脚之间用单个电阻器连接即可对死区时间进行大范围的编程。在这些器件内部还有软启动电路,它只需要一个外部的定时电容器。一只断路引脚同时控制软启动电路和输出级。只要用脉冲关断,通过 PWM(脉宽调制)锁存器瞬时切断和具有较长关断命令的软启动再循环。当 V_{CC} 低于标称值时,欠电压锁定禁止输出和改变软启动电容器。输出级是推挽式的,可以提供超过 200mA 的源电流和漏电流。SG3525A 系列的 NOR(或非)逻辑在断开状态时输出为低。

(1) 工作范围为 8.0~35V;
(2) 5.1V±1.0%调定的基准电压;
(3) 100Hz 到 400kHz 振荡器频率;
(4) 分立的振荡器同步引脚。

2. SG3525A 内部结构和工作特性

图 2-6-1 为 SG3525A 脉宽调制器的内部结构。

1)基准电压调整器

基准电压调整器是输出为 5.1V,50mA,有短路电流保护的电压调整器。它供电给所有内部电路,同时又可作为外部基准参考电压。若输入电压低于 6V 时,可把 15、16 引脚短接,这时 5V 电压调整器不起作用。

2)振荡器

3525A 的振荡器,除 C_T、R_T 端外,增加了放电 7、同步端 3。R_T 阻值决定了内部恒流值对 C_T 充电,C_T 的放电则由 5、7 端之间外接的电阻 R_D 值决定。把充电和放电回路分开,有利于通过 R_D 来调节死区的时间,因此是重大改进。这时 3525A 的振荡频率可表为:

$$f_s = \frac{1}{C_T(0.7R_T + 3R_D)}$$

在 3525A 中增加了同步端 3 专为外同步用,为多个 3525A 的联用提供了方便。同步脉冲的频率应比振荡频率 f_s 要低一些。

任务六 集成电路 PWM 调速

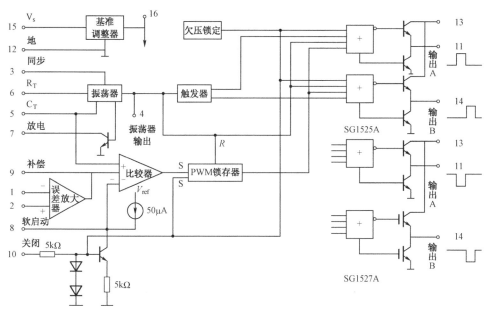

图 2-6-1 SG3525A 脉宽调制器的内部结构

3）误差放大器

误差放大器是差动输入的放大器。它的增益标称值为 80dB，其大小由反馈或输出负载决定，输出负载可以是纯电阻，也可以是电阻性元件和电容的元件组合。该放大器共模输入电压范围为 1.8～3.4V，需要将基准电压分压送至误差放大器 1 引脚（正电压输出）或 2 引脚（负电阻输出）。

3524 的误差放大器、电流控制器和关闭控制三个信号共用一个反相输入端，3525A 改为增加一个反相输入端，误差放大器与关闭电路各自送至比较器的反相端。这样避免了彼此相互影响。有利于误差放大器和补偿网络工作精度的提高。

4）闭锁控制端（10 引脚）

利用外部电路控制 10 引脚电位，当 10 引脚有高电平时，可关闭误差放大器的输出，因此，可作为软启动和过电压保护等。

5）有软启动电路

比较器的反相端即软启动控制端 8，端 8 可外接软启动电容。该电容由内部 V_{ref} 的 50μA 恒流源充电。达到 2.5V 所经的时间为 $t = \dfrac{2.5V}{50\mu A} \bullet C_8$。点空比由小到大（50%）变化。

6）增加 PWM 锁存器使关闭作用更可靠

比较器（脉冲宽度调制）输出送到 PWM 锁存器。锁存器由关闭电路置位，由振荡器输出时间脉冲复位。这样，当关闭电路动作，即使过流信号立即消失，锁存器也可维持一个周期的关闭控制，直到下一周期时钟信号使锁存器复位为止。

另外，由于 PWM 锁存器对比较器来的置位信号锁存，将误差放大器上的噪声、振铃及系统所有的跳动和振荡信号消除了。只有在下一个时钟周期才能重新置位，有利于可靠性提高。

7）增设欠压锁定电路

电路的主要作用是当集成块输入电压小于 8V 时，集成块内部电路锁定，停止工作（其准源及必要电路除外），使之消耗电流降到很小（约 2mA）。

8）输出级

由两个中功率 NPN 管构成，每管有抗饱和电路和过流保护电路，每组可输出 100mA，组间是相互隔离的。为了能适应驱动快速的场效应功率管的需要，末级采用推拉式电路，使关断速度更快。11 端（或 14 端）的拉电流和灌电流，达 100mA。在状态转换中，由于存在开闭滞后，使流出和吸收间出现重迭导通。在重迭处有一个电流尖脉冲，其持续时间约 100ns。使用时 V_C 接一个 0.1μF 电容可以滤去尖峰。另一个不足之处是，吸电流时，如负载电流达到 50mA 以上时，管饱和压降较高（约 1V）。

3. IC 芯片的工作

直流电源 V_S 从 15 引脚引入分两路：一路加到或非门；另一路送到基准电压稳压器的输入端，产生稳定的+5.1V 基准电压，+5.1V 再送到内部（或外部）电路的其他元件作为电源。振荡器 5 引脚需外接电容 C_T，6 引脚需外接电阻 R_T。选用不同的 C_T、R_T，即可调节振荡器的频率。振荡器的输出分为两路：一路以时钟脉冲形式送至双稳态触发器及两个或非门；另一路以锯齿波形式送至比较器的同相端。比较器的反相端连向误差放大器。误差放大器实际上是一个差分放大器，它有两个输入端：1 引脚为反相输入端；2 引脚为同相输入端，这两个输入端可根据应用需要连接。例如，一端可连到开关电源输出电压 V_O 的取样电路上（取样信号电压约 2.5V），另一端连到 16 引脚的分压电路上（应取得 2.5V 的电压），误差放大器输出 9 引脚与地之间可接上电阻与电容，以进行频率补偿。误差放大器的输出与锯齿波电压在比较器中进行比较，从而在比较器的输出端出现一个随误差放大器输出电压的高低而改变宽度的方波脉冲，再将此方波脉冲送到或非门的一个输入端。或非门另两个输入端分别为触发器、振荡锯齿波。最后，在晶体管 A 和 B 上分别出现脉冲宽度随 V_O 变化而变化的脉冲波，但两者相位相差 180°。

4. 3525A 的参数

3525A 的参数如表 2-6-1～表 2-6-8 所示。

表 2-6-1 极限参数

参　　数	符　　号	值	单　　位
电源电压	V_{CC}	+40	Vdc
集电极供电电压	V_C	+40	Vdc
逻辑输入	—	−0.3～+5.5	V
模拟输入	—	−0.3～V_{CC}	V
输出电流源或吸入	I_O	±500	mA
基准输出电流	I_{ref}	50	mA
振荡器充电电流	—	5.0	mA
耗散功率（塑料和陶瓷封装）	P_D	1000	mW

任务六 集成电路 PWM 调速

续表

参 数	符 号	值	单 位
热阻结到大气（塑料和陶瓷封装）	RθJA	100	℃/W
热阻结到外壳（塑料和陶瓷封装）	RθJC	60	℃/W
工作结温	T_J	+150	℃
存放温度范围陶瓷封装、塑料封装	T_{stg}	−65～+150 −55～+125	℃
引线温度（焊接 10s）	T_{Solder}	+300	℃

表 2-6-2 推荐的工作条件

参 数	符 号	最 小	最 大	单 位
电源电压	V_{CC}	+8.0	+35	Vdc
集电极电压	V_C	+4.5	+35	Vdc
输出吸入/源电流 （待机态）（峰值）	I_O	0 0	±100 ±400	mA
基准负载电流	I_{ref}	0	20	mA
振荡器频率范围	f_{OSC}	0.1	400	kHz
振荡器定时电阻	R_T	2.0	150	kΩ
振荡器定时电容	C_T	0.001	0.2	μF
去磁电阻范围	R_D	0	500	Ω
工作环境温度范围	T_A	0	+70	℃

表 2-6-3 振基准部分

基准输出电压（T_J=+25℃）	V_{ref}	5.00	5.10	5.20	Vdc
线路调整（+8.0V≤V_{CC}≤+35V）	Regline	—	10	20	mV
负载调整（0mA≤I_L≤20mA）	Regload	—	20	50	mV
温度稳定性	$\Delta V_{ref}/\Delta T$	—	50	—	mV
总输出值，包括线性，负载和过温	ΔV_{ref}	4.95	—	5.25	Vdc
短路电流（V_{ref}=0V, T_J=+25℃）	I_{SC}	—	80	100	mA
输出噪声电压（10Hz≤f≤10kHz, T_J=+25℃）	V_n	—	40	200	μVrms
长期稳定性（T_J=+125℃）	V_n	—	20	50	mV/khr

表 2-6-4 振荡器部分

初始精度（T_J=+25℃）	—	—	±2.0	±6.0	%
随电压的频率稳定性 （+8.0V≤V_{CC}≤+35V）	$\dfrac{\Delta f_{osc}}{\Delta V_{cc}}$	—	±1.0	±2.0	%
随温度的频率稳定性	$\dfrac{\Delta' f_{osc}}{\Delta T}$	—	±0.3	—	%
最小频率（R_T=150kΩ, C_T=0.2μF）	f_{min}	—	50	—	Hz
最大频率（R_T=2.0kΩ, C_T=1.0μF）	f_{max}	400	—	—	kHz
电流镜像（I_{RT}=2.0mA）	—	1.7	2.0	2.2	mA
时钟幅度	—	3.0	3.5	—	V
时钟宽度（T_J=+25℃）	—	0.3	0.5	1.0	μs
同步门限	—	1.2	2.0	2.8	V
同步输入电流（同步电压=+3.5V）	—	—	1.0	2.5	mA

表 2-6-5　误差放大器部分（$V_{CM}=+5.1V$）

输入失调电压	V_{IO}	—	2.0	10	mV
输入偏置电流	I_{IB}	—	1.0	10	μA
输入失调电流	I_{IO}	—	—	1.0	μA
直流开环增益（$R_L \geq 10MΩ$）	A_{VOL}	60	75	—	dB
低电平输出电压	V_{OL}	—	0.2	0.5	V
高电平输出电压	V_{OH}	3.8	5.6	—	V
共模抑制比（$+1.5V \leq V_{CM} \leq +5.2V$）	CMRR	60	75	—	dB
电源抑制率（$+8.0V \leq V_{CC} \leq +35V$）	PSRR	50	60	—	dB

表 2-6-6　PWM 比较器部分

最小占空比	DC_{min}	—	—	0	%
最大占空比	DC_{max}	45	49	—	%
输入门限，零占空比（注6）	V_{TH}	0.6	0.9	—	V
输入门限，最大占空比（注6）	V_{TH}	—	3.3	3.6	V
输入偏置电流	I_{IB}	—	0.05	1.0	μA

表 2-6-7　软启动部分

软启动电流（$V_{shutdown}=0V$）		—	25	50	80	μA
软启动电压（$V_{shutdown}=2.0V$）		—	—	0.4	0.6	mA
关断输入电流（$V_{shutdown}=2.5V$）		—	—	0.4	1.0	mA

表 2-6-8　输出驱动器（每个输出，$V_{CC}=+20V$）

输出低电平 （$I_{sink}=20mA$） （$I_{sink}=100mA$）	V_{OL}	— 	0.2 1.0	0.4 2.0	V
输出高电平 （$I_{source}=20mA$） （$I_{source}=100mA$）	V_{OH}	18 17	19 18	— —	V
欠压锁定（$V_8 \sim V_9$=High）	V_{UL}	6.0	7.0	8.0	μA
集电极泄放大电流，V_C=+35V	I_C（leak）	—	—	200	ns
升起时间（C_L=1.0nF，T_J=25℃）	t_r	—	100	600	ns
下降时间（C_L=1.0nF，T_J=25℃）	t_f	—	50	300	ns
关断延迟（V_{DS}=3.0V，C_S=0）	t_{ds}	—	0.2	0.5	μs
电源电流（V_{CC}=+35V）	I_{OC}	—	14	20	mA

6.2 直流脉宽调速主电路

1. 可逆 PWM 变换器

可逆 PWM 变换器主电路的结构形式有 H 型、T 型等类。H 型变换器是由 4 个功率场效应管和 4 个续流二极管组成的桥式电路。H 型变换器在控制方式上分双极式、单极式和受限单极式三种。下面着重分析双极式 H 型 PWM 变换器，然后再简要地说明其他方式的特点。

1）双极式可逆 PWM 变换器

图 2-6-2 中绘出了双极式 H 型可逆 PWM 变换器的电路原理图。4 个功率场效应管的基极驱动电压分为两组。VT_1 和 VT_4 同时导通和关断，其驱动电压 $U_{b1}=U_{b4}$；VT_2 和 VT_3 同时动作，其驱动电压 $U_{b2}=U_{b3}=-U_{b1}$。它们的波形如图 2-6-3 所示。

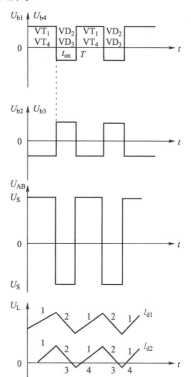

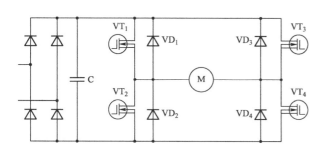

图 2-6-2 双极式 H 型可逆 PWM 变换器电路原理图　　图 2-6-3 基极驱动电压、电流波形

在一个开关周期内，当 $0 \leqslant t < t_{on}$ 时，U_{b1} 和 U_{b4} 为正，功率场效应管 VT_1 和 VT_4 导通；而 U_{b2} 和 U_{b3} 为负，VT_2 和 VT_3 截止。这时，$+U_s$ 加在电枢 AB 两端，$U_{AB}=U_s$，电枢电流 I_d 沿回路 1 流通。$t_{on} \leqslant t < T$ 时，U_{b1} 和 U_{b4} 变负，VT_1 和 VT_4 截止；U_{b2}、U_{b3} 变正，但 VT_2、VT_3 并不能立即导通，因为在电枢电感释放储能的作用下，I_d 沿回路 2 经 VD_2、VD_3 续流，在 VD_2、VD_3 上的压降使 VT_2 和 VT_3 承受着反压，这时，$U_{AB}=-U_b$。U_{AB} 在一个周期内正、负相间，这是双极式 PWM 变换器的特征。

由于电压 U_{AB} 的正、负变化，使电流波形存在两种情况，如图 2-6-3 中的 I_{d1} 和 I_{d2}。I_{d1}

相当于电动机负载较重的情况,这时平均负载电流大,在续流阶段电流仍维持正方向,电机始终工作在第一个象限的电动状态。I_{d2} 相当于负载很轻的情况,平均电流小,在续流阶段电流很快衰减到零,于是 VT_2 和 VT_3 两端失去反压,在负的电源电压($-U_s$)和电枢反电动势的合成作用下导通,电枢电流反向,沿回路 3 流通,电机处于制动状态。与此相仿,在 $0 \leqslant t < t_{on}$ 期间,当负载轻时,电流也有一次倒向。

这样看来,双极式可逆 PWM 变换器的电流波形和不可逆但有制动电流通路的 PWM 变换器也差不多,怎样才能反映出"可逆"的作用呢?这要视正、负脉冲电压的宽窄而定。当正脉冲较宽时,$t_{on} > T/2$,则电枢两端的平均电压为正,在电动运行时电动机正转。当正脉冲较窄时,$t_{on} < T/2$,平均电压为负,电动机反转。如果正、负脉冲宽度相等,$t_{on} = T/2$,平均电压为零,则电动机停止。图 2-6-3 所示的电压、电流波形都是在电动机正转时的情况。

双极式可逆 PWM 变换器电枢平均端电压用公式表示为:

$$U_d = \frac{t_{on}}{T} U_s - \frac{T - t_{on}}{T} U_s = \left(\frac{2t_{on}}{T} - 1 \right) U_s$$

仍以 $\rho = U_d / U_s$ 来定义 PWM 电压的占空比,则 ρ 与 t_{on} 的关系与前面不同了,现在

$$\rho = \frac{2t_{on}}{T} - 1$$

调速时,ρ 的变化范围变成 $-1 \leqslant \rho \leqslant 1$。当 ρ 为正值时,电动机正转;当 ρ 为负值时,电动机反转;当 $\rho = 0$ 时,电动机停止。在 $\rho = 0$ 时,虽然电动机不动,电枢两端的瞬时电压和瞬时电流却都不是零,而是交变的。这个交变电流平均值为零,不产生增均转矩,徒然增大电动机的损耗。但它的好处是使电动机带有高频的微振,起着"动力润滑"的作用,消除正、反向时的静摩擦死区。

双极式 PWM 变换器的优点如下:①电流一定连续;②可使电动机在四个象限运行;③电机停止时有微振电流,能消除静摩擦死区;④低速时,每个功率场效应管的驱动脉冲仍较宽,有利于保证功率场效应管可靠导通;⑤低速平稳性好,调速范围可达 20000 左右。

双极式 PWM 变换器的缺点是在工作过程中,4 个功率场效应管都处于开关状态,开关损耗大,而且容易发生上、下两管直通(即同时导通)的事故,降低了装置的可靠性。为了防止上、下两管直通,在一管关断和另一管导通的驱动脉冲之间,应设置逻辑延时。

2) 单极式可逆 PWM 变换器

为了克服双极式变换器的上述缺点,对于静、动态性能要求低一些的系统,可采用单极式 PWM 变换器。其电路图仍和双极式的一样(图 2-6-2),不同之处仅在于驱动脉冲信号。在单极式变换器中,左边两个管子的驱动脉冲 $U_{b1} = -U_{b2}$,具有和双极式一样的正负交替的脉冲波形,使 VT_1 和 VT_2 交替导通。右边两管 VT_3 和 VT_4 的驱动信号就不同了,改成因电动机的转向而施加不同的直流控制信号。当电动机正转时,使 U_{b3} 恒为负,U_{b4} 恒为正,则 VT_3 截止而 VT_4 常通。希望电动机反转时,则 U_{b3} 恒为正,U_{b4} 恒为负,使 VT_3 常通而 VT_4 截止。这种驱动信号的变化显然会使不同阶段各功率场效应管的开关情况和电流流通的回路与双极式变换器相比有所不同。当负载较重因而电流方向连续不变时,各管的开关情况和电枢电压的状况列于表 2-6-9 中,同时列出双极式变换器的情况以便比较。负载较轻时,电流在一个周期内也会来回变向,这时各管导通和截止的变化还要多些,可以自行分析。

任务六 集成电路 PWM 调速

表 2-6-9 中单极式变换器的 U_{AB} 一栏表明,在电动机朝一个方向旋转时,PWM 变换器只在一个阶段中输出某一极性的脉冲电压,在另一阶段中 $U_{AB}=0$,这是它称为"单极性"变换器的原因。正因为如此,它的输出电压波形和占空比的公式又和不可逆变换器一样了。

表 2-6-9 双极式和单极式可逆 PWM 变换器的比较(当负载较重时)

控制方式	电机方向	$0 \leqslant t < t_{on}$		$t_{on} \leqslant t < T$		占空比调节范围
		开关状况	U_{AB}	开关状况	U_{AB}	
双极式	正转	VT$_1$、VT$_4$ 导通 VT$_2$、VT$_3$ 截止	$+U_s$	VT$_1$、VT$_4$ 截止 VD$_2$、VD$_3$ 续流	$-U_s$	$0 \leqslant \rho \leqslant 1$
	反转	VD$_1$、VD$_4$ 续流 VT$_2$、VT$_3$ 截止	$+U_s$	VT$_1$、VT$_4$ 截止 VT$_2$、VT$_3$ 导通	$-U_s$	$-1 \leqslant \rho \leqslant 0$
单极式	正转	VT$_1$、VT$_4$ 导通 VT$_2$、VT$_3$ 截止	$+U_s$	VT$_4$ 导通,VD$_2$ 续流 VT$_2$、VT$_3$ 截止, VT$_2$ 不通	0	$0 \leqslant \rho \leqslant 1$
	反转	VT$_3$ 导通,VD$_1$ 续流 VT$_2$、VT$_4$ 截止 VT$_1$ 不通	0	VT$_2$、VT$_3$ 导通 VT$_1$、VT$_4$ 截止	$-U_s$	$-1 \leqslant \rho \leqslant 0$

由于单极式变换器的功率场效应管 VT$_3$ 和 VT$_4$ 两者之中总有一个常通,一个常截止,运行中无须频繁交替导通,因此,和双极式变换器相比开关损耗可以减少,装置的可靠性有所提高。

3)受限单极式可逆 PWM 变换器

单极式变换器在减少开关损耗和提高可靠性方面要比双极式变换器好,但还是有一对功率场效应管 VT$_1$ 和 VT$_2$ 交替导通和关断,仍有电源直通的危险。再研究一下表 2-6-9 中各功率场效应管的开关状况,可以发现,当电机正转时,在 $0 \leqslant t < t_{on}$ 期间,VT$_2$ 是截止的,在 $t_{on} \leqslant t < T$ 期间,由于经过 VD$_2$ 续流,VT$_2$ 也不能导通。既然如此,不如让 U_{b2} 恒为负,使 VT$_2$ 一直截止。同样,当电动机反转时,让 U_{b1} 恒为负,VT$_1$ 一直截止。这样,就不会产生 VT$_1$、VT$_2$ 直通的故障了。这种控制方式称为受限单极式,其轻载时的电压、电流波形如图 2-6-4 所示。

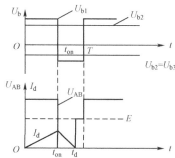

图 2-6-4 受限单极式 PWM 调速系统轻载时的电压、电流波形

受限单极式可逆变换器在电机正转时 U_{b2} 恒为负,VT$_2$ 一直截止;在电机反转时,U_{b1} 恒为负,VT$_1$ 一直截止,其他驱动信号都和一般单极式变换器相同。如果负载较重,电流 I_d 在一个方向内连续变化,所有的电压、电流波形都和一般单极式变换器一样。但是,当负载较

轻时，由于有两个功率场效应管一直处于截止状态，不可能导通，因而不会出现电流变向的情况，在续流期间电流衰减到零后，波形便中断了，这时电枢两端电压跳变到 $U_{AB}=E$，如图 2-6-4 所示。这种轻载电流断续的现象将使变换器的外特性变软，和 V–M 系统中的情况十分相似。它使 PWM 调速系统的静、动态性能变差，换来的好处则是可靠性的提高。

电流断续时，电枢电压的提高把平均电压也提高了，即：

$$U_d = \rho U_s + \frac{T-t_d}{T}E$$

令 $E \approx U_d$，则 $U_d \approx \left(\frac{T}{t_d}\right)\rho U_s = \rho' U_s$

由此求出新的负载电流系数：

$$\rho' = \frac{T}{t_d}\rho$$

由于 $T \geqslant t_d$，因而 $\rho' \geqslant \rho$，但 ρ' 的值仍在 $-1 \sim +1$ 之间变化。

6.3 脉宽调速系统的开环机械特性

在稳态情况下，脉宽调速系统中电动机所承受的电压仍为脉冲电压，因此，尽管有高频电感的平波作用，电枢电流和转速还是脉动的。稳态是指电动机的平均电磁转矩与负载转矩相平衡的状态，电枢电流实际上是周期性变化的，只能算作是"准稳态"。脉宽调速系统在准稳态下的机械特性是其平均转速与平均转矩（电流）的关系。

不论是带制动电流通路的不可逆 PWM 电路，还是双极式和单极式的可逆 PWM 电路，其准稳态的电压、电流波形都是相似的。由于电路中具有反向电流通路，在同一转向下电流可正可负，无论是重载还是轻载，电流波形都是连续的，这就使机械特性的关系式简单得多。只有受限单极式可逆电路例外，后面将单独讨论。

对于带制动作用的不可逆电路和单极式可逆电路，其电压方程如下：

$$U_s = RI_d + L\frac{dI_d}{dt} + E \qquad (0 \leqslant t < t_{on})$$

$$0 = RI_d + L\frac{dI_d}{dt} + E \qquad (t_{on} \leqslant t < T)$$

对于双极式可逆电路，只有第二个方程中的电源电压改为 $-U_s$，其余不变

$$U_s = RI_d + L\frac{dI_d}{dt} + E \qquad (0 \leqslant t < t_{on})$$

$$-U_s = RI_d + L\frac{dI_d}{dt} + E \qquad (t_{on} \leqslant t < T)$$

无论是上述哪一种情况，一个周期内电枢两端的平均电压都是 $U_d = \rho U_s$（只是 ρ 值与 t_{on} 和 T 的关系不同），平均电流用 I_d 表示，平均电磁转矩为 $T_{eav} = C_m I_d$，而电枢回路电感两端电压 $L\frac{dI_d}{dt}$ 的平均值为零。于是，以上两式的平均值方程都可写成：

$$\rho U_s = RI_d + E = RI_d + C_e n$$

则机械特性方程式为：

$$n = \frac{\rho U_s}{C_e} - \frac{R}{C_e}I_d = n_0 - \frac{R}{C_e}I_d$$

或用转矩表示：

$$n = \frac{\rho U_s}{C_e} - \frac{R}{C_e C_m}T_{eav} = n_0 - \frac{R}{C_e C_m}T_{eav}$$

其中，理想空载转速 $n_0 = \rho U_s / C_e$ 与占空比 ρ 成正比。图 2-6-5 绘出了第一、二象限的机械特性，它适用于带制动作用的不可逆电路，可逆电路的机械特性与此相仿，只是扩展到第三、四象限而已。

对于受限单极式可逆电路，电机在同一旋转方向下电流不能反向，轻载时将出现电流断续情况，平均电压方程式便不能成立，机械特性方程要复杂得多。但是，由图 2-6-4 的电压波形可以定性地看出，当占空比一定时，负载越轻，即平均电流越小，则电流中断（此时 $U_{AB}=E$）的时间越长。照此趋势，在理想空载时，$I_d=0$，只有转速升高到使 $E=U_s$ 才行。因此不论 ρ 为何值，理想空载转速都会上翘到 $n_{os}=U_s/C_e$。

6.4 直流脉宽调速逻辑延时环节

在可逆 PWM 变换器中，跨接在电源两端的上、下两个功率场效应管经常交替工作（图 2-6-2），由于功率场效应管的关断过程中有一段存储时间 t_s 和电流下降时间 t_1，总称关断时间 t_{off}。在这段时间内功率场效应管并未完全关断。如果在此期间另一个功率场效应管已经导通，则将造成上、下两管直通，从而使电源正负极短路。为了避免发生这种情况，设置了由 R、C 电路构成的逻辑延时环节 DLD，保证在对一个管子发生关闭脉冲后，延时 t_{1d} 后再发出对另一个管子的开通脉冲（如 U_{b2}）。由于功率场效应管导通时也存在开通时间，延时时间 t_{1d} 只要大于功率场效应管的存储时间 t_s 就可以了。

在逻辑延时环节中还可以引入保护信号，例如，瞬时动作的限流保护信号，一旦桥臂电流超过允许最大电流值时，使 VT_1、VT_4（或 VT_2、VT_3）两管同时封锁，以保护功率场效应管。

实训 12 闭环可逆直流脉宽调速系统

（一）实训目的

（1）掌握双闭环可逆直流脉宽调速系统的组成、原理及各主要单元部件的工作原理。
（2）熟悉直流 PWM 专用集成电路 SG3525 的组成、功能与工作原理。
（3）熟悉 H 型 PWM 变换器的各种控制方式的原理与特点。
（4）掌握双闭环可逆直流脉宽调速系统的调试步骤、方法及参数的整定。

（二）实训内容

（1）PWM 控制器 SG3525 性能测试。
（2）控制单元调试。
（3）系统开环调试。
（4）系统闭环调试

(5) 系统稳态、动态特性测试。

(6) H 型 PWM 变换器不同控制方式时的性能测试。

(三) 实训系统的组成和工作原理

在中小容量的直流传动系统中,采用自关断器件的脉宽调速系统比相控系统具有更多的优越性,因而日益得到广泛应用。

双闭环脉宽调速系统的原理框图如图 2-6-5 所示。图中可逆 PWM 变换器主电路是采用 MOSFET 所构成的 H 型结构形式,UPW 为脉宽调制器,DLD 为逻辑延时环节,GD 为 MOS 管的栅极驱动电路,FA 为瞬时动作的过流保护。

脉宽调制器 UPW 采用美国硅通用公司的第二代产品 SG3525,这是一种性能优良,功能全、通用性强的单片集成 PWM 控制器。由于它简单、可靠及使用方便灵活,大大简化了脉宽调制器的设计及调试,故获得广泛使用。

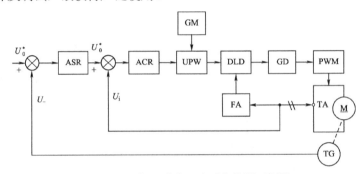

图 2-6-5 双闭环脉宽调速系统的原理框图

(四) 实训设备及仪器

(1) MCL 系列教学实训台主控制屏。

(2) MCL-18 组件 (适合 MCL-Ⅱ) 或 MCL-31 组件 (适合 MCL-Ⅲ)。

(3) MCL-10 组件或 MCL-10A 组件。

(4) MEL-11 挂箱。

(5) MEL-03 三相可调电阻 (或自配滑线变阻器)。

(6) 电机导轨及测速发电机、直流发电机 M01 (或电机导轨及测功机、MEL-13 组件)。

(7) 直流电动机 M03。

(8) 双踪示波器。

(五) 注意事项

(1) 直流电动机工作前,必须先加上直流激磁。

(2) 接入 ASR 构成转速负反馈时,为了防止振荡,可预先把 ASR 的 RP_3 电位器逆时针旋到底,使调节器放大倍数最小,同时,ASR 的 "5"、"6" 端接入可调电容 (预置 7μF)。

(3) 测取静特性时,须注意主电路电流不许超过电动机的额定值 (1A)。

(4) 系统开环连接时,不允许突加给定信号 U_g 启动电机。

任务六 集成电路 PWM 调速

（5）启动电机时，需把 MEL-13 的测功机加载旋钮逆时针旋到底，以免带负载启动。

（6）改变接线时，必须先按下主控制屏总电源开关的"断开"红色按钮，同时使系统的给定为零。

（7）双踪示波器的两个探头地线通过示波器外壳短接，故在使用时，必须使两探头的地线同电位（只用一根地线即可），以免造成短路事故。

（8）实训时需要特别注意启动限流电路的继电器有否吸合，如该继电器未吸合，进行过流保护电路调试或进行加负载试验时，就会烧坏启动限流电阻。

（六）实训步骤

1. 采用 MCL-10 组件

1）SG3525 性能测试

分别连接"3"和"5"、"4"和"6"、"7"和"27"、"31"和"22"、"32"和"23"，然后打开面板右下角的电源开关。

（1）用示波器观察"25"端的电压波形，记录波形的周期，幅度（需记录 S_1 开关拨向"通"和"断"两种情况）。

（2）S_5 开关打向"0V"，用示波器观察"30"端电压波形，调节 RP_2 电位器，使方波的占空比为 50%。

S_5 开关打向"给定"，分别调节 RP_3、RP_4，记录"30"端输出波形的最大占空比和最小占空比。（分别记录 S_2 打向"通"和"断"两种情况）。

2）控制电路的测试

（1）逻辑延时时间的测试。

S_5 开关打向"0V"，用示波器观察"33"和"34"端的输出波形。并记录延时时间 $t_d=$。

（2）同一桥臂上、下管子驱动信号死区时间测试。

分别连接"7"和"8"、"10"和"11"，"12"和"13"、"14"和"15"、"16"和"17"、"18"和"19"，用双踪示波器分别测量 VT_1、GS 和 VT_2、GS，以及 VT_3、GS 和 VT_4、GS 的死区时间 "$t_d.VT_1.VT_2=$"、"$t_d.VT_3.VT_4=$"。

注意：测试完毕后，需拆掉"7"和"8"，以及"10"和"11"的连线。

3）开环系统调试

（1）速度反馈系数的调试。

断开主电源，并逆时针调节调压器旋钮到底，断开"9"、"10"所接的电阻，接入直流电动机 M03，电机加上励磁。

S_4 开关扳向上，同时逆时针调节 RP_3 电位器到底，合上主电源，调节交流电压输出至 220V 左右。调节 RP_3 电位器使电动机转速逐渐升高，并达到 1400r/min，调节 FBS 的反馈电位器 RP，使速度反馈电压为 2V。

注：如您选购的产品为 MCL-Ⅲ、Ⅴ，无三相调压器，直接合上主电源，以下均同。

（2）系统开环机械特性测定。

参照速度反馈系数调试的方法，使电动机转速达 1400r/min，改变测功机加载旋钮（或直流发电机负载电阻 R_d），在空载至额定负载范围内测取 7～8 个点，记录相应的转速 n 和转矩

M（或直流发电机电流 I_d）到表 2-6-10 中。

表 2-6-10　n=1400r/min 时的机械特性记录表

n（r/min）							
I_d（A）							
M（N·m）							

调节 RP_3，使 n=1000r/min 和 n=500r/min，作同样的记录到表 2-6-11 和表 2-6-12 中，可得到电机在中速和低速时的机械特性。

表 2-6-11　n=1000r/min 时的机械特性记录表

N（r/min）							
I_d（A）							
M（N·m）							

表 2-6-12　n=500r/min 时的机械特性记录表

n（r/min）							
I_d（A）							
M（N·m）							

断开主电源，S_4 开关拨向"负给定"，然后按照以上方法，测出系统的反向机械特性。

4）闭环系统调试

将 ASR、ACR 均接成 PI 调节器接入系统，形成双闭环不可逆系统，按图 2-6-6 接线。

（1）速度调节器的调试。

① 反馈电位器 RP_3 逆时针旋到底，使放大倍数最小；

② "5"、"6"端接入 MEL-11 电容器，预置 5～7μF；

③ 调节 RP_1、RP_2 使输出限幅为±2V。

（2）电流调节器的调试。

① 反馈电位器 RP_3 逆时针旋到底，使放大倍数最小；

② "5"、"6"端接入 MEL-11 电容器，预置 5～7μF；

③ S_5 开关打向"给定"，S_4 开关扳向上，调节 MCL-10 的 RP_3 电位器，使 ACR 输出正饱和，调整 ACR 的正限幅电位器 RP_1，用示波器观察"30"的脉冲，不可移出范围。

④ S_5 开关打向"给定"，S_4 开关打向下至"负给定"，调节 MCL-10 的 RP_4 电位器，使 ACR 输出负饱和，调整 ACR 的负限幅电位器 RP_2，用示波器观察"30"的脉冲，不可移出范围。

5）系统静特性测试

（1）机械特性 $n=f(I_d)$ 的测定。

S_5 开关打向"给定"，S_4 开关扳向上，调节 MCL-10 的 RP_3 电位器，使电机空载转速至 1400r/min，再调节测功机加载旋钮（或发电机负载电阻 R_g），在空载至额定负载范围内分别记录 7～8 点到表 2-6-13 中，可测出系统正转时的静特性曲线 $n=f(I_d)$。

表 2-6-13　系统正转时静特性记录表

n（r/min）								
I_d（A）								

任务六 集成电路 PWM 调速

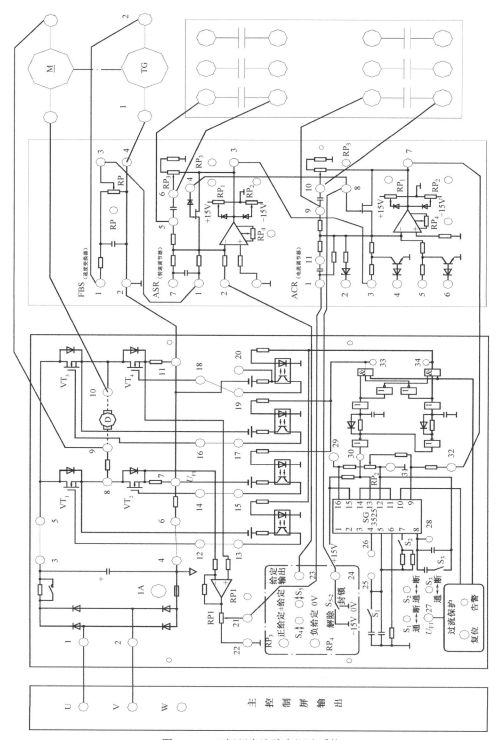

图 2-6-6 双闭环直流脉宽调速系统

S_5 开关打向"给定",S_4 开关打向下至"负给定",调节 MCL-10 的 RP_4 电位器,使电机空载转速至 1400 r/min,再调节测功机加载旋钮(或发电机负载电阻 R_g),在空载至额定负载范围内分别记录 7~8 点到表 2-6-14 中,可测出系统反转时的静特性曲线 $n=f(I_d)$。

表 2-6-14　系统反转时的静特性记录

n（r/min）									
I_d（A）									

（2）闭环控制特性 $n=f(U_g)$ 的测定。

S_5 开关打向"给定"，S_4 开关扳向上，调节 MCL-10 的 RP_3 电位器，记录 U_g 和 n 到表 2-6-15 中，即可测出闭环控制特性 $n=f(U_g)$。

表 2-6-15　闭环控制特性记录表

n（r/min）							
U_g（V）							

6）系统动态波形的观察

用双踪慢扫描示波器观察动态波形，用光线示波器记录动态波形。在不同的调节器参数下，观察、记录下列动态波形：

（1）突加给定启动时，电动机电枢电流波形和转速波形。

（2）突加额定负载时，电动机电枢电流波形和转速波形。

（3）突降负载时，电动机电枢电流波形和转速波形。

注：电动机电枢电流波形的观察可通过 MCL-03 的 ACR 的第"1"端。

转速波形的观察可通过 MCL-03 的 ASR 的第"1"端。

2．针对 MCL-10A 组件

1）SG3525 性能测试

（1）用示波器观察"1"端的电压波形，记录波形的周期、幅度。

（2）用示波器观察"2"端的电压波形，调节 RP_2 电位器，使方波的占空比为 50%。

（3）用导线将"G"的"1"和"UPW"的"3"相连，分别调节正、负给定，记录"2"端输出波形的最大占空比和最小占空比。

2）控制电路的测试

（1）逻辑延时时间的测试。

在上述实训的基础上，分别将正、负给定均调到零，用示波器观察"DLD"的"1"和"2"端的输出波形，并记录延时时间 t_d。

（2）同一桥臂上、下管子驱动信号列区时间测试。

3）闭环系统调试

按如图 2-6-7 所示进行接线。

（1）电流反馈系数的调试。

① 将正、负给定均调到零，合上主控制屏电源开关，接通直流电机励磁电源。

② 调节正给定，电机开始启动直至达 1800r/min。

③ 给电动机施加负载，即逐渐减小发电机负载电阻，直至电动机的电枢电流为 1A。

④ 调节"FBA"的电流反馈电位器，用万用表测量"9"端电压达 2V 左右。

（2）速度反馈系数的调试。

在上述实训的基础上，再次调节电机转速的 1400r/min，调节 MCL-18（或 MCL-Ⅲ型主控制屏）的"FBS"电位器，使速度反馈电压为5V左右。

4）其余方法可参考前面的实训步骤。

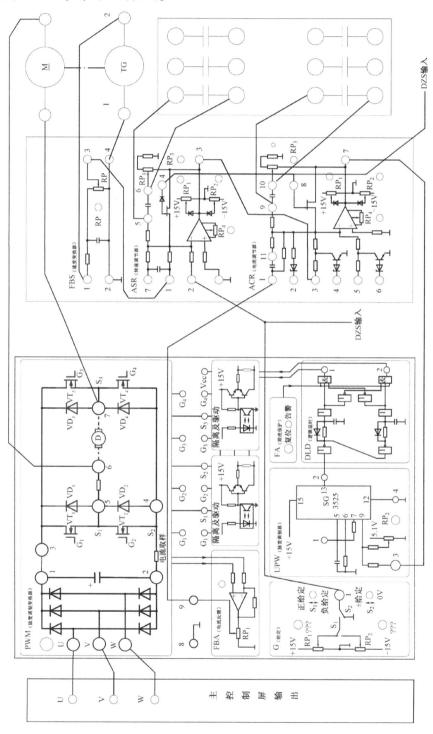

图 2-6-7　双闭环直流脉宽调速系统

任务七　单片机控制的PWM直流可逆调速系统

PWM 控制技术以其控制简单、灵活和动态响应好的优点而成为电力电子技术最广泛应用的控制方式，也是人们研究的热点。由于当今科学技术的发展已经没有了学科之间的界限，结合现代控制理论思想或实现无谐振软开关技术将会成为 PWM 控制技术发展的主要方向之一。

单片机控制的 PWM 直流可逆调速系统采用了专门的芯片组成 PWM 信号的发生系统，然后通过放大来驱动电机。利用直流测速发电机测得电机速度，经过滤波电路得到直流电压信号，把电压信号输入 A/D 转换芯片，最后反馈给单片机，在内部进行 PI 运算，输出控制量完成闭环控制，实现电机的调速控制。

7.1　系统总体设计框图及单片机系统

1. 系统总体设计框图

图 2-7-1 为 PWM 直流可逆调速系统框图。

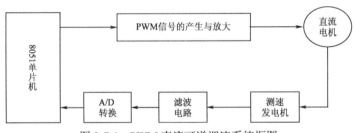

图 2-7-1　PWM 直流可逆调速系统框图

2. 8051 单片机简介

1）8051 单片机的基本组成

8051 单片机由 CPU 和 8 个部件组成，它们都通过片内单一总线连接，其基本结构依然是通用 CPU 加上外围芯片的结构模式，但在功能单元的控制上采用了特殊功能寄存器的集中控制方法。其基本组成如图 2-7-2 所示。

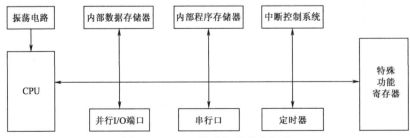

图 2-7-2　8051 单片机的基本组成

任务七 单片机控制的 PWM 直流可逆调速系统

2）CPU 及 8 个部件的功能介绍

（1）中央处理器 CPU：它是单片机的核心，完成运算和控制功能。

（2）内部数据存储器：8051 芯片中共有 256 个 RAM 单元，能作为存储器使用的只是前 128 个单元，其地址为 00H～7FH。通常说的内部数据存储器就是指这前 128 个单元，简称内部 RAM。

（3）特殊功能寄存器：是用来对片内各部件进行管理、控制、监视的控制寄存器和状态寄存器，是一个特殊功能的 RAM 区，位于内部 RAM 的高 128 个单元，其地址为 80H～0FFH。

（4）内部程序存储器：8051 芯片内部共有 40 个单元，用于存储程序、原始数据或表格，简称内部 ROM。

（5）并行 I/O 端口：8051 芯片内部有 4 个 8 位的 I/O 端口（P0、P1、P2、P3），以实现数据的并行输入/输出。

（6）串行口：用来实现单片机和其他设备之间的串行数据传送。

（7）定时器：8051 片内有 2 个 16 位的定时器，用来实现定时或者计数功能，并且以其定时或计数结果对计算机进行控制。

（8）中断控制系统：该芯片共有 5 个中断源，即外部中断 2 个，定时/计数中断 2 个和串行中断 1 个。

（9）振荡电路：它外接石英晶体和微调电容即可构成 8051 单片机产生时钟脉冲序列的时钟电路。系统允许的最高晶振频率为 12MHz。

3）8051 单片机引脚图

图 2-7-3 所示为 8051 单片机引脚图。

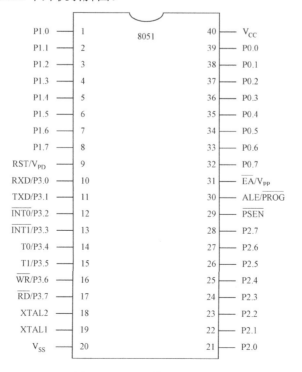

图 2-7-3　8051 单片机引脚图

4）单片机系统中所用其他芯片简介

（1）地址锁存器 74LS373。

74LS373 片内是 8 个输出带三态门的 D 锁存器，其结构如图 2-7-4 所示。

当使能端 G 呈高电平时，锁存器中的内容可以更新，而在返回低电平的瞬间实现锁存。如果此时芯片的输出控制端 $\overline{OE}$ 为低，即输出三态门打开，锁存器中的地址信息便可以通过三态门输出。其引脚图如图 2-7-5 所示。

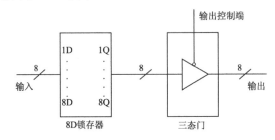

图 2-7-4　地址锁存器 74LS373 结构图

（2）程序存储器 27128。

图 2-7-6 为程序存储器 27128 的引脚图，其功能如表 2-7-1 所示。

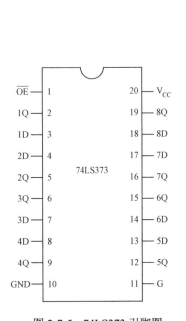

图 2-7-5　74LS373 引脚图　　　图 2-7-6　程序存储器 27128 的引脚图

表 2-7-1　27128 引脚功能表

引脚 工作方式	$\overline{CE}$ （片选）	$\overline{OE}$ （允许输出）	V_{PP}	$\overline{PGM}$ （编程控制）	输出
读	L	L	V_{CC}	H	数据输出

任务七 单片机控制的 PWM 直流可逆调速系统

续表

引脚 工作方式	$\overline{CE}$ （片选）	$\overline{OE}$ （允许输出）	V_{PP}	$\overline{PGM}$ （编程控制）	输 出
维持	H	*	V_{CC}	*	高阻
编程	L	H	V_{PP}	L	数据输入
编程校验	L	L	V_{PP}	H	数据输出
编程禁止	H	*	V_{PP}	*	高阻

（3）数据存储器 6264。

图 2-7-7 为数据存储器 6264 的引脚图，其功能如表 2-7-2 所示。

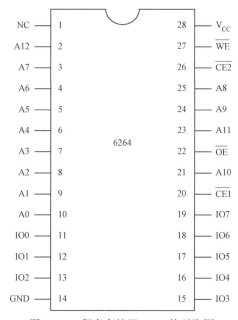

图 2-7-7　程序存储器 6264 的引脚图

表 2-7-2　6264 引脚功能表

引脚 工作方式	$\overline{CE1}$	$CE2$	$\overline{OE}$	$\overline{WE}$	IO0~IO7
未选中	H	*	*	*	高阻
未选中	*	L	*	*	高阻
输出禁止	L	H	H	H	高阻
读	L	H	L	H	数据输出
写	L	H	H	L	数据输入
写	L	H	L	L	数据输入

5）8051 单片机扩展电路及分析

图 2-7-8 为 8051 单片机的扩展电路图。

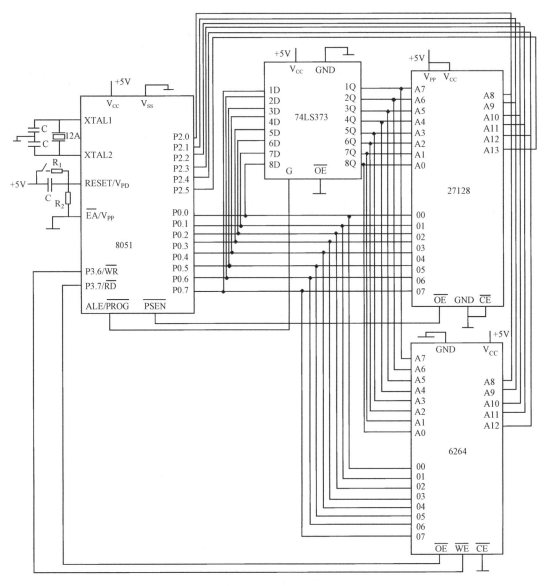

图 2-7-8　8051 单片机的扩展电路图

各引脚接线功能分析如下。

（1）P0.7~P0.0：这 8 个引脚共有两种不同的功能，分别使用于两种不同的情况。第一种情况是 8051 不带片外存储器，P0 端口可以作为通用 I/O 端口使用，P0.7~P0.0 用于传送 CPU 的 I/O 数据。第二种情况是 8051 带片外存储器，P0.7~P0.0 在 CPU 访问片外存储器时先是用于传送片外存储器的低 8 位地址，然后传送 CPU 对片外存储器的读写数据。

（2）P2.5~P2.0：这组引脚的第一功能可以作为通用的 I/O 端使用。它的第二功能和 P0 端口引脚的第二功能相配合，用于输出片外存储器的高 8 位地址，共同选中片外存储器单元，但是并不能像 P0 端口那样还可以传送存储器的读写数据。

（3）P3.7~P3.0：这组引脚的第一功能为传送用户的输入/输出数据。它的第二功能作为控制用，每个引脚不尽相同，如表 2-7-3 所示。

任务七 单片机控制的 PWM 直流可逆调速系统

表 2-7-3 P3 端口各个引脚的功能

P3 口的位	第 二 功 能	注 释
P3.0	RXD	串行数据接收口
P3.1	TXD	串行数据发送口
P3.2	$\overline{INT0}$	外中断 0 输入
P3.3	$\overline{INT1}$	外中断 1 输入
P3.4	T0	计数器 0 计数输入
P3.5	T1	计数器 1 计数输入
P3.6	$\overline{WR}$	外部 RAM 写选通信号
P3.7	$\overline{RD}$	外部 RAM 读选通信号

（4）V_{CC} 为+5V 电源线，V_{SS} 为接地线。

（5）ALE/$\overline{PROG}$：地址锁存允许/编程线，配合 P0 口引脚的第二功能使用，在访问片外存储器时，8051CPU 在 P0.7～P0.0 引脚线上输出片外存储器低 8 位地址的同时，还在 ALE/$\overline{PROG}$ 线上输出一个高电位脉冲，其下降沿用于把这个片外存储器低 8 位地址锁存到外部专用地址锁存器，以便空出 P0.7～P0.0 引脚线去传送随后而来的片外存储器的读写数据。在不访问片外存储器时，8051 自动在 ALE/$\overline{PROG}$ 线上输出频率为 $f_{OSC}/6$ 的脉冲序列。该脉冲序列可以用做外部时钟源或者作为定时脉冲源使用。

（6）$\overline{EA}$/Vpp：允许访问片外存储器/编程电源线，可以控制 8051 使用片内 ROM 还是片外 ROM。如果 $\overline{EA}$=1，那么允许使用片内 ROM；如果 $\overline{EA}$=0，那么允许使用片外 ROM。

（7）$\overline{PSEN}$：片外 ROM 选通线，在执行访问片外 ROM 的指令 MOVC 时，8051 自动在 $\overline{PSEN}$ 线上产生一个负脉冲，用于片外 ROM 芯片的选通。在其他情况下，$\overline{PSEN}$ 线均为高电平封锁状态。

（8）RST/V_{PD}：复位备用电源线，可以使 8051 处于复位工作状态。

（9）XTAL1 和 XTAL2：片内振荡电路输入线，这两个端子用来外接石英晶体和微调电容，即用来连接 8051 片内 OSC 的定时反馈电路。石英晶振起振后，应能在 XTAL2 线上输出一个 3V 左右的正弦波，以便于 8051 片内的 OSC 电路按石英晶振相同频率自激振荡，电容 C_1、C_2 可以帮助起振，调节它们可以达到微调 f_{OSC} 的目的。

7.2 PWM 信号发生电路

1. PWM 的基本原理

PWM（脉冲宽度调制）是通过控制固定电压的直流电源开关频率，改变负载两端的电压，从而达到控制要求的一种电压调整方法。PWM 可以应用在许多方面，如电机调速、温度控制、压力控制等。

在 PWM 驱动控制的调整系统中，按一个固定的频率来接通和断开电源，并且根据需要改变一个周期内"接通"和"断开"时间的长短。通过改变直流电动机电枢上电压的"占空比"来达到改变平均电压大小的目的，从而来控制电动机的转速，如图 2-7-9 所示。也正因为如此，PWM 又称为"开关驱动装置"。

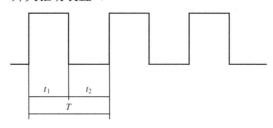

图 2-7-9 开关驱动装置

设电动机始终接通电源时，电动机转速最大为 V_{max}，设占空比为 $D=t_1/T$，则电动机的平均速度为

$$V_a=V_{max}\times D$$

式中　V_a——电机的平均速度；

V_{max}——电动机在全通电时的最大速度。

由上面的公式可见，当改变占空比 $D=t_1/T$ 时，就可以得到不同的电动机平均速度 V_d，从而达到调速的目的。严格来说，平均速度 V_d 与占空比 D 并非严格的线性关系，但是在一般的应用中，可以将其近似地看成线性关系。

2．PWM 信号发生电路

图 2-7-10 为 PWM 信号发生电路。

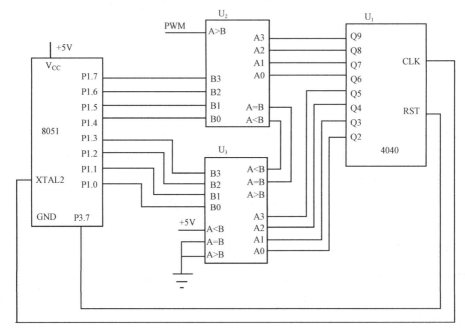

图 2-7-10　PWM 信号发生电路

PWM 波可以由具有 PWM 输出的单片机通过编程来得以产生，也可以采用 PWM 专用芯片来实现。当 PWM 波的频率太高时，它对直流电机驱动的功率管要求太高，而当它的频率

任务七 单片机控制的 PWM 直流可逆调速系统

太低时，其产生的电磁噪声就比较大，在实际应用中，当 PWM 波的频率在 18kHz 左右时，效果最好。在本系统内，采用了两片 4 位数值比较器 4585 和一片 12 位串行计数器 4040 组成了 PWM 信号发生电路。

两片数值比较器 4585，即图 2-7-10 中 U_2、U_3 的 A 组接 12 位串行 4040 计数输出端 Q_2～Q_9，而 U_2、U_3 的 B 组接到单片机的 P1 端口。只要改变 P1 端口的输出值，那么就可以使得 PWM 信号的占空比发生变化，从而进行调速控制。

12 位串行计数器 4040 的计数输入端 CLK 接到单片机 C51 晶振的振荡输出 XTAL2。计数器 4040 每来 8 个脉冲，其输出 Q_2～Q_9 加 1，当计数值小于或者等于单片机 P1 端口输出值 X 时，图中 U_2 的（A>B）输出端保持为低电平，而当计数值大于单片机 P1 端口输出值 X 时，图中 U_2 的（A>B）输出端为高电平。随着计数值的增加，Q_2～Q_9 由全"1"变为全"0"时，图中 U_2 的（A>B）输出端又变为低电平，这样就在 U_2 的（A>B）端得到了 PWM 的信号，它的占空比为 $(255-X/255) \times 100\%$，那么只要改变 X 的数值，就可以相应的改变 PWM 信号的占空比，从而进行直流电机的转速控制。

使用这个方法时，单片机只需要根据调整量输出 X 的值，而 PWM 信号由三片通用数字电路生成，这样可以使得软件大大简化，同时也有利于单片机系统的正常工作。由于单片机上电复位时 P1 端口输出全为"1"，使用数值比较器 4585 的 B 组与 P1 端口相连，升速时 P0 端口输出 X 按一定规律减少，而降速时按一定规律增大。

3．PWM 发生电路主要芯片的工作原理

1）芯片 4585

（1）芯片 4585 的用途。

对于 A 和 B 两组 4 位并行数值进行比较，来判断它们之间的大小是否相等。

（2）芯片 4585 的功能表，如表 2-7-4 所示。

表 2-7-4 芯片 4585 的功能表

输 入							输 出		
比较				级取					
A3、B3	A2、B2	A1、B1	A0、B0	A<B	A=B	A>B	A<B	A=B	A>B
A3>B3	*	*	*	*	*	1	0	0	1
A3=B3	A2>B2	*	*	*	*	1	0	0	1
A3=B3	A2=B2	A1>B1	*	*	*	1	0	0	1
A3=B3	A2=B2	A1=B1	A0>B0	*	*	1	0	0	1
A3=B3	A2=B2	A1=B1	A0=B0	0	0	1	0	0	1
A3=B3	A2=B2	A1=B1	A0=B0	0	1	0	0	1	0
A3=B3	A2=B2	A1=B1	A0<B0	1	0	0	1	0	0
A3=B3	A2=B2	A1<B1	*	*	*	*	1	0	0
A3=B3	A2<B2	*	*	*	*	*	1	0	0
A3<B3	*	*	*	*	*	*	1	0	0

（3）芯片 4585 的引脚图。

图 2-7-11 为芯片 4585 的引脚图。

2）芯片 4040

芯片 4040 是一个 12 位的二进制串行计数器，所有计数器位为主从触发器，计数器在时钟下降沿进行计数。当 CR 为高电平时，它对计数器进行清零，由于在时钟输入端使用施密特触发器，故对脉冲上升和下降时间没有限制，所有的输入和输出均经过缓冲。

芯片 4040 提供了 16 引线多层陶瓷双列直插、熔封陶瓷双列直插、塑料双列直插及陶瓷片状载体 4 种封装形式。

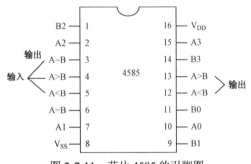

（1）芯片 4040 的极限值。

电源电压范围：-0.5～18V。

输入电压范围：$-0.5V \sim V_{DD}+0.5V$。

输入电流范围：±10mA。

储存温度范围：-65～150℃。

（2）芯片 4040 引出端功能符号。

CP 为时钟输入端；CR 为清除端；Q0～Q11 为计数脉冲输出端；V_{DD} 为正电源；V_{SS} 为地端。

图 2-7-11 芯片 4585 的引脚图

3）芯片 4040 功能表

芯片 4040 的功能如表 2-7-5 所示。

表 2-7-5 芯片 4040 的功能表

输 入		输 出
CP	CR	
↑	L	保持
↓	L	计数
*	H	所有输出端均为 L

4）芯片 4040 的引脚图

图 2-7-12 为芯片 4040 的引脚图。

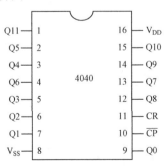

图 2-7-12 芯片 4040 的引脚图

任务七 单片机控制的 PWM 直流可逆调速系统

7.3 功率放大驱动电路

该驱动电路采用了 IR2110 集成芯片，该集成电路具有较强的驱动能力和保护功能。

1. 芯片 IR2110 性能及特点

IR2110 是美国国际整流器公司利用自身独有的高压集成电路及无闩锁 CMOS 技术，于 1990 年前后开发并且投放市场的，IR2110 是一种双通道高压、高速的功率器件栅极驱动的单片式集成驱动器。它把驱动高压侧和低压侧 MOSFET 或 IGBT 所需的绝大部分功能集成在一个高性能的封装内，外接很少的分立元件就能提供极快的功耗，它的特点在于，将输入逻辑信号转换成同相低阻输出驱动信号，可以驱动同一桥臂的两路输出，驱动能力强，响应速度快，工作电压比较高，可以达到 600V，其内设欠压封锁，成本低、易于调试。高压侧驱动采用外部自举电容上电，与其他驱动电路相比，它在设计上大大减少了驱动变压器和电容的数目，使得 MOSFET 和 IGBT 的驱动电路设计大为简化，而且它可以实现对 MOSFET 和 IGBT 的最优驱动，还具有快速完整的保护功能。与此同时，IR2110 的研制成功并且投入应用，可以极大地提高控制系统的可靠性，降低产品成本，减小体积。

2. IR2110 的引脚图及功能

（1）引脚 1（L_O）与引脚 7（H_O）：对应引脚 12 及引脚 10 的两路驱动信号输出端，在使用中，分别通过一电阻接主电路中下、上通道 MOSFET 的栅极，为了防止干扰，通常分别在引脚 1 与引脚 2，以及引脚 7 与引脚 5 之间并接一个 10kΩ 的电阻。

（2）引脚 2（COM）：下通道 MOSFET 驱动信号输出参考地端，在使用中，与引脚 13（V_{SS}）直接相连，同时接主电路桥臂下通道 MOSFET 的源极。

（3）引脚 3（V_{CC}）：直接接用户提供的输出极电源正极，并且通过一个较高品质的电容接引脚 2。

（4）引脚 5（V_S）：上通道 MOSFET 驱动信号输出参考地端，在使用中，与主电路中上、下通道被驱动 MOSFET 的源极相通。

（5）与引脚 6（V_B）：通过一阴极连接到该端，阳极连接到引脚 3 的高反压快恢复二极管，与用户提供的输出极电源相连，对 V_{CC} 的参数要求为 -0.5～+20V。

（6）引脚 9（V_{DD}）：芯片输入级工作电源端，在使用中，接用户为该芯片工作提供的高性能电源，为抗干扰，该端应通过一高性能去耦网络接地，该端可与引脚 3（V_{CC}）使用同一电源，也可以分开使用两个独立的电源。

（7）引脚 10（H_{IN}）与引脚 12（L_{IN}）：驱动逆变桥中同桥臂上、下两个功率 MOS 器件的驱动脉冲信号输入端。在应用中，接用户脉冲形成部分的对应两路输出，对此两个信号的限制为 V_{SS}-0.5V 至 V_{CC}+0.5V，这里 V_{SS} 与 V_{CC} 分别是连接到 IR2110 的引脚 13（V_{SS}）与引脚 9（V_{DD}）端的电压值。

（8）引脚 11（S_D）：保护信号输入端，当该引脚为高电平时，IR2110 的输出信号全部被封锁，其对应的输出端恒为低电平，而当该端接低电平时，则 IR2110 的输出跟随引脚 10 与 12 而变化。

（9）引脚 13（V_{SS}）：芯片工作参考地端，在使用中，直接与供电电源地端相连，所有去耦电容的一端应接该端,同时与引脚 2 直接相连。

(10) 引脚 4、引脚 8、引脚 14:空引脚。

IR2110 的引脚图如图 2-7-13 所示。

3. 芯片参数

1) IR2110 的极限参数和限制

(1) 最大高端工作电源电压 V_B: $-0.3 \sim 525V$。

(2) 门极驱动输出最大(脉冲)电流 I_{omax}: 2A。

(3) 最高工作频率 f_{max}: 1MHz。

(4) 工作电源电压 V_{CC}: $-0.3 \sim 25V$。

(5) 储存温度 T_{stg}: $-55 \sim 150℃$。

(6) 工作温度范围 T_A: $-40 \sim 125℃$。

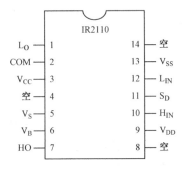

图 2-7-13 IR2110 的引脚图

(7) 允许最高结温 T_{jmax}: 150℃。

(8) 逻辑电源电压 V_{DD}: $-0.3 \sim (V_{SS}+25)V$。

(9) 允许参考电压 V_S 临界上升率 dV_S/dt: 50000V/μs。

(10) 高端悬浮电源参考电压 V_S: (V_B-25) ~ ($V_B+0.3$) V。

(11) 高端悬浮输出电压 V_{HO}: ($V_S-0.3$) ~ ($V_B+0.3$) V。

(12) 逻辑输入电压 V_{IN}: ($V_{ss}-0.3$) ~ ($V_{DD}+0.3$) V。

(13) 逻辑输入参考电压 V_{SS}: ($V_{CC}-25$) ~ ($V_{CC}+0.3$) V。

(14) 低端输出电压 V_{LO}: $-0.3 \sim$ ($V_{CC}+0.3$) V。

(15) 功耗 P_D: DIP-14 封装为 1.6W。

2) IR2110 的推荐工作条件

(1) 高端悬浮电源绝对值电压 V_B: (V_S+10) ~ (V_S+20) V。

(2) 低端输出电压 V_{LO}: $0 \sim V_{CC}$。

(3) 低端工作电源电压 V_{CC}: $10 \sim 20V$。

(4) 逻辑电源电压 V_{DD}: ($V_{SS}+5$) ~ ($V_{SS}+20$) V。

(5) 逻辑电源参考电压 V_{SS}: $-5 \sim +5V$。

7.4 主电路设计

1. 延时保护电路

利用 IR2110 芯片的完善设计可以实现延时保护电路。IR2110 使它自身可对输入的两个通道信号之间产生合适的延时,保证了加到被驱动的逆变桥中同桥臂上的两个功率 MOS 器件的驱动信号之间有一互锁时间间隔,因而防止了被驱动的逆变桥中两个功率 MOS 器件同时导通而发生直流电源直通路的危险。

2. 主电路

从上面的原理可以看出,产生高压侧门极驱动电压的前提是低压侧必须有开关的动作,

任务七 单片机控制的 PWM 直流可逆调速系统

在高压侧截止期间低压侧必须导通,才能够给自举电容提供充电的通路。因此在这个电路(图 2-7-14)中,Q_1、Q_4 或者 Q_2、Q_3 是不可能持续、不间断地导通的。可以采取双 PWM 信号来控制直流电机的正转及它的速度。

将 IC_1 的 H_{IN} 端与 IC_2 的 L_{IN} 端相连,而把 IC_1 的 L_{IN} 端与 IC_2 的 H_{IN} 端相连,这样就使得两片芯片所输出的信号恰好相反。

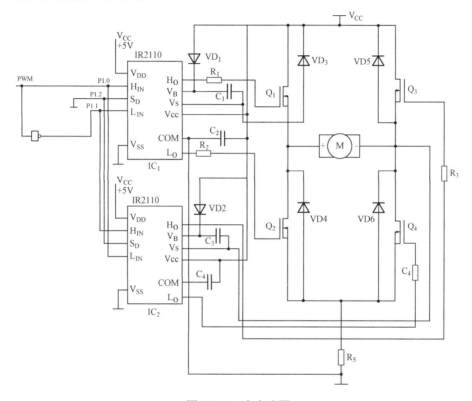

图 2-7-14 主电路图

在 H_{IN} 为高电平期间,Q_1、Q_4 导通,在直流电动机上加正向的工作电压。其具体的操作步骤如下:

(1)当 IC_1 的 L_O 为低电平而 H_O 为高电平时,Q_2 截止,C_1 上的电压经过 V_B、IC 内部电路和 H_O 端加在 Q_1 的栅极上,从而使得 Q_1 导通。同理,此时 I_{C2} 的 H_O 为低电平而 L_O 为高电平时,Q_3 截止,C_3 上的电压经过 V_B、IC 内部电路和 L_O 端加在 Q_4 的栅极上,从而使得 Q_4 导通。

(2)电源经 Q_1 至电动机的正极经过整个直流电机后再通过 Q_4 到达零电位,完成整个的回路。此时直流电机正转。

在 H_{IN} 为低电平期间,L_{IN} 端输入高电平,Q_2、Q_3 导通,在直流电动机上加反向工作电压。其具体的操作步骤如下:

(1)当 IC_1 的 L_O 为高电平而 H_O 为低电平时,Q_2 导通且 Q_1 截止。此时 Q_2 的漏极近乎于零电平,V_{CC} 通过 VD_1 向 C_1 充电,为 Q_1 的又一次导通做准备。同理可知,IC_2 的 H_O 为高电平而 L_O 为低电平时,Q_3 导通且 Q_4 截止,Q_3 的漏极近乎于零电平,此时 V_{CC} 通过 VD_2 向 C_3

充电，为 Q_4 的又一次导通做准备。

（2）电源经 Q_3 至电动机的负极经过整个直流电机后再通过 Q_2 到达零电位，完成整个的回路。此时，直流电机反转。

因此，电枢上的工作电压是双极性矩形脉冲波形，由于存在着机械惯性的缘故，电动机转向和转速是由矩形脉冲电压的平均值来决定的。

设 PWM 波的周期为 T，H_{IN} 为高电平的时间为 t_1，这里忽略死区时间，那么 L_{IN} 为高电平的时间就为 $T-t_1$。H_{IN} 信号的占空比为 $D=t_1/T$。设电源电压为 V，那么电枢电压的平均值为

$$V_{out} = [t_1-(T-t_1)]V/T$$
$$= (2t_1-T)V/T$$
$$= (2D-1)V$$

定义负载电压系数为 λ，$\lambda=V_{out}/V$，那么 $\lambda=2D-1$；当 T 为常数时，改变 H_{IN} 为高电平的时间 t_1，也就改变了占空比 D，从而达到了改变 V_{out} 的目的。D 在 $0\sim1$ 之间变化，因此 λ 在 ±1 之间变化。如果改变 λ，那么便可以实现电动机正向的无级调速。

当 $\lambda=0.5$ 时，$V_{out}=0$，此时电机的转速为 0；

当 $0.5<\lambda<1$ 时，V_{out} 为正，电动机正转；

当 $\lambda=1$ 时，$V_{out}=V$，电动机正转全速运行。

3. 输出电压波形

图 2-7-15 为输出电压波形图。

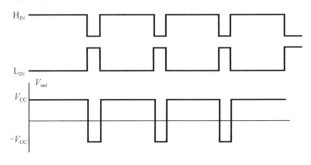

图 2-7-15　输出电压波形图

7.5　测速发电机

测速发电机是输出电动势与转速成比例的微特电机，分为直流与交流两种。其绕组和磁路经过精确设计，输出电动势 E 和转速 n 成线性关系，即 $E=kn$，其中 k 是常数。改变旋转方向时，输出电动势的极性即相应改变。

当被测机构与测速发电机同轴连接时，只要检测出输出电动势，即可以获得被测机构的转速，所以测速发电机又称为速度传感器。测速发电机广泛应用于各种速度或者位置控制系统，在自动控制系统中作为检测速度的元件，以调节电动机转速或者通过反馈来提高系统稳定性和精度。

7.6 滤波电路

图 2-7-16 为滤波电路图。

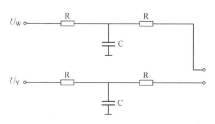

图 2-7-16 滤波电路图

7.7 A/D 转换

1. 芯片 ADC0809 介绍

ADC0809 是 8 位、逐次比较式 A/D 转换芯片，具有地址锁存控制的 8 路模拟开关，应用单一的+5V 电源，其模拟量输入电压为 0～+5V，其对应的数字量输出为 00H～0FFH，转换时间为 100μs，无须调零或者调整满量程。

2. ADC0809 的引脚及其功能

ADC0809 有 28 个引脚，其中，IN0～IN7 接 8 路模拟量输入。ALE 是地址锁存允许，V_{REF}^+、V_{REF}^- 接基准电源，在精度要求不太高的情况下，供电电源就可以作为基准电源。START 是芯片的启动引脚，其上脉冲的下降沿启动一次新的 A/D 转换。EOC 是转换结束信号，可以用于向单片机申请中断或者供单片机查询。OE 是输出允许端。CLK 是时钟端。DB0～DB7 是数字量的输出。ADDA、ADDB、ADDC 接地址线用以选定 8 路输入中的一路，如图 2-7-17 所示。其功能如表 2-7-6 所示。

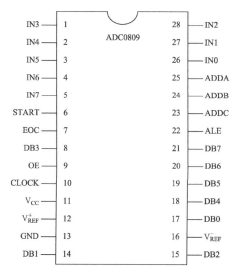

图 2-7-17 ADC0809 的引脚图

表 2-7-6 ADC0809 的功能表

ADDC	ADDB	ADDA	选通输入通道
0	0	0	IN0
0	0	1	IN1
0	1	0	IN2
0	1	1	IN3
1	0	0	IN4
1	0	1	IN5
1	1	0	IN6
1	1	1	IN7

7.8 系统软件部分的设计

1．PI 转速调节器原理图及参数计算

图 2-7-18 为 PI 转速调节器原理图。

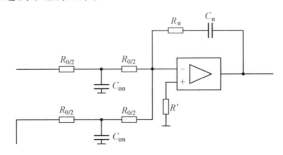

图 2-7-18 PI 转速调节器原理图

按照典型 Ⅱ 型系统的参数选择方法，转速调节器参数和电阻电容值关系如下：

$$K_n=R_n/R_0, \quad \Gamma_n=R_n/C_n, \quad T_{on}=1/4R_0 \times C_{on}$$

参数求法：电动机 $P=10\text{kW}$，$U=220\text{V}$，$I=55\text{A}$，$n=1000\text{r/min}$，电枢电阻 $R=0.5\Omega$，取滤波电路中 $R_0=40\text{k}\Omega$，$R_n=470\text{k}\Omega$，$C_n=0.2\mu\text{F}$，$C_{on}=1\mu\text{F}$，则：

$$U_{max}=220\text{V}$$
$$U_{min}=（220/0.9）\times 0.5=122\text{V}$$
$$Y_{i-1}=0$$
$$W=1000\text{r/min}$$
$$P=K_p=R_n/R_0=11.75\text{kW}$$
$$I=K_p\times T/T_i=125\text{A}$$

2．系统中的部分程序设计

1）单片机资源分配

工作寄存器 0 组

R0～R7   00H～07H

任务七 单片机控制的 PWM 直流可逆调速系统

数据缓冲区　　　　　　　　　30H～7FH
PSW.4（RS1=0）　　PSW.3（RS0=0）　　选中工作寄存器 0 组
P0 口地址　　　　　　　　　　80H
P1 口地址　　　　　　　　　　90H
P2 口地址　　　　　　　　　　A0H
P3 口地址　　　　　　　　　　B0H
堆栈（SP）　　　　　　　　　　81H
定时器/计数器控制　　　　TCON　　88H
定时器/计数器方式控制　　TMOD　　89H
定时器/计数器 0　低字节　TL0　8AH　　高字节　TH0　8CH
定时器/计数器 1　低字节　TL1　8BH　　高字节　TH1　8DH
中断 1——PI 采样（u_i）
中断 0——A/D 采样 { P1 口预置　W
　　　　　　　　　　P0 口测量值（实测 Y）

主程序：

```
      0000        AJMP      START
START: CLR        PSW.4
       CLR        PSW.3              ;选中工作寄存器 0 组
       CLR        C
       MOV        R0,4FH
       MOV        A,30H
CLEAR1:CLR        A
       INC        A
       DJNZ       R0,CLEAR1          ;清零 30H-7FH
       SETB       TR0                ;定时器/计数器 0 工作
       MOV        TMODE,#01H         ;定时器/计数器工作在方式 1
       SETB       EA                 ;总中断开放
       SETB       IT0                ;置 INT0 为降沿触发
       SETB       IT1                ;置 INT1 为降沿触发
      LJMP        MAIN
      LJMP        CTCO
      LCALL       SAMPLE
       .
       .
       .
```

f_{osc}=12MHz，用一个定时器/计数器定时 50ms，用 $R2$ 作计数器，置初值 14H，到定时时间后产生中断，每执行一次中断服务程序，让计数器内容减 1，当计数器内容减为 0 时，则到 1s。

PI 控制算法：

$$U_i = U_{i-1} + K_p(e_i - e_{i-1}) + (K_p \times T/T_i) \times e_i$$

令 $P=K_P$、$I=K_P\times T/T_I$,

则 $U_i=U_{i-1}+P(e_i-e_{i-1})+I\times e_i$

式中　T——采样周期；$T_i=R_nC_n$；$K_p=R_n/R_0$。

PI 程序：

	SETB	EX1	;开放中断 1
	MOV	R0, 90H	;P1 口（W）送 R0，预设
	MOV	R1, 80H	;P0 口（Y）送 R1，实测
	MOV	A, R0	;W 给 A
	MOV	B, R1	;Y 给 B
	SUBB	A, B	;e_i 给 A
	MOV	7FH, A	;e_i 给 7FH
	MOV	7EH, #00H	;$e_{i-1}=0$ 给 7EH
	MOV	7BH, Umax	
	MOV	7AH, Umin	
	AJMP	IN	;积分项
	AJMP	P	;比例项
	MOV	A, R2	;P_i 给 A
	ADD	A, R3	;P_i+P_p 给 A
	MOV	7DH, #00H	;$U_{i-1}=0$ 给 7DH
	ADD	A, 7DH	;$U_{i-1}+P_i+P_p=U_i$ 给 A
	MOV	7CH, A	;U_i 给 7CH
	MOV	7DH, 7CH	;U_i 给 U_{i-1}
	MOV	A, 7BH	;U_{max} 给 A
	CJNE	A, #Ui, LOOP2	;$U_i>U_{max}$ 转移
	MOV	A, #Ui	
	CJNE	A, 7AH, LOOP3	;$U_i<U_{min}$ 转移
	MOV	90H, 7CH	;输出 U_i 到 P_1 口
LOOP2:	MOV	A, 7CH	;U_i 给 A
	CLR	C	
	SUBB	A, #Umax	
	RETI		
LOOP3:	MOV	A, 7CH	;U_i 给 A
	CLR	C	
	SUBB	A, #Umin	
	RETI		
IN:	MOV	6FH, #I	
	MOV	A, 6FH	;I 给 A
	MOV	B, 7FH	;e_i 给 B
	MUL	AB	;$P_i=I*e_i$ 给 A
	MOV	R2, A	;P_i 给 R2
	RETI		
P:	MOV	6EH, #P	

任务七 单片机控制的 PWM 直流可逆调速系统

```
CLR    C
MOV    A, 7FH          ; e_i 给 A
SUBB   A, 7EH          ; e_i-e_{i-1} 给 A
MOV    7EH, 7FH        ; e_i 给 e_{i-1}
MOV    B, 6EH
MUL    AB              ;（e_i-e_i-1）*P 给 A
MOV    R3, A           ; P_p 给 R3
RETI
```

2）程序流程图

程序流程图如图 2-7-19 所示。

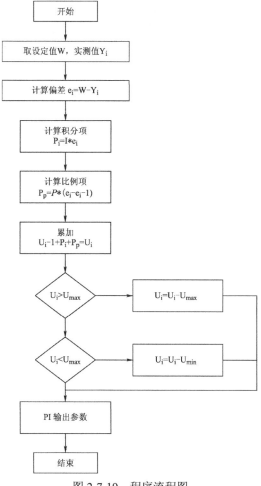

图 2-7-19 程序流程图

此直流电机闭环调速系统是以单片微机 8051 为核心，而通过单片机来实现电机调整又有多种途径，相对于其他用硬件或者硬件与软件相结合的方法实现对电机进行调整，采用 PWM 软件方法来实现的调速过程具有更大的灵活性和更低的成本，它能够充分发挥单片机的效能，对于简易速度控制系统的实现提供了一种有效的途径。而在软件方面，采用 PLD 算法来确定闭环控制的补偿量也是由数字电路组成的直流电机闭环调速系统所不能及的。

第三篇
交流电机调速技术

　　三相交流异步电动机是现代化工农业生产中应用最广泛的一种动力设备。随着工农业技术的不断发展，对交流电动机的调速也有了更高的要求。本篇主要介绍交流异步电动机常用的调速方法，重点讨论变频调速。

任务一 三相交流异步电动机的调速

1.1 调速的原理

当把三相交变电流（即在相位上互差 120°电角度）通入三相定子绕组（即在空间位置上互差 120°电角度）后，该电流将产生一个旋转磁场，该旋转磁场的转速（即同步转速 n）由定子电流的频率 f 所决定，即：

$$n = \frac{60f}{p} \tag{3-1-1}$$

式中 n——同步转速（r/min）；

f——电源频率（Hz）；

p——磁极对数。

而位于该旋转磁场的转子绕组将切割磁力线，并在转子绕组中产生相应感应电动势和感应电流，此感应电流也处在定子绕组所产生的旋转磁场中。因此，转子绕组将受到旋转磁场的作用而产生电磁力矩（即转矩），使转子跟随旋转磁场旋转，转子的转速 n_M（即电动机的转速）为：

$$n_M = (1-s)n = (1-s)\frac{60f}{p} \tag{3-1-2}$$

式中 n_M——转子的转速（r/min）；

s——转差率。

因此，要对三相异步电动机进行调速，可以通过改变电动机的磁极对数 p、改变电动机的转差率 s，以及改变电动机的电源频率 f。

1.2 调速的基本方法

由式（3-1-2）可知，异步电动机调速的基本途径有改变电动机的磁极对数 p（即变极调速）、改变电动机的转差率 s（即改变转差率调速）和改变电动机的电源频率 f（即变频调速）。

1. 变极调速

改变磁极对数实际上就是改变定子旋转磁场的转速，而磁极对数的改变又是通过改变定子绕组的接法来实现的，如图 3-1-1（a）和图 3-1-1（b）所示。这种调速的缺点如下：

（1）一套绕组只能变换两种磁极对数，一台电动机只能放两套绕组，所以，最多也只有 4 挡速度。

（2）不管在哪种接法下运行，都不可能得到最佳的运行效果，也就是说，其工作效率将下降。

（3）在机械特性方面，不同磁极对数的"临界转矩"是不同的，如图 3-1-1（c）所示，故带负载能力也不一致。

(4)调速时必须改变绕组接法,故控制电路比较复杂,显然,这不是一种好的调速方法。

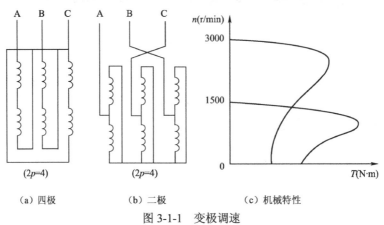

(a)四极　　(b)二极　　(c)机械特性

图 3-1-1　变极调速

2. 改变转差率调速

改变转差率是通过改变电动机转子电路的有关参数来实现的,所以,这种方法只适用于绕线式异步电动机。常用的有调压调速、转子串联电阻调速、电磁转差离合器调速和串级调速。图 3-1-2 为转子串联电阻调速。这种调速方法虽然在一部分机械中得到了较为普遍的应用,但其缺点也是十分明显的,主要有如下几个方面:

(1)因为调速电阻在外部,为了使转子电路和调速电阻之间建立电的联系,绕线式异步电动机在结构上加入了电刷和滑环等薄弱环节,提高了故障率。

(2)调速电阻将白白地消耗掉许多电能。

(3)转速的挡位也不可能很多。

(4)调速后的机械特性较"软",不够理想,如图 3-1-2(b)所示。

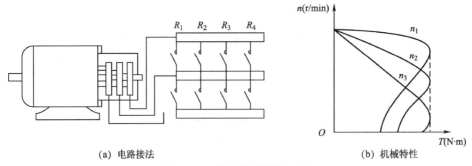

(a)电路接法　　(b)机械特性

图 3-1-2　转子串联电阻调速

3. 变频调速

采用变频器对鼠笼型异步电动机进行调速,具有调速范围广、静态稳定性好、运行效率高、使用方便、可靠性高、经济效益显著等优点,其特点如表 3-1-1 所示。

任务一 三相交流异步电动机的调速

表 3-1-1 变频调速特点

变频调速的特点	效 果	用 途
可以使标准电动机调速	不用更换原有电动机	风机、水泵、空调、一般机械
可以连续调速	可选择最佳速度	机床、搅拌机、压缩机
启动电流小	电源设备容量可以小	压缩机
最高速度不受电源影响	最大工作能力不受电源影响	泵、风机、空调、一般机械
电动机可以高速化、小型化	可以得到用其他调速不能实现的高速度	内圆磨床、化纤机械、输送机械
防爆容易	与直流电动机相比,防爆容易、体积小、成本低	药品机械、化学工厂
低速时定转矩输出	低速时电动机堵转也无妨	定尺寸装置
可以调节加减速时间	能防止载重物倒塌	输送机械
可以使用普通笼型电动机、维修少	电动机维护少	生产流水线、车辆、电梯

三相异步电动机各种调速方法的性能指标如表 3-1-2 所示。通过表 3-1-2 可知,变频调速是三相异步电动机最理想的调速方法,因此得到广泛应用。

表 3-1-2 异步电动机各种调速方法的性能指标

调速方法 比较项目	变极调速	变频调速	改变转差率调速			串级调速
			调压调速	转子串电阻	电源转差离合器调速	
是否改变同步转速 ($n=60f/p$)	变	变	不变	不变	不变	不变
调速指标 静差率(相对稳定性)	小(好)	小(好)	开环时大 闭环时小	大(差)	开环时大 闭环时小	小(好)
调速指标 在一般静差率要求下的调速范围 D	较小 ($D=2\sim4$)	较大 ($D=10$)	闭环时较大 ($D=10$)	小 ($D=2$)	闭环时较大 ($D=10$)	较小 ($D=2\sim4$)
调速指标 调速平滑性	差 (有级调速)	好 (无级调速)	好 (无级调速)	差 (有级调速)	好 (无级调速)	好 (无级调速)
调速指标 低速时效率	高	高	低	低	低	中
调速指标 低速负载类型	恒转矩 恒功率	恒转矩 恒功率	通风机 恒转矩	恒转矩	通风机 恒转矩	恒转矩
调速指标 设备投资	少	多	较少	少	较少	较多
调速指标 电能损耗	小	较小	大	大	大	较小
适用电动机类型	多速电动机(笼型)	笼型	一般为绕线转子型,小容量时可采用特殊笼型	绕线转子型	转差电动机	绕线转子型

任务二 多速异步电动机的控制线路

改变异步电动机的磁极对数调速称为变极调速。变极调速是通过改变定子绕组的连接方式来实现的，它是有级调速，且只适用于笼型异步电动机。磁极对数可改变的电动机称为多速电动机。常见的多速电动机有双速、三速、四速等几种类型。本任务只介绍双速和三速异步电动机的控制线路。

2.1 双速异步电动机的控制线路

1. 双速异步电动机定子绕组的连接

双速异步电动机定子绕组的△/YY 连接图，如图 3-2-1 所示。图 3-2-1 中，三相定子绕组接成△形，由三个连接点接出三个出线端 U1、V1、W1，从每相绕组的中点各接出一个出线端 U2、V2、W2，这样定子绕组共有 6 个出线端。通过改变这 6 个出线端与电源的连接方式，就可以得到两种不同的转速。

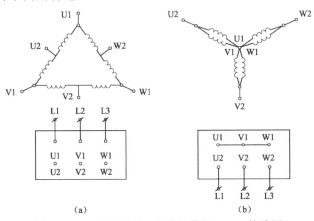

图 3-2-1 双速电动机三相定子绕组△/YY 接线图

当电动机低速工作时，就把三相电源分别接在出线端 U1、V1、W1 上，另外三个出线端 U2、V2、W2 空着不接，如图 3-2-1（a）所示。此时电动机定子绕组接成△形，磁极为四极，同步转速为 1500r/min。

当电动机高速工作时，要把三个出线端 U1、V1、W1 并接在一起，三相电源分别接到另外三个出线端 U2、V2、W2 上，如图 3-2-1（b）所示。此时电动机定子绕组接成 YY 形，磁极为二极，同步转速为 3000r/min。可见，双速电动机高速运转时的转速是低速运转转速的两倍。

值得注意的是，当双速电动机定子绕组从一种接法改变为另一种接法时，必须把电源相序反接，以保证电动机的旋转方向不变。

2. 双速电动机的控制线路

图 3-2-2 为接触器控制双速电动机的电路图。

任务二 多速异步电动机的控制线路

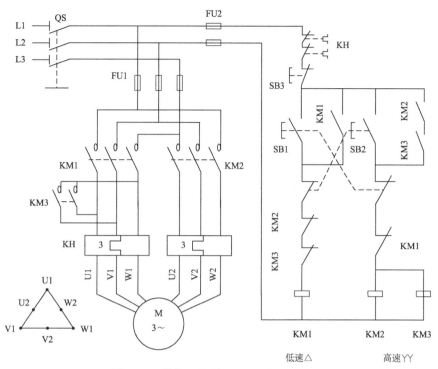

图 3-2-2 接触器控制双速电动机的电路图

3. 时间继电器控制双速电动机的控制线路

图 3-2-3 为时间继电器控制双速电动机的电路图。

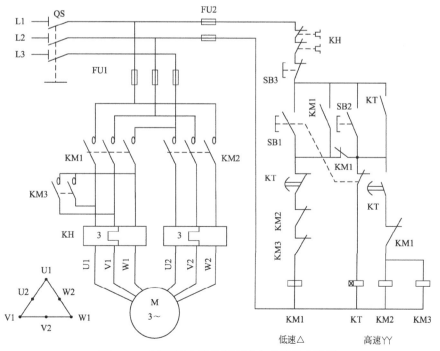

图 3-2-3 时间继电器控制双速电动机的电路图

时间继电器 KT 控制电动机△形启动时间和△-YY 的自动换接运转。线路的工作原理如下：

先合上电源开关 QS，△形低速启动运转：

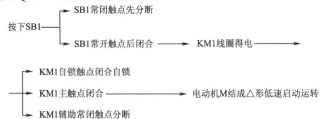

停止时，按下 SB3 即可。若电动机只需高速运转时，可直接按下 SB2，则电动机△形低速启动后，YY 形高速运转：

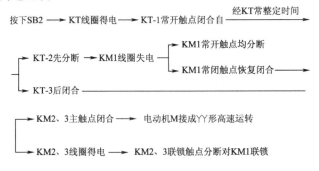

2.2 三速异步电动机的控制线路

1. 三速异步电动机定子绕组的连接

三速异步电动机有两套定子绕组，分两层安装在定子槽内，第一套绕组（双速）有 7 个出线端 U1、V1、W1、U2、V2、W2、U3，可作△或 YY 连接；第二套绕组（单速）有 3 个出线端 U4、V4、W4，只作 Y 形连接，如图 3-2-4 所示。当分别改变两套定子绕组的连接方式（即改变磁极对数）时，电动机就可以得到三种不同的速度。

三速异步电动机定子绕组的接线方法，如图 3-2-4 所示。图 3-2-4 中，W1 和 U3 出线端分开的目的是当电动机定子绕组接成 Y 形中速运行时，避免在△形接法的定子绕组产生感应电流。

2. 三速电动机的控制线路

1）接触器控制三速电动机的控制线路

△形低速—Y 形中速—YY 形高速，电路图如图 3-2-5 所示。

2）时间继电器控制三速电动机的控制线路

用时间继电器控制三速电动机的电路图如图 3-2-6 所示。其中，SB1、KM1 控制电动机△接法下低速启动运转；SB2、KT1、KM2 控制电动机从△接法下低速 Y 接法下中速运转的自动变换；SB3、KT1、KT2、KM3 控制电动机从△接法下低速启动到 Y 中速过渡到 YY 接法下高速运转的自动变换。

任务二 多速异步电动机的控制线路

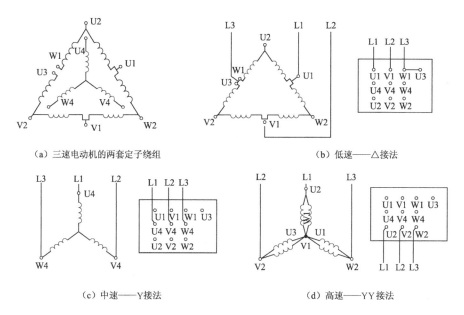

（a）三速电动机的两套定子绕组　　　　　　（b）低速——△接法

（c）中速——Y接法　　　　　　（d）高速——YY接法

图 3-2-4　三速电动机定子绕组的接线方法

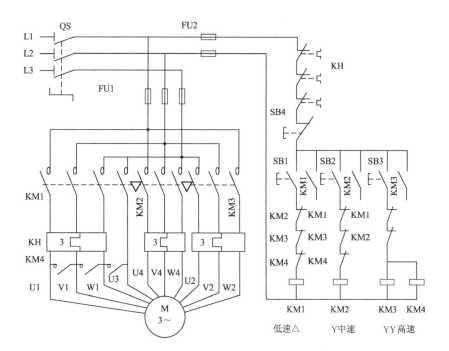

图 3-2-5　接触器控制三速电动机的电路图

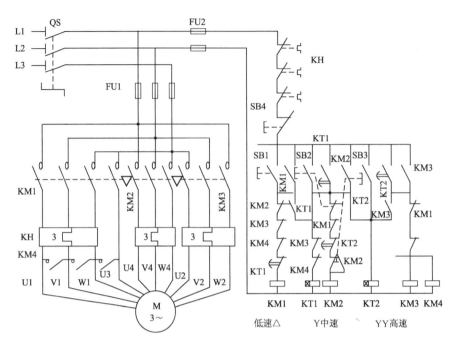

图 3-2-6 时间继电器自动控制三速电动机的电路图

实训 13 安装与检修时间继电器控制双速电动机的控制线路

(一) 实训目的

学会安装与检修时间继电器控制双速电动机的控制线路。

(二) 工具、仪表及器材

根据三相笼型异步电动机的技术数据及图 3-2-5 所示的电路图,选用工具、仪表及器材,并分别填入表 3-2-1 和表 3-2-2 中。

表 3-2-1 工具及仪表

工 具	
仪 表	

表 3-2-2 器材明细表

代 号	名 称	型 号	规 格	数 量
M	三相笼型异步电动机	YD112M-4/2	3.3kW/4kW、380V、7.4A/8.6A、△/YY 接法、1 440r/min 或 2 890r/min	1
QS	电源开关			
FU1	熔断器			
FU2	熔断器			
KM	交流接触器			
KH1	热继电器			

任务二 多速异步电动机的控制线路

续表

代　号	名　称	型　号	规　格	数　量
KH2	热继电器			
.KT	时间继电器			
SB1~SB3	按钮			
XT	端子板			
	主电路导线			
	控制电路导线			
	按钮线			
	接地线			
	电动机引线			
	控制板			
	走线槽			
	紧固体及编码套管			

（三）安装训练

自编安装步骤，并熟悉其工艺要求，经指导教师审查合格后，开始安装训练。安装注意事项如下：

（1）接线时，注意主电路中接触器 KM1、KM2 在两种转速下电源相序的改变，不能接错，否则，两种转速下电动机的转向相反，换相时将产生很大的冲击电流。

（2）控制双速电动机△形接法的接触器 KM1 和 YY 形接法的 KM2 的主触点不能对换接线，否则不但无法实现双速控制要求，而且会在 YY 形运转时造成电源短路事故。

（3）热继电器 KH1、KH2 的整定电流及其在主电路中的接线不要搞错。

（4）通电试车前，要复验一下电动机的接线是否正确，并测试绝缘电阻是否符合要求。

（5）通电试车时，必须有指导教师在现场监护，并用转速表测量电动机的转速。

（四）检修训练

在控制电路或主电路中人为设置电气自然故障两处。由学生自编检修步骤，再经教师审阅合格后进行检修。检修过程中应注意：

（1）在检修前，要认真阅读电路图，掌握线路的构成、工作原理及接线方式。

（2）在排除故障的过程中，故障分析、排除故障的思路和方法要正确。

（3）工具和仪表使用要正确。

（4）不能随意更改线路和带电触摸电器元件。

（5）带电检修故障时，必须有指导教师在现场监护，并要确保用电安全。

任务三 绕线转子异步电动机的控制线路

改变异步电动机的转差率 S 调速称为变转差率调速。改变转差率是通过改变电动机转子电路的有关参数来实现的,所以,这种方法只适用于绕线式异步电动机。图 3-3-1 是绕线转子三相异步电动机的外形和符号。它可以通过滑环在转子绕组中串接电阻来改变电动机的机械特性,从而达到减小启动电流、增大启动转矩及调节转速的目的。在要求启动转矩较大且有一定调速要求的场合,如起重机、卷扬机等,常常采用三相绕线转子异步电动机拖动。绕线转子异步电动机常用的控制线路有转子绕组串接电阻启动控制线路、转子绕组串接频敏变阻器启动控制线路和凸轮控制器控制线路。

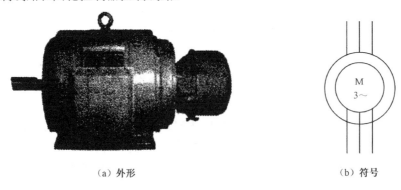

(a) 外形　　　　　　　　　　(b) 符号

图 3-3-1　绕线转子三相异步电动机

3.1 转子绕组串接电阻启动控制线路

1. 转子串接三相电阻启动原理

启动时,在转子回路串入作 Y 形连接、分级切换的三相启动电阻器,以减小启动电流、增加启动转矩。随着电动机转速的升高,逐级减小可变电阻。启动完毕后,切除可变电阻器,转子绕组被直接短接,使电动机在额定状态下更好运行。

电动机转子绕组中串接的外加电阻在每段切除前与切除后,三相电阻始终是对称的,称为三相对称电阻器,如图 3-3-2(a)所示。启动过程依次切除 R_1、R_2、R_3,最后全部电阻被切除。

若启动时串入的全部三相电阻是不对称的,且每段切除后三相仍不对称,则称为三相不对称电阻器,如图 3-3-2(b)所示。启动过程依次切除 R_1、R_2、R_3、R_4,最后全部电阻被切除。

任务三　绕线转子异步电动机的控制线路

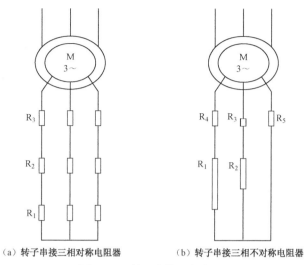

(a) 转子串接三相对称电阻器　　(b) 转子串接三相不对称电阻器

图 3-3-2　转子串接三相电阻

2．按钮操作控制线路

按钮操作转子绕组串接启动控制线路如图 3-3-3 所示。线路的工作原理较简单，请自行分析。该线路的缺点是操作不便，工作的安全性和可靠性较差，所以，在生产实际中常采用时间继电器自动控制线路。

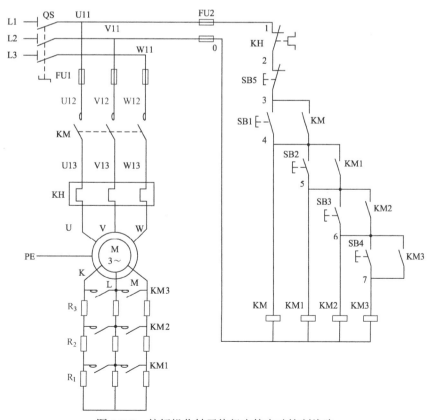

图 3-3-3　按钮操作转子绕组串接启动控制线路

3. 时间继电器自动控制线路

时间继电器自动控制短接启动电阻的控制线路如图 3-3-4 所示。该线路利用三个时间继电器 KT1、KT2、KT3 和三个接触器 KM1、KM2、KM3 的相互配合来依次自动切除转子绕组中的三级电阻。

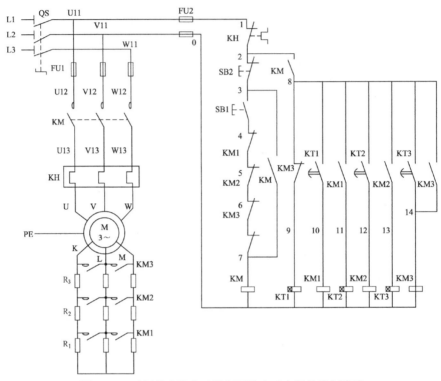

图 3-3-4　时间继电器自动控制短接启动电阻的控制线路

线路的工作原理如下：
合上电源开关 QS，

→ KM1线圈得电 ── 经KT3整定时间 → KT3常开触点闭合 → KM3线圈得电 →

→ KM3自锁触点闭合自锁
→ KM3主触点闭合，切除第三组电阻R_3，电动机M启动结束，正常运转
→ KM3辅助常闭触点分断 → KT1、KM1、KT2、KM2、KT3依次断电释放，触点复位
→ KM3辅助常闭触点分断

为保证电动机只有在转子绕组串入全部外加电阻的条件下才能启动，将接触器 KM1、KM2、KM3 的辅助常闭触点与启动按钮 SB1 串接，这样，如果接触器 KM1、KM2、KM3 中的任何一个因触点熔焊或机械故障而不能正常释放时，即使按下启动按钮 SB1，控制电路也不会得电，电动机就不会接通电源启动运转。

停止时，按下 SB2 即可。

4．电流继电器自动控制线路

绕线转子异步电动机刚启动时转子电流较大，随着电动机转速的增大，转子电流逐渐减小，根据这一特性，可以利用电流继电器自动控制接触器来逐级切除转子回路的电阻。

电流继电器自动控制线路如图 3-3-5 所示。三个过电流继电器 KA1、KA2 和 KA3 的线圈串接在转子回路中，它们的吸合电流相同，但释放电流不同，KA1 最大，KA2 次之，KA3 最小，从而能根据转子电流的变化，控制接触器 KM1、KM2、KM3 依次动作，逐级切除启动电阻。

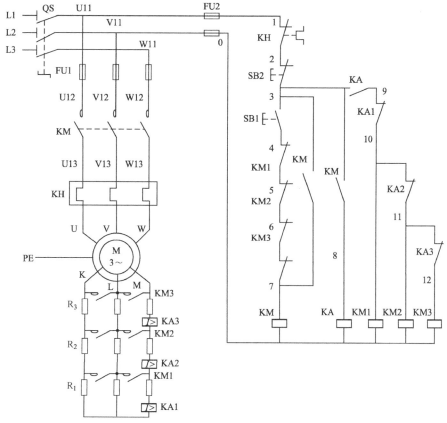

图 3-3-5　电流继电器自动控制线路

线路的工作原理如下：

合上电源开关 QS，

　由于电动机 M 启动时转子电流较大，三个过电流继电器 KA1、KA2 和 KA3 均吸合，它们接在控制电路中的常闭触点均断开，使接触器 KM1、KM2、KM3 的线圈都不能得电，接在转子电路中的常开触点都处于断开状态，启动电阻被全部串接在转子绕组中。随着电动机转速的升高，转子电流逐渐减小，当减小至 KA1 的释放电流时，KA1 首先释放，其常闭触点恢复闭合，接触器 KM1 得电，主触点闭合，切除第一组电阻大 1。当 R_1 被切除后，转子电流重新增大，但随着电动机转速的继续升高，转子电流又会减小，待减小至 KA2 释放电流时，KA2 释放，接触器 KM2 动作，切除第二组电阻 R_2，如此继续下去，直至全部电阻被切除，电动机启动完毕，进入平常运转状态。

　中间继电器 KA 的作用是保证电动机在转子电路中接入全部电阻的情况下开始启动。因为电动机开始启动时，转子电流从零增大到最大值需要一定的时间，这样有可能电流继电器 KA1、KA2 和 KA3 还未动作，接触器 KM1、KM2、KM3 就已经吸合而把电阻 R_1、R_2、R_3 短接，造成电动机直接启动。接入 KA 后，启动时由 KA 的常开触点断开 KM1、KM2、KM3 线圈的通电回路，保证了启动时转子回路串入全部电阻。

3.2　转子绕组串接频敏变阻器启动控制线路

　绕线转子异步电动机采用转子绕组串电阻的方法启动，要想获得良好的启动特性，一般需要将启动电阻分为多级，这样所用的电器较多，控制线路复杂，设备投资大，维修不便并且在逐级切除电阻的过程中，会产生一定的机械冲击。因此，在工矿企业中对于不频繁启动的设备，广泛采用频敏变阻器代替启动电阻来控制绕线转子异步电动机的启动。

1. 频敏变阻器

　频敏变阻器是一种阻抗值随频率明显变化、静止的无触点电磁元件。它实质上是一个铁芯损耗非常大的三相电抗器。在电动机启动时，将频敏变阻器串接在转子绕组中，由于频敏变阻器的等效阻抗随转子电流频率的减小而减小，从而达到自动变阻的目的。因此，只需一级频敏变阻器就可以平稳地把电动机启动起来。启动完毕，短接切除频敏变阻器。

　用频敏变阻器启动绕线转子异步电动机的优点是启动性能好，无电流和机械冲击，结构简单，价格低廉，使用维护方便。但由于功率因数较低，启动转矩较小，一般不宜用于重载启动的场合。

　常用的频敏变阻器有 BP1、BP2、BP3、BP4 和 BP6 等系列，图 3-3-6（a）是 BP1 系列的外形。频敏变阻器在电路图中的符号如图 3-3-6（b）所示。频敏变阻器大致的适用场合如表 3-3-1 所示。

任务三　绕线转子异步电动机的控制线路

(a) BP1系列外形

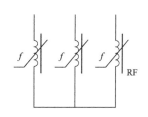
(b) 符号

图 3-3-6　频敏变阻器

表 3-3-1　频敏变阻器大致的适用场合

负载特性		轻载	重载
适用频敏变阻器系列	频繁程度	偶尔	BP1、BP2、BP4	BP4G、BP6
		频繁	BP1、BP2、BP3	

频敏变阻器主要由铁芯和绕组两部分组成。它的上、下铁芯用 4 根拉紧螺栓固定，拧开螺栓上的螺母，可以在上、下铁芯之间增减非磁性垫片，以调整空气隙长度。出厂时上、下铁芯间的空气隙为零。

频敏变阻器的绕组备有 4 个抽头，一个抽头在绕组背面，标号为 N；另外三个抽头在绕组的正面，标号分别为 1、2、3。抽头 1～N 之间为 100% 匝数，2～N 之间为 85% 匝数，3～N 之间为 71% 匝数。出厂时三组线圈均接在 85% 匝数抽头处，并接成 Y 形。

频敏变阻器的系列应根据电动机所拖动生产机的启动负载特性和操作频繁程度来选择，再按电动机功率选择其规格。

在安装和使用时，频敏变阻器应牢固地固定在基座上，当基座为铁磁物质时应在中间垫放 10mm 以上的非磁性垫片，以防影响频敏变阻器的特性。连接线应按电动机转子额定电流选用相应截面的电缆线，同时频敏变阻器还应可靠接地。

在使用前，应先测量频敏变阻器对地绝缘电阻，其值应不小于 1MΩ，否则须先进行烘干处理后方可使用。使用时，若发现启动转矩或启动电流过大或过小，应按下述方法调整频敏变阻器的匝数和气隙。

（1）当启动电流和启动转矩过大、启动过快时，应换接抽头，使匝数增加，以减小启动电流和启动转矩。

（2）当启动电流和启动转矩过小、启动太慢时，应换接抽头，使匝数减少，以增大启动电流和启动转矩。

（3）如果刚启动时，启动转矩偏大，有机械冲击现象，而启动完毕后，稳定转速又偏低，这时可在上、下铁芯间增加气隙。可拧开变阻器两面上的 4 个拉紧螺栓的螺母，在上、下铁芯之间增加非磁性垫片。增加气隙可使启动电流略微增加，启动转矩稍有减小，而启动完毕时的转矩稍有增大，从而使稳定转速得以提高。

2. 转子绕组串接频敏变阻器启动控制线路

转子绕组串接频敏变阻器启动控制线路，如图 3-3-7 所示。

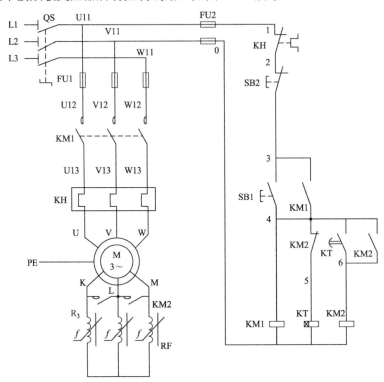

图 3-3-7　转子绕组串接频敏变阻器启动控制线路

线路的工作原理如下：
先合上电源开关 QS，

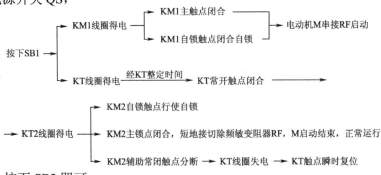

停止时，按下 SB2 即可。

3.3　凸轮控制器控制线路

中、小容量绕线转子异步电动机的启动、调速及正、反转控制，常常采用凸轮控制器来实现，以简化操作，如桥式起重机上大部分采用这种控制线路。

任务三 绕线转子异步电动机的控制线路

绕线转子异步电动机凸轮控制器控制线路，如图 3-3-8（a）所示。图 8-3-8（a）中组合开关 QS 作为电源引入开关；熔断器 FU1、FU2 分别作为主电路和控制电路的短路保护；接触器 KM 控制电动机电源的通断，同时起欠压和失压保护作用；行程开关 SQ1、SQ2 分别作为电动机正、反转时工作机构的限位保护；过电流继电器 KA1、KA2 作为电动机的过载保护；R 是电阻器；凸轮控制器 AC 有 12 对触点，其分合状态如图 3-3-8（b）所示。其中，最上面 4 对配有灭弧罩的常开触点 AC1～AC4 接在主电路中用于控制电动机正、反转；中间 5 对常开触点 AC5～AC9 与转子电阻 R 相接，用来逐级切换电阻以控制电动机的启动和调速；最下面的 3 对常闭触点 AC10～AC12 用作零位保护。

线路的工作原理如下：将凸轮控制器 AC 的手轮置于"0"位后，合上电源开关 QS，这时 AC 最下面的 3 对触点 AC10～AC12 闭合，为控制电路的接通作准备。按下 SB1，接触器 KM 得电自锁，为电动机的启动作准备。

正转控制：将凸轮控制器 AC 的手轮从"0"位转到正转"1"位置，这时触点 AC10 仍闭合，保持控制电路接通；触点 AC1、AC3 闭合，电动机 M 接通三相电源正转启动，此时由于 AC 的触点 AC5～AC9 均断开，转子绕组串接全部电阻 R 启动，所以启动电流较小，启动转矩也较小。如果电动机此时负载较重，则不能启动，但可起到消除传动齿轮间隙和拉紧钢丝绳的作用。

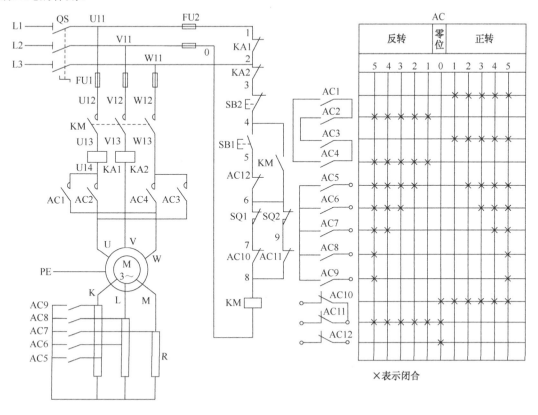

（a）电路图　　　　　　　　　　　　（b）触头分合表

图 3-3-8　绕线转子异步电动机凸轮控制器控制线路

当 AC 手轮从正转"1"位转到"2"时，触点 AC10、AC1、AC3 仍闭合，AC5 闭合，把电阻器 R 上的一级电阻短接切除，电动机转矩增加，正转加速。同理，当 AC 手轮依次转到正转"3"和"4"位置时，触点 AC10、AC1、AC3、AC5 仍闭合，AC6、AC7 先后闭合，把电阻器上的两级电阻相继短接，电动机 M 继续加速正转。当手轮转到"5"位置时，AC5～AC9 共 5 对触点全部闭合，转子回路电阻被全部切除，电动机启动完毕进入正常运转。

停止时，将 AC 手轮扳回到零位即可。

反转控制：当将 AC 手轮扳到反转"1"～"5"位置时，触点 AC2、AC4 闭合，接入电动机的三相电源相序改变，电动机将反转。反转的控制过程与正转相似，请自行分析。

凸轮控制器最下面的 3 对触点 AC10～AC12 只有当手轮置于零位时才全部闭合，而手轮在其余各挡位置时都只有一对触点闭合（AC10 或 AC11），而其余两对触点断开。从而保证了只有手轮置于"0"位时，按下启动按钮 SB1 才能使接触器 KM 线圈得电动作，然后通过凸轮控制器 AC 使电动机进行逐级启动，避免了电动机在转子回路不串启动电阻的情况下直接启动，同时也防止了由于误按下启动按钮 SB1 使电动机突然运转而产生的意外事故。

实训 14　安装与检修绕线转子异步电动机

（一）实训目的

学会正确安装与检修绕线转子异步电动机凸轮控制器控制线路。

（二）工具、仪表及器材

按表 3-3-2 和表 3-3-3 选配工具、仪表及器材，并检验质量。

表 3-3-2　工具、仪表及器材

工　具	电工常用工具
仪　表	兆欧表、钳形电流表、万用表、转速表

表 3-3-3　元件明细表

代　号	名　称	型　号	规　格	数　量
M	绕线转子异步电动机	YZR-132MA-6	2.2kW、380V、6A/11.2A、908r/min	1
QS	组合开关	HZ10-25/3	380V、25A 三极	1
FU1	熔断器	RL1-60/25	500V、60A、配熔体 25A	3
FU2	熔断器	RL1-15/2	500V、15A、配熔体 2A	2
KM	交流接触器	CJT1-20	20A、线圈电压 380V	1
SB1、SB2	按钮	LA10-3H	保护式、按钮数 3（代用）	1
KA1、KA2	过电流继电器	JL14-11J	线圈额定电流 10A、电压 380V	2
AC	凸轮控制器	KTJ1-50/2	50A、380V	1
R	启动电阻器	2K1-12-6/1		1

任务三　绕线转子异步电动机的控制线路

续表

代号	名称	型号	规格	数量
SQ1、SQ2	行程开关	LX19-212	380V、5A，内侧双轮	2
XT	端子板	JX2-1015	10A、15节、380V	1
	控制板		500mm×400mm×20mm	1
	导线、走线槽、紧固体和编码套管			若干

（三）安装训练

1) 线路安装

线路安装步骤如下：

（1）按图 3-3-8（a）所示的电路图画出布置图，在控制板上安装除电动机、凸轮控制器、启动电阻和行程开关以外的电器元件，并贴上醒目的文字符号。

（2）在控制板外安装电动机、凸轮控制器、启动电阻和行程开关等电器元件。

（3）根据电路图在控制板上进行板前线槽布线和编码套管。

（4）可靠连接电动机、凸轮控制器等各电器元件的保护接地线。

（5）连接电源、电动机等控制板外部的导线。

（6）自检。

（7）交验。

（8）合格后通电试车。

2) 安装注意事项

（1）在安装凸轮控制器前，应转动其手轮，检查运动系统是否灵活，触点分合顺序是否与触点分合表相符，有无缺件等。

（2）凸轮控制器必须牢靠地安装在墙壁或支架上。

（3）在进行凸轮控制器接线时，要先熟悉其结构和各触点的作用，看清凸轮控制器内连接线的接线方式，然后按图 3-3-8（a）所示的电路图进行正确接线。接线后，必须盖上灭弧罩。

（4）通电试车的操作顺序是，将 AC 的手轮置于"0"位→合上电源开关 QS→按下启动按钮 SB1 使 KM 吸合→将 AC 的手轮依次转到正转 1～5 挡的位置并分别测量电动机的转速→将 AC 的手轮从正转"5"挡逐渐恢复到"0"位→将 AC 的手轮依次转到反转 1～5 挡的位置并分别测量电动机的转速→将 AC 的手轮从反转"5"挡逐渐恢复到"0"位→按下停止按钮 SB2→切断电源开关 QS。

（5）通电试车前电流继电器的整定值应调整合适。通电试车最好带负载进行，否则手轮在不同挡位时所测得的转速可能无明显差别。

（6）启动操作时，手轮转动不能太快，应逐级启动，且级与级之间应经过一定的时间间隔（约为1s），以防电动机的冲击电流超过过电流继电器的动作值。

（7）通电试车必须在指导教师的监护下进行，并做到安全文明生产。

（四）检修训练

1）故障检修

在控制电路或主电路中人为设置电气故障两处，由学生自行检修。其检修步骤及要求如下：

（1）用通电试验法观察故障现象。合上电源开关 QS，按规定的操作顺序操作，注意观察电动机的运转情况，凸轮控制器的动作、各电器元件及线路的工作是否满足控制要求。操作过程中若发现异常现象，应立即断电检查。

（2）根据观察到的故障现象结合电路图和触点分合表分析故障范围，并在电路图上用虚线标出故障部位的最小范围。

（3）用测量法准确迅速地找出故障点并采取正确的方法迅速排除。

（4）通电试车，确认故障是否排除。

2）检修注意事项

（1）要注意当接触器 KM 线圈已通电吸合但凸轮控制器 AC 手柄处于"0"位时，主电路只采用了凸轮控制器的两对触点进行控制，因此电动机不启动，但定子绕组已处于带电状态。

（2）检修过程中严禁扩大和产生新的故障，否则要立即停车检修。

（3）检修思路和方法要正确，检修必须在定额时间内完成。

（4）带电检修时，必须有指导教师在现场监护，并确保用电安全。

任务四　通用变频器的基础知识和控制原理

变频调速是通过改变交流异步电动机的供电频率进行调速的。由于变频调速具有性能良好、调速范围大、稳定性好、运行效率高等特点，特别是采用通用变频器对笼型异步电动机进行调速控制，使用方便，可靠性高，经济效益显著。因此交流电动机变频调速技术的应用已经扩展到了工业生产的所有领域。变频器是交流变频调速系统的核心，通用变频器的特点是其通用性，即指可以应用于大多数普通异步电动机的调速控制。本任务主要介绍通用变频器的类型、基本结构和原理等知识。

4.1　变频器及其分类

1. 变频器

变频器是一种利用电力半导体器件的通断作用，将工频交流电变换成频率、电压连续可调的交流电的电能控制装置，如图 3-4-1 所示。

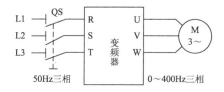

图 3-4-1　变频器的作用

2. 变频器的分类

变频器的种类很多，分类方法也有多种，常见的分类方式如表 3-4-1 所示。

表 3-4-1　变频器的分类方式

分类方式	种类	分类方式	种类
按其供电电压分类	低压变频器（110V、220V、380V） 中压变频器（500V、660V、1140V） 高压变频器（3kV、3.3kV、6kV、6.6kV、10kV）	按输出功率大小分类	小功率变频器 中功率变频器 大功率变频器
按供电电源的相数分类	单相输入变频器 三相输入变频器	按用途分类	通用变频器 高性能专用变频器 高频变频器
按直流电源的性质分类	电流型变频器 电压型变频器	按主开关器件分类	IGBT 变频器 GTO 变频器 GTR 变频器

续表

分类方式	种 类	分类方式	种 类
按变换环节分类	交–直–交变频器 交–交变频器	按机壳外形分类	塑壳变频器 铁壳变频器 柜式变频器
按转出电压调制方式分类	PAM（脉幅调制）控制变频器 PWM（脉宽调制）控制变频器		
按控制方式分类	U/f 控制变频器 转差频率控制变频器 矢量控制变频器	按其商标所有权分类	国产变频器 台湾地区变频器 进口变频器

4.2 通用变频器的基本结构

目前，通用变频器的变换环节大多采用交–直–变频变压方式。交–直–交变频器先把工频交流电通过整流器变成直流电，然后再把直流电逆变成频率、电压连续可调的交流电。通用变频器主要由主电路和控制电路组成，而主电路又包括整流电路、直流中间电路和逆变电路三部分，其基本构成框图如图 3-4-2 所示。

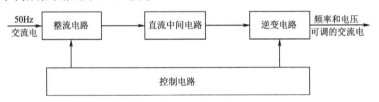

图 3-4-2 交–直–交变频器的基本构成框图

1. 变频器的主电路

图 3-4-3 为通用变频器的主电路，各部分的作用如表 3-4-2 所示。

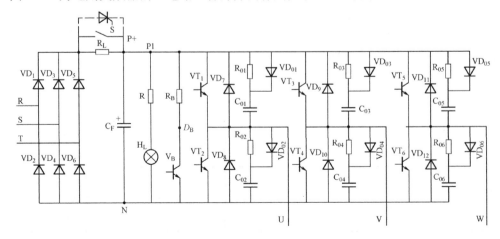

图 3-4-3 交–直–交变频器的主电路

任务四 通用变频器的基础知识和控制原理

表 3-4-2 交–直–交变频器主电路元件的作用

整流电路部分：将频率固定的三相交流电变换成直流电			
元 件	三相整流桥 $VD_1 \sim VD_6$	滤波电容器 C_F	限流电阻 R_L 与开关 S	电源指示灯 H_L
作 用	将交流电变换成脉动直流电。若电源线电压为 U_L，则整流后的平均电压 $U_D=1.35 U_L$	滤平桥式整流后的电压纹波，保持直流电压平稳	接通电源时，将电容器 C_F 的充电冲击电流限制在允许的范围内，以保护整流桥。而当 C_F 充电到一定程度时，令开关 S 接通，将 R_L 短路。在有些变频器里，S 由晶闸管代替	H_L 除了表示电源是接通外，另一个功能是变频器切断电源后，指示电容器 C_F 上的电荷是否已经释放完毕。在修变频器时，必须完全熄灭后才能接触变频器的内部带电部，以保证安全
逆变电路部分：将直流电逆变成频率、幅值都可调的交流电			
元 件	三相逆变桥 $VT_1 \sim VT_6$	续流二极管 $VD_7 \sim VD_{12}$	缓冲电路 $R_{01} \sim R_{06}$、$VD_{01} \sim VD_{06}$、$C_{01} \sim C_{06}$	制动电阻 R_B 和制动三极管 V_B
作 用	通过逆变管 $VT_1 \sim VT_6$ 按一定规律轮流导通和截止，将直流电逆变成频率、幅值都可调的三相交流电	在换相过程中为电流提供通路	限制过高的电流和电压，保护逆变管免遭损坏	当电动机减速、变频器输出频率下降过快时，消耗因电动机处于再生发电制动状态而回馈到直流电路中的能量，以避免变频器本身的过电压保护电路动作而切断变频器的正常输出

2．变频器的控制电路

变频器的控制电路为主电路提供控制信号，其主要任务是完成对逆变器开关元件的开关控制和提供多种保护功能。控制方式有模拟控制和数字控制两种。

通用变频器控制电路的控制框图如图 3-4-4 所示。它主要由主控板、键盘与显示板、电源板与驱动板、外接控制电路等构成。各部分的功能如表 3-4-3 所示。

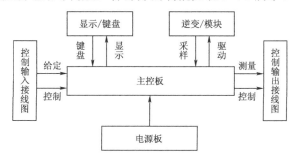

图 3-4-4 通用变频器电路的控制框图

表 3-4-3　变频器控制电路各部分的功能

部　件	功　能
主控板	主控板是变频器运行的控制中心，其核心器件是微控制器（单片微机）或数字信号处理器（DSP），其主要功能如下： （1）接收并处理从键盘、外部控制电路输入的各种信号，如修改参数、正、反转指令等； （2）接收并处理内部的各种采样信号，如主电路中电压与电流的采样信号、各部分温度的采样信号、各逆变管工作状态的采样信号等； （3）向外电路发出控制信号及显示信号，如正常运行信号、频率到达信号等，一旦发现异常情况，立刻发出保护指令进行保护或停车，并输出故障信号； （4）完成 SPWM 调制，将接收的各种信号进行判断和综合运算，产生相应的 SPWM 调制指令，并分配给各逆变管的驱动电路； （5）向显示板和显示屏发出各种显示信号
键盘与显示板	键盘与显示板总是组合在一起。键盘向主控板发出各种信号或指令，主要用于向变频器发出运行控制指令或修改运行数据。 显示板将主控板提供的各种数据进行显示，大部分变频器配置了液晶或数码管显示屏，还有 RUN（运行）、STOP（停止）、FWD（正转）、REV（反转）、FLT（故障）等状态指示灯和单位指示灯，如 Hz、A、V 等。可以完成以下指示功能。 （1）在运行监视模式下，显示各种运行数据：如频率、电压、电流等； （2）在参数模式下，显示功能码和数据码； （3）在故障状态下，显示故障原因代码
电源板与驱动板	变频器的内部电源普遍使用开关稳压电源，电源板主要提供以下直流电源： （1）主控板电源：具有极好稳定性和抗干扰能力的一组直流电源； （2）驱动电源：逆变电路中上桥臂的三只逆变管驱动电路的电源是相互隔离的三组独立电源，下桥臂三只逆变管驱动电源则可共"地"。但驱动电源与主控板电源必须可靠绝缘； （3）外控电源：为变频器外电路提供的稳恒直流电源。 中小功率变频器的驱动电路往往与电源电路在同一块电路板上，驱动电路接收主控板发来的 SPWM 调制信号，在进行光电隔离、放大后驱动逆变管的开关工作
外接控制电路	外接电路可实现由电位器、主令电器、继电器及其他自控设备对变频器的运行控制，并输出其运行状态、故障报警、运行数据信号等。一般包括外部给定电路、外接输入控制电路、外接输出电路、报警输出电路等。 在大多数中小容量通用变频器中，外接控制电路往往与主控电路设计在同一电路板上，以减小其整机的体积，提高电路可靠性，降低生产成本

4.3　变频器的工作原理和功能

1. 变频器的工作原理

1）逆变的基本工作原理

将直流电变换为交流电的过程称为逆变，完成逆变功能的装置称为逆变器，它是变频器的重要组成部分。电压型逆变器的动作原理可用图 3-4-5（a）所示机械开关的动作来说明。

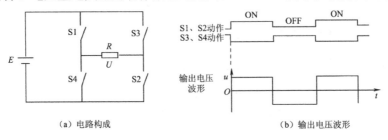

（a）电路构成　　　　　　　　　　（b）输出电压波形

图 3-4-5　电压型逆变器的动作原理

任务四 通用变频器的基础知识和控制原理

当开关 S1、S2 与 S3、S4 轮流闭合和断开时,在负载上即可得到波形如图 3-4-5(b)所示的交流电压,完成直流到交流的逆变过程。用具有相同功能的逆变器开关元件取代机械开关,即得到单相逆变电路,电路结构和输出电压波形如图 3-4-6 所示。改变逆变器开关元件的导通与截止时间,就可改变输出电压的频率,即完成变频。

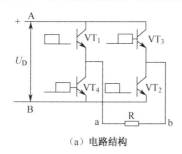 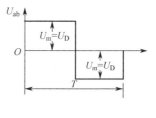

(a)电路结构　　　　　　　　　　　　(b)输出电压波形

图 3-4-6　单相逆变电路

生产中常用的变频器采用三相逆变电路,电路结构如图 3-4-7(a)所示。在每个周期中,各逆变器开关元件的工作情况如图 3-4-7(b)所示,图中阴影部分表示各逆变管的导通时间。

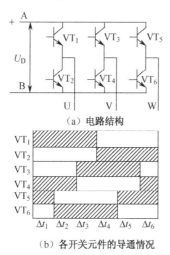 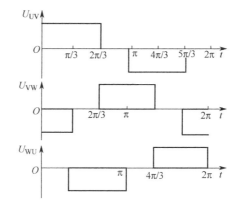

(a)电路结构

(b)各开关元件的导通情况　　　　　　(c)输出电压波形

图 3-4-7　三相逆变电路

下面以 U、V 之间的电压为例,分析逆变电路的输出线电压。

(1)在 Δt_1、Δt_2 时间内,VT_1、VT_4 同时导通,U 为"+"、V 为"−",U_{UV} 为"+",且 $U_m=U_D$。
(2)在 Δt_3 时间内,VT_2、VT_4 均截止,$U_{UV}=0$。
(3)在 Δt_4、Δt_5 时间内,VT_2、VT_3 同时导通,U 为"−"、V 为"+",U_{UV} 为"−",且 $U_m=U_D$。
(4)在 Δt_6 时间内,VT_1、VT_3 均截止,$U_{UV}=0$。

根据以上分析,可画出 U 与 V 之间的电压波形。同理可画出 V 与 W 之间、W 与 U 之间的电压波形,如图 3-4-7(c)所示。从图中看出,三相电压的幅值相等,相位互差 120°。

可见,只要按照一定的规律来控制 6 个逆变器开关元件的导通和截止,就可把直流电逆变成三相交流电。而逆变后的交流电的频率,则可以在上述导通规律不变的前提下,通过改变控制信号的频率来进行调节。

前面讨论的仅是逆变的基本原理,据此得到的交流电压是不能直接用于控制电动机的运行,实际应用的变频器要复杂得多。

2) U/f 控制

U/f 是在改变变频器输出电压频率的同时改变输出电压的幅值,以维持电动机磁通基本恒定,从而在较宽的调速范围内,使电动机的效率、功率因数不下降。U/f 控制是目前通用变频器中广泛采用的基本控制方式。

三相交流异步电动机在工作过程中,铁芯磁通接近饱和状态,使得铁芯材料得到充分利用。在变频调速的过程中,当电动机电源的频率变化时,电动机的阻抗将随之变化,从而引起励磁电流的变化,使电动机出现励磁不足或励磁过强的情况。

在励磁不足时,电动机的输出转矩将降低,而励磁过强时,又会使铁芯中的磁通处于饱和状态,使电动机中流过很大的励磁电流,增加电动机的铁耗,降低其效率和功率因数,并且容易使电动机温升过高。因此在改变频率进行调速时,必须采取措施保持磁通恒定并为额定值。

由异步电动机定子绕组感应电动势的有效值 $E=4.44k_1f_1N_1\Phi_m$,得:

$$\Phi_m = \frac{E}{4.44k_1f_1N_1}$$

式中 k_1——定子绕组的绕组系数;

　　　N_1——每相定子绕组的匝数;

　　　f_1——定子电源的频率(Hz);

　　　Φ_m——铁芯中每极磁通的最大值(Wb)。

显然,要使电动机的磁通在整个调速过程中保持不变,只要在改变电源频率 f_1 的同时改变电动机的感应电动势 E,使其满足 E/f 为常数即可。但在电动机的实际调速控制过程中,电动机感应电动势的检测和控制较困难,考虑到正常运行时电动机的电源电压与感应电动势近似相等,只要控制电源电压 U 和频率 f,使 U/f 等于常数,即可使电动机的磁通基本保持不变,采用这种控制方式的变频器称为 U/f 控制变频器。

由于电动机在实际电路中定子阻抗上存在压降,尤其是当电动机低速运行时,感应电动势较低,定子阻抗上的压降不能忽略,采用 U/f 控制的调速系统在工作频率较低时,电动机的输出转矩将下降。为了改善低频时的转矩特性,可采用补偿电源电压的方法,即低频时适当提升电压 U 来补偿定子阻抗上的压降,以保证电动机在低速区域运行时仍能得到较大的输出转矩,这种补偿功能称为变频器的转矩提升功能。综上所述,对电动机供电的变频器一般要求兼有调压和调频功能,通常将这种变频器称为变频变压(VVVF)型变频器。

3) 脉冲宽度调制(PWM)技术

实现变频变压的方法有多种,目前应用较多的是脉冲宽度调制技术,简称 PWM 技术。PWM 技术是指在保持整流得到的直流电压大小不变的条件下,在改变输出频率的同时,通过改变输出脉冲的宽度(或用占空比表示),来达到改变等效输出电压的一种方法。

PWM 的输出电压基本波形如图 3-4-8 所示。在半个周期内,输出电压平均值的大小由半周中输出脉冲的总宽度决定。在半周中保持脉冲个数不变而改变脉冲宽度,可改变半周内输出电压的平均值,从而达到改变输出电压有效值的目的。

任务四 通用变频器的基础知识和控制原理

PWM 输出电压的波形是非正弦波,用于驱动三相异步电动机运行时性能较差。如果使整个半周内脉冲宽度按正弦规律变化,即使脉冲宽度先逐步增大,然后再逐渐减小,则输出电压也会按正弦规律变化。这就是目前工程实际中应用最多的正弦 PWM 法,简称 SPWM。

如图 3-4-9 所示,在每半个周期内输出若干个宽度不同的矩形脉冲波,每一矩形波的面积近似对应正弦波各相应局部波形下的面积,则输出电压可近似认为与正弦波等效。

如将一个正弦波的正半周划分为 12 等份,每一份正弦波下的面积可用一个与该面积近相等的矩形脉冲来代替,则这 12 个等幅不等宽的矩形脉冲的面积之和与正弦波所包围的面积等效。

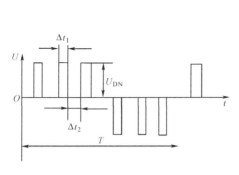 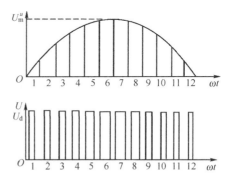

图 3-4-8 PWM 输出电压基本波形　　　　图 3-4-9 SPWM 的原理

4)三相异步电动机变频调速后的机械特性

(1)在基频 f_{1N} 以下调速。

在基频 f_{1N}(一般为电动机的额定频率)以下调速时,采用的是 U/f 恒定控制方式。此时,电动机的机械特性基本上平行下移,如图 3-4-10 所示。由图 3-4-10 可看出,在频率较低时最大转矩将减小(此时定子阻抗上的压降不能忽略,电动机主磁通有较大削弱),采用转矩提升后的特性曲线如图中的虚线所示。由于采用 U/f 恒定控制时电动机主磁通基本恒定,因此在基频以下调速属于恒转矩调速。

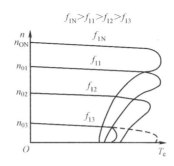

图 3-4-10 基频以下调速时的机械特性

(2)在基频 f_{1N} 以上调速。

在基频以上调速时,频率可以从 f_{1N} 往上增高,但电压 U_1 却不能超过额定电压 U_{1N},最多只能保持 $U_1=U_{1N}$。在基频 f_{1N} 以上变频调速时,由于电压 $U_1=U_{1N}$ 不变,当频率提高时,同步转速随之提高,最大转矩减小,机械特性上移,如图 3-4-11 所示。由于频率提高而电压不变,气隙磁动势必然减弱,导致转矩减小。但由于转速升高了,可以认为输出功率基本不变,因此,在基频以上变频调速属于弱磁恒功率调速。

把基频以上调速和基频以下调速两种情况结合起来,可得图 3-4-12 所示的异步电动机变频调速控制特性。

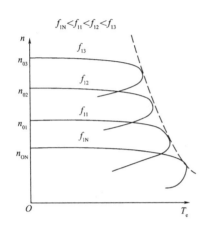

图 3-4-11 基频以上调速时的机械特性

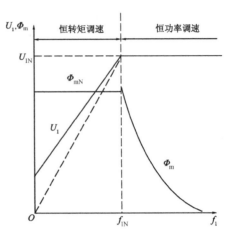

图 3-4-12 异步电动机变频调速控制特性

2. 变频器的功能

随着变频器调速技术的发展,变频器尤其是高性能通用变频器的功能越来越丰富。下面按用途对通用变频器的主要功能进行简要介绍。

1)系统所具有的功能

(1)全范围转矩自动增强功能。

由于电动机绕组中阻抗的作用,采用 U/f 控制的变频器在电动机的低速运行区域会出现转矩不足的情况。为提高系统的性能,具有全范围转矩自动增强功能的变频器在电动机的加速、减速和正常运行的所有区域中可以根据负载情况自动调节 U/f 值,对电动机的输出转矩进行补偿。

(2)防失速功能。

变频器的防失速功能包括加速过程的防失速功能、恒速运行过程的防失速功能和减速过程的防失速功能三种。

加速过程和恒速运行过程中的防失速功能的基本作用是当电动机由于加速过快或负载过大等原因出现过电流现象时,变频器将自动降低输出频率,以避免出现变频器因过电流保护电路动作而停止工作。

对于电压型变频器,在电动机的减速过程中回馈能量将使变频器的直流中间电路的电压上升,可能会出现过电压保护电路动作而使变频器停止工作的情况。减速过程的防失速功能的基本作用是,在过电压保护电路动作之前暂停降低变频器的输出频率或减小输出频率的降低速率,达到防止失速的目的。

(3)过转矩限定运行功能。

这种功能的作用是对机械设备进行保护并保证运行的连续性。利用该功能可以对电动机的输出转矩极限值进行设定，当电动机的输出转矩达到该设定值时，变频器停止工作并发出报警信号。

（4）运行状态检测显示功能。

该功能主要用于检测变频器的工作状态并及时显示。

（5）自动节能运行功能。

该功能的作用是使变频器能自动选择工作参数，使电动机在满足负载转矩要求的情况下以最小电流运行。

（6）自动电压调整功能。

当电源电压下降时，使用自动电压调整功能可以维持电动机的高启动转矩。

（7）通过外部信号对变频器进行启停控制的功能。

变频器通常都具有通过外部信号控制变频器启停的功能。

2）频率设定功能

（1）给定频率的设定方法。

与给定信号对应的变频器的工作频率称为给定频率，通用变频器给定频率的设定通常采用三种方法，如表 3-4-4 所示。

表 3-4-4　通用变频器给定频率的设定方法

设 定 方 法	说　　　明
面板给定	利用操作面板上的数字增加键和数字减小键进行频率的数字量给定或调整
预置给定	通过程序预置的方法预置给定频率。启动时，按运行键，变频器即自行升速到预置的给定频率为止
外接给定	从控制接线端上，引入外部的电压信号或电流信号进行频率给定，这种方法常用于远程控制的情况。所有的变频器都为用户提供了可以外接给定控制信号的输入端

（2）基本频率 f_b 和最高频率 f_{max}。

电动机的额定频率称为变频器的基本频率。当频率给定信号为最大时，变频器的给定频率称为最高频率。

（3）上限频率 f_H 和下限频率 f_L。

上限频率与下限频率是调速系统所要求变频器的工作范围，根据调速系统的工作需要进行设定。设与 f_H、f_L 对应的给定信号分别是 X_H、X_L，则上限频率的定义是，当 $X>X_H$ 时，$f_X=f_H$；下限频率的定义是，当 $X<X_L$ 时，$f_X=f_L$，如图 3-4-13 所示。

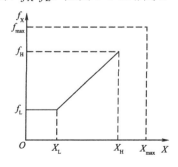

图 3-4-13　上限频率和下限频率

(4) 载波频率。

采用 PWM 技术的变频器的输出电压是一系列脉冲，输出脉冲的频率称为变频器的载波频率。

在电动机的电流中，具有较强的载波频率的谐波分量，图 3-4-13 中上限频率 f_H 和下限频率 f_L 将引起电动机铁芯振剪而发出噪声，或对同一控制柜内的其他设备造成干扰。为降低噪声或干扰，用户可在一定范围内调整载波频率，但改变载波频率往往会影响变频器的特性。

(5) 点动频率。

生产机械在调试的过程中，以及每次新的加工过程开始前，常需要点动控制。变频器可根据生产机械的特点和要求，预先一次性地设定一个点动频率，每次点动时都在该频率下运行，而不必变动已经设定好的给定频率。

3) 升速时间和降速时间的设定功能

(1) 升速时间的设定。

异步电动机在额定频率和电压下直接启动时，启动电流很大。使用变频器后，由于其输出频率可以从很低时开始，频率上升的快慢可以任意设定，从而可以有效地将启动电流限制在一定范围内。不同的变频器对升速时间的定义不太一致，一般分两种情况：一种是工作频率从 0Hz 上升到基本频率所需的时间；另一种是工作频率从 0Hz 上升到最高频率所需的时间。各种变频器都为用户提供了可在一定范围内任意设定升速时间的功能，所规定的设定范围各不相同，最短的为 0～120s，最长的可达 0～6000s。

从减小电动机启动电流的角度来说，升速时间应设定得长一些，但升速过长会影响系统的工作效率，因此其设定的基本原则是，在电动机的启动电流不超过允许值的前提下，尽可能地缩短升速时间。

(2) 降速时间的设定。

变频器降速时间的定义也有两种：其一，工作频率从基本频率降至 0Hz 所需的时间；其二，工作频率从最高频率降至 0Hz 所需的时间。在所有变频器中，降速时间的设定范围都和升速时间相同。

设定降速时间时考虑的主要因素是拖动系统的惯性。一般情况下，惯性越大，设定的降速时间应越长。

4) 变频器的保护功能

(1) 过电流保护功能。

当变频器由于负载突变、输出侧短路等原因出现过大的电流峰值时，有可能超过主电路电力半导体器件的允许值，此时变频器可采取保护措施限制电流值，或关断主电路的逆变桥，停止变频器的工作，俗称"跳闸"。

在实际的电力拖动系统中，大部分负载是经常变动的，短时过电流也就难以避免。变频器处理过电流的原则是尽量不跳闸，为此设置了防跳闸功能（即防失速功能），只有冲击电流太大或防跳闸功能不能解决问题时，才迅速跳闸。

(2) 过载保护功能。

此功能主要用于电动机的过载保护。变频器的输出电流超过额定值，且持续时间达到规定时间时，为了防止变频器所驱动的电动机被烧毁，变频器应进行过载保护。

任务四　通用变频器的基础知识和控制原理

过载保护需要反时限特性，由于在变频器内能方便而准确地检测到电动机的工作电流值，并可通过其内部微处理器的运算处理来实现反时限保护特性，从而大大提高了保护的正确性与可靠性，可较好地实现电动机的过载预报警和过载保护。

（3）电压保护功能。

当变频器由于快速加减速、电源电压波动、电源缺相等原因，出现中间直流电路的电压值超过或低于允许值时，变频器可采取保护措施限制电压值的波动或跳闸。

由于降速过快而发生再生过电压时，变频器将自动延长降速时间或自动暂停降速，减缓降速过程，直到电压回到正常范围后再恢复到原设定的降速状态。当出现欠电压现象且持续一段时间时，变频器将停止运转。新系列的变频器在停电时间极短时，允许电源自动重合闸，变频器可不必因欠电压而跳闸。

另外变频器还具有接地保护、冷却风扇异常保护、过热保护和短路保护等保护功能。

5）变频器 U/f 控制方式的选择功能

在实际电力拖动系统中，通用变频器可能拖动不同性质的机械负载，负载的机械特性对启动转矩的要求等各不相同。此时改变 U/f 控制方式可使变频器处于较理想的工作状态，达到节能、工作电流小、不易跳闸等目的。

（1）基本 U/f 线。

基本 U/f 线给出了与额定电压 U_N 对应的基本频率 f_b 的大小，是对 U/f 的比值边进行调整时的基准线，如图 3-4-14 所示。

（2）任选 U/f 线功能。

在 U/f 控制方式中，变频器为用户提供了许多不同补偿程度的 U/f 线，供用户选定，如图 3-4-15 所示。图中曲线 2 和曲线 3 低于基本 U/f 线，主要用于风机和水泵一类低速时阻抗转矩很小的负载。

（3）自动调整 U/f 线的功能。

变频器可根据负载的具体情况自动调整转矩补偿程度，自动调整的 U/f 线是互相平行的，如图 3-4-16 所示。

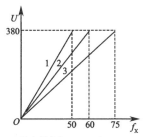

1—基本频率为 50Hz 时；
2—基本频率为 60Hz 时；
3—基本频率为 75Hz 时

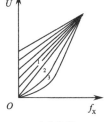

1—未作补偿；
2—低减补偿；
3—更低减补偿

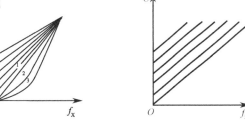

图 3-4-14　基本 U/f 线图　　图 3-4-15　可供选择的 U/f　　图 3-4-16　自动调整的 U/f 线

实训 15 变频器功能参数设置与操作

（一）实训目的

了解并掌握变频器面板控制方式与参数的设置。

（二）变频器面板图

图 3-4-17 为变频器面板图，其各部分的功能如表 3-4-5 所示。

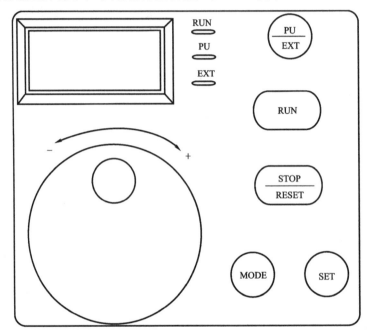

图 3-4-17 变频器面板图

表 3-4-5 变频器面板各部分的功能

显示/按钮	功　　能	备　　注
RUN 显示	状运行时点亮/闪灭	点亮：正在运行中 慢闪灭（1.4s/次）：反转运行中 快闪灭（0.2s/次）：非运行中
PU 显示	PU 操作模式时点亮	计算机连接运行模式时，为慢闪亮
监示用 3 位 LED	表示频率，参数序号等	
EXT 显示	外部操作模式时点亮	计算机连接运行模式时，为慢闪亮
设定用旋钮	变更频率设定、参数的设定值	不能取下
PU/EXT 键	切换 PU/外部操作模式	PU：PU 操作模式 EXT：外部操作模式 使用外部操作模式（用另外连接的频率设定旋钮和启动信号运行）时，请按下此键，使 EXT 显示为点亮状态
RUN 键	运行指令正转	反转用（Pr.17）设定
STOP/RESET 键	进行运行的停止，报警的复位	

任务四 通用变频器的基础知识和控制原理

续表

显示/按钮	功　能	备　注
SET 键	确定各设定	
MODE 键	切换各设定	

（三）基本功能参数一览表

变频器的基本功能参数如表 3-4-6 所示。

表 3-4-6　变频器的基本功能参数

参数	名　称	表　示	设定范围	单　位	出厂设定值
0	转矩提升	Pr.0	0～15%	0.1%	6%　5%　4%
1	上限频率	Pr.1	0～120Hz	0.1Hz	50Hz
2	下限频率	Pr.2	0～120Hz	0.1Hz	0Hz
3	基波频率	Pr.3	0～120Hz	0.1Hz	50Hz
4	三速设定（高速）	Pr.4	0～120Hz	0.1Hz	50Hz
5	三速设定（中速）	Pr.5	0～120Hz	0.1Hz	30Hz
6	三速设定（低速）	Pr.6	0～120Hz	0.1Hz	10Hz
7	加速时间	Pr.7	0～999s	0.1s	5s
8	减速时间	Pr.8	0～999s	0.1s	5s
9	电子过电流保护	Pr.9	0～50A	0.1A	额定输出电流
30	扩展功能显示选择	Pr.30	0，1	1	0
79	操作模式选择	Pr.79	0～4，7，8	1	0

注意：只有当 Pr.30 "扩展功能显示选择" 的设定值设定为 "1" 时，变频器的扩展功能参数才有效。

（四）实训过程

1. 设定频率运行（如在 50Hz 状态下运行）

操作步骤如下：

（1）接通电源，显示监示画面。
（2）按 [PU/EXT] 键设定 PU 操作模式。
（3）旋转设定用旋钮，直至监示用 3 位 LED 显示框显示出希望设定的频率。约 5s 闪灭。
（4）在数值闪灭期间按 [SET] 键设定频率数。此时若不按 [SET] 键，闪烁 5s 后，显示回到 0.0。还需重复操作（3），重新设定频率。
（5）约闪烁 3s 后，显示回到 0.0 状态，按 [RUN] 键运行。
（6）变更设定时，请进行上述的（3）、（4）的操作（从上次的设定频率开始）。
（7）按 [STOP/RESET] 键，停止运行。

2. 参数设定（如把 Pr.7 的设定值从 "5s" 改为 "10s"）

操作步骤如下：

(1) 接通电源，显示监示画面。

(2) 按 PU/EXT 键选中 PU 操作模式，此时 PU 指示灯亮。

(3) 按 MODE 键进入参数设置模式。

(4) 拨动设定用旋钮，选择参数号码，直至监示用三位 LED 显示 Pr.7。

(5) 按 SET 键读出现在设定的值（出厂时默认设定值为 5）。

(6) 拨动设定用旋钮，把当前值增加到 10。

(7) 按 SET 键完成设定值。

（五）思考题

(1) 设定频率时，有时会出现不能在设定的频率下运行，为什么？找出问题并加以解决。

(2) 能不能在运行中写入各个参数？操作并记录结果。

实训 16　三相异步电机的变频开环调速

（一）实训目的

(1) 进一步了解掌握变频器各参数的功能与设置方法。

(2) 了解掌握三相异步电机的变频开环调速的方法。

（二）控制要求

使电机的转速随着变频器旋钮的旋转而时时改变。

（三）三相异步电机的变频开环调速实验面板

图 3-4-18 为三相异步电机的变频开环调速实验面板。

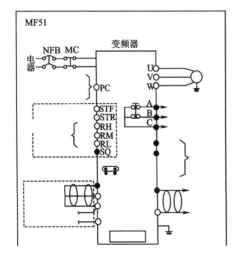
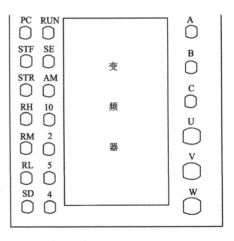

图 3-4-18　三相异步电机的变频开环调速实验面板

（四）接线图

图 3-4-19 为三相异步电机变频调速接线图。

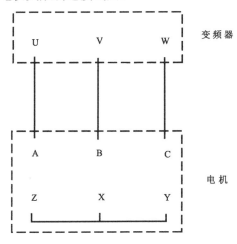

图 3-4-19　三相异步电机变频调速接线图

（五）实训步骤

（1）按接线图正确将线连好后，合上电源，准备设置变频器各参数。
（2）按 PU/EXT 键设定 PU 操作模式。
（3）按 MODE 键进入参数设置模式。
（4）拨动设定用旋钮，选择参数号码，直至监示用三位 LED 显示 "Pr.30"。
（5）按 SET 键读出现在设定的值（出厂时默认设定值为 0）。
（6）拨动设定用旋钮，把当前值增加到 1。
（7）按 SET 键完成设定值。
（8）重复步骤（4）、（5）、（6）、（7），把 Pr.53 设置为 "1"。
（9）连续按两次 MODE 键，退出参数设置模式。
（10）按 RUN 键启动电动机，旋转设定用旋钮对电机速度进行实时调节。

（六）思考题

（1）若要使频率上升最高为 60Hz，参数如何设置？
（2）若要使频率从 0Hz 上升最高为 60Hz 所用时间为 15s，参数如何设置？

任务五 变频器的多段调速及应用

变频器的多段调速就是通过变频器参数来设定其运行频率的,然后通过变频器的外部端子来选择执行相关参数所设定的运行频率。

5.1 变频器的多段调速

多段调速是变频器的一种特殊的组合运行方式,其运行频率由 PU 单元的参数来设置,启动和停止由外部输入端子来控制。其中,Pr.4、Pr.5、Pr.6 为三段速度设定,至于变频器实际运行哪个参数设定的频率,则分别由其外部控制端子 RH、RM 和 RL 的闭合来决定。Pr.24～Pr.27 为 4～7 段速度设定,实际运行哪个参数设定的频率由端子 RH、RM 和 RL 的组合(ON)来决定,如图 3-5-1 所示。通过 Pr.180～Pr.186 中的任一个参数安排对应输入端子用于 REX 输入信号,可实现 8～15 段的速度设定,其对应的参数是 Pr.232～Pr.239,参数与端子的对应关系如表 3-5-1 所示。

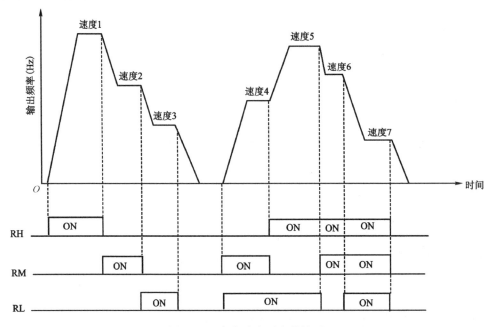

图 3-5-1 七段速度对应的端子

表 3-5-1 端子的状态与参数之间的对应关系表

参 数 号	Pr.232	Pr.233	Pr.234	Pr.235	Pr.236	Pr.237	Pr.238	Pr.239
对应端子 ON	REX	REX、RL	REX、RM	REX、RM、RL	REX、RH	REX、RH、RL	REX、RH、RM	REX、RH、RM、RL

5.2 注意事项

设定变频器多段速度时,需要注意以下几点:
(1) 每个参数均能在 0~400Hz 范围内被设定,且在运行期间参数值可以修改。
(2) 在 PU 运行或外部运行时都可以设定多段速度的参数,但只有在外部操作模式或 Pr.79=3 或 4 时,才能运行多段速度,否则不能。
(3) 多段速度比主速度优先,但各参数之向的设定没有优先级。
(4) 当用 Pr.180~Pr.186 改变端子功能时,其运行将发生改变。

5.3 PLC 控制系统实现电机的多段速度运行应用实例

1. 控制要求

用 PLC 和变频器控制交流电动机工作,实现交流电动机的多段速度运行,交流电动机运行转速变化曲线如图 3-5-2 所示。

(1) 根据交流电动机运行转速变化的情况,实现控制系统的单周期自动运行方式。要求按下启动按钮,交流电动机以 n_1 启动,按照运行时间自行切换转速,直至 n_5 结束;在运行的任何时刻,都可以通过按下停止按钮使电机减速停止。各挡速度、加速度及运行时间如表 3-5-2 所示。

(2) 利用 "单速运行(调整)/自动运行" 选择开关,可以实现单独选择任一挡速度保持恒定运行;按下启动按钮启动恒速运行,按下停止按钮,恒速运行停止,旋转方向都为正转。

(3) 为了检修或调整方便,系统设有 "点进" 和 "点退" 功能。选择开关位于 "单速运行(调整)" 挡,电机选用 n_1 转速运行。

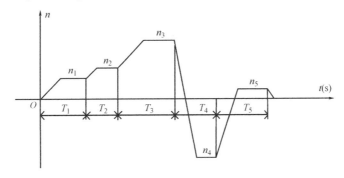

图 3-5-2 交流电动机运行转速变化曲线

表 3-5-2 电机运行参数

各 段 速 度	n_1	n_2	n_3	n_4	n_5
变化情况(r/min)	600	900	1800	−2700	300
加速度(s)	1.5	1.5	1.5	1.5	1.5
减速度(s)	1	1	1	1	1
运行时间 T_i(s)	4	3	5	4	5

2. PLC 及变频器的选型

根据对控制要求的分析，这个控制系统的输入有控制系统启动按钮、控制系统停止按钮、点进按钮、点退按钮、五段速度设置开关及"单速运行（调整）/自动运行"的功能选择开关共 10 个输入点；输出有电机正转选择、电机反转选择及多段速度选择（3 个点）共 5 个点。选择型号为 FX_{2N}—32MR 的 PLC，该模块采用交流 220V 供电，I/O 点数各为 16 点，可满足控制要求，且留有一定的裕量，PLC 的 I/O 地址分配如表 3-5-3 所示。

变频器选用三菱小型变频器 FR-S540-0.75kW-CH（R），多段速度设定情况如表 3-5-4 所示。由于系统要求实现电机的正、反转控制及多段速度控制，因此需要将变频器正、反转输入端及多段速度控制端分别与 PLC 各输出点相连就可以实现各种速度的控制。

表 3-5-3 PLC 的 I/O 地址分配表

PLC 的 I/O 地址	连接的外部设备	在控制系统中的作用	
X1	SA1	启动一速	
X2	SA2	启动二速	
X3	SA3	启动三速	
X4	SA4	启动四速	
X5	SA5	启动五速	
X6	SB1	点进	
X7	SB2	点退	
X10	SB3	停止	
X11	SB4	启动	
X15	SA6	单速运行（调整）/自动运行	
Y1	RL	变频器输入端了	多段速度输入选择端
Y2	RM		
Y3	RH		
Y4	STF（正向）		电机的转动方向控制端
Y5	STR（反向）		

表 3-5-4 多段速度设定

速　度	端子输入					设定频率（Hz）
	STR	STF	RH	RM	RL	
一速	0	1	0	0	1	10
二速	0	1	0	1	0	15
三速	0	1	1	0	0	30
四速	1	0	0	1	1	45
五速	0	1	1	0	1	5

3. 控制系统外部接线图

控制系统外部接线图，如图 3-5-3 所示。

4. 控制系统的逻辑实现

用 PLC 控制变频电动机负载工作的运行方式包括自动操作、手动操作两个部分。整个 PLC 控制程序如图 3-5-4 所示。

任务五　变频器的多段调速及应用

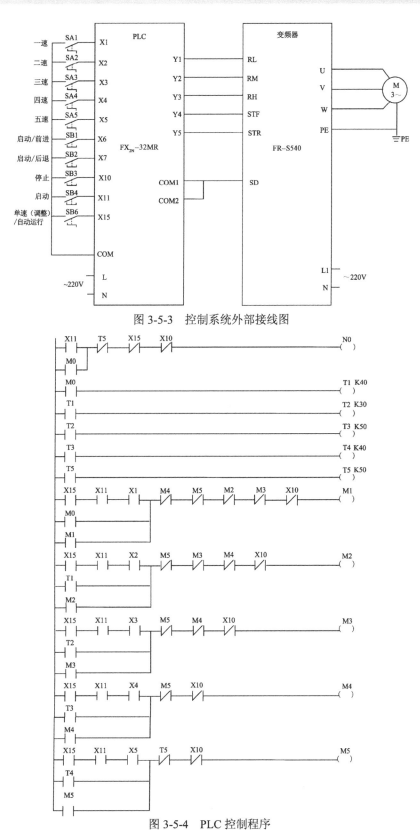

图 3-5-3　控制系统外部接线图

图 3-5-4　PLC 控制程序

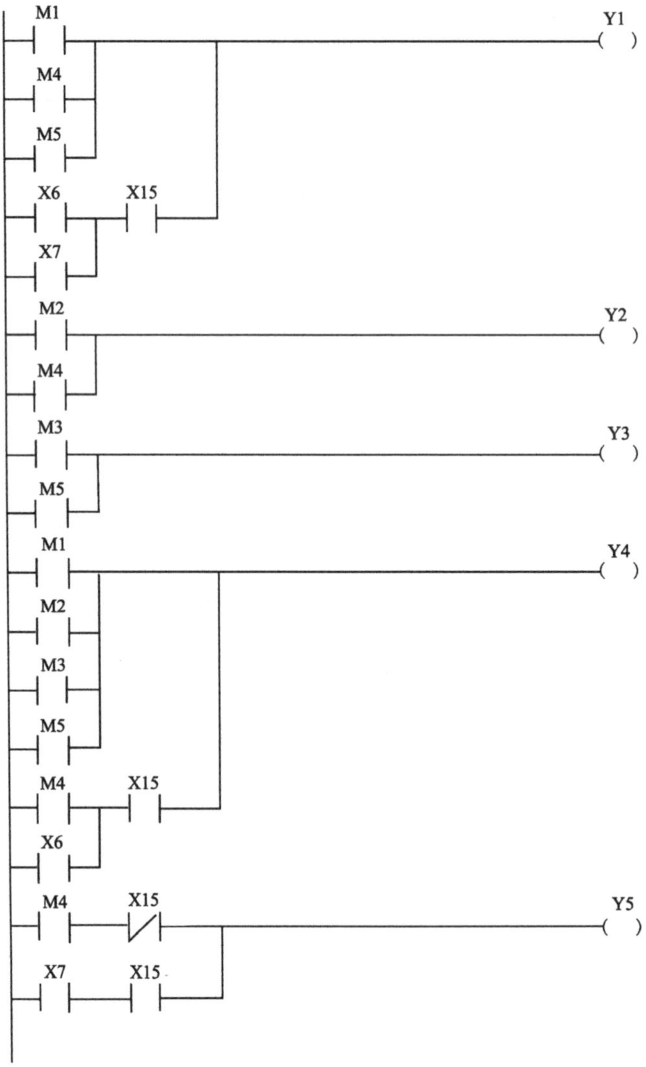

图 3-5-4　PLC 控制程序（续）

实训 17　电梯轿厢开关门控制系统

（一）实训任务

用 PLC 和变频器设计一个电梯轿厢开关门的控制系统，并在实训室完成模拟调试。

1. 控制要求

（1）按开门按钮 SB1，电梯轿厢门即打开，开门的速度曲线如图 3-5-5（a）所示。按开门按钮 SB2 后即启动（20Hz），2s 后即加速（40Hz），6s 后即减速（10Hz），10s 后开始停止。

任务五 变频器的多段调速及应用

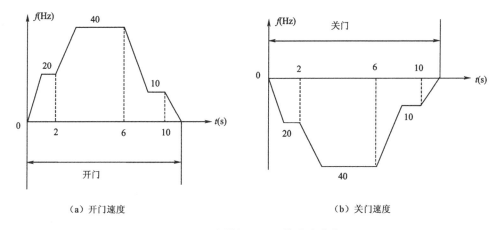

（a）开门速度　　　　　　（b）关门速度

图 3-5-5　电梯轿厢开门的速度曲线

（2）按关门按钮，电梯轿厢门即关闭，关门的速度曲线如图 3-5-5（b）所示。按关门按钮 SB2 后即启动（20Hz），2s 后即加速（40Hz），6s 后即减速（10Hz），10s 后开始停止。

（3）在电动机运行过程中，若热保护动作，则电动机无条件停止运行。

（4）在实训室模拟调试时，不考虑电梯的各种安全保护和联动条件。

（5）电动机的加、减速时间自行设定。

2．实训目的

（1）掌握变频器多段速的基本方法。

（2）掌握变频器相关控制端子和参数的功能。

（3）了解通过 PLC 来控制变频器运行的思想和方法。

（4）学会利用变频器的多段调速功能解决简单的实际工程问题。

（二）实训步骤

1．设计思路

根据实训要求，可以采用变频器的三段调速功能来实现，即通过变频器的输入端子 RH、RM、RL，并结合变频器的参数 Pr.4、Pr.5、Pr.6 进行变频器的多段调速；而输入端子 RH、RM、RL 与 SD 端子的通和断可以通过 PLC 的输出信号来控制。

2．变频器的设置

根据控制要求，变频器的具体设定参数如下：

（1）PU 操作模式 Pr.79=1，清除所有参数。

（2）PU 的操作模式 Pr.79=1。

（3）上限频率 Pr.1=50Hz。

（4）下限频率 Pr.2=0Hz。

（5）加速时间 Pr.7=1s。

（6）减速时间 Pr.8=1s。

(7) 电子过电流保护 Pr.9=电动机的额定电流。

(8) 基底频率 Pr.20=50Hz。

(9) 组合操作模式 Pr.79=3，即频率由 PU 单元设定，启动、停止由外部信号控制。

(10) 多段速度设定（一速）Pr.4=20Hz。

(11) 多段速度设定（二速）Pr.5=40Hz。

(12) 多段速度设定（三速）Pr.6=10Hz。

3. PLC 的 I/O 分配

根据实训要求，PLC 的输入/输出分配为 X1——开门按钮，X2——关门按钮，X3——热继电器（用动合按钮替代），Y0——STF，Y1——RH，Y2——RM，Y3——RL，Y4——STR。

4. 程序设计

根据系统控制要求及 PLC 的输入分配，其系统的控制程序，如图 3-5-6 所示。

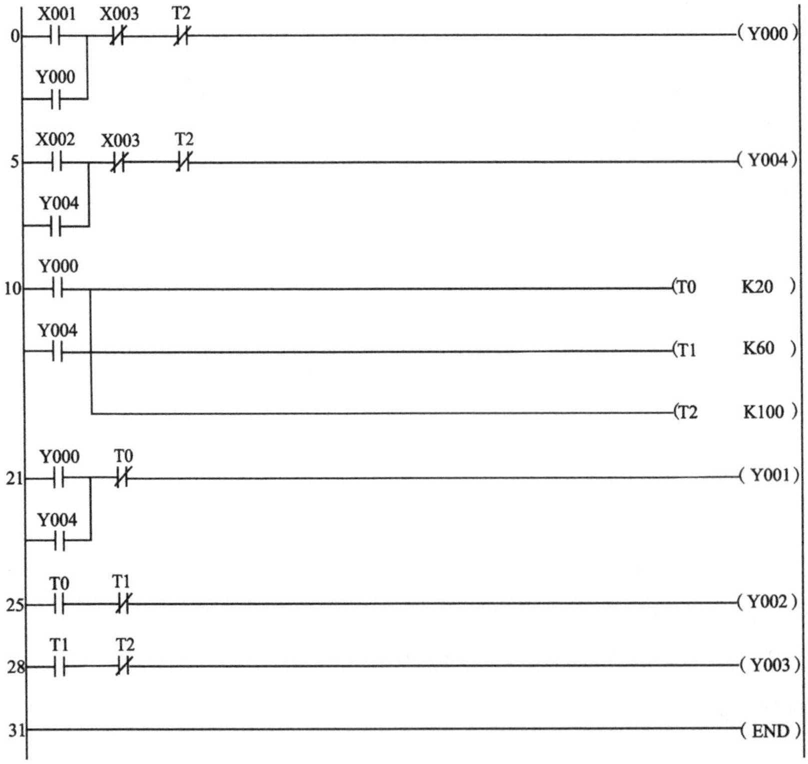

图 3-5-6 电梯轿厢开关门的控制程序

5. 系统接线图

根据系统控制要求，PLC 的输入/输出控制分配及控制程序，其系统接线如图 3-5-7 所示。

任务五 变频器的多段调速及应用

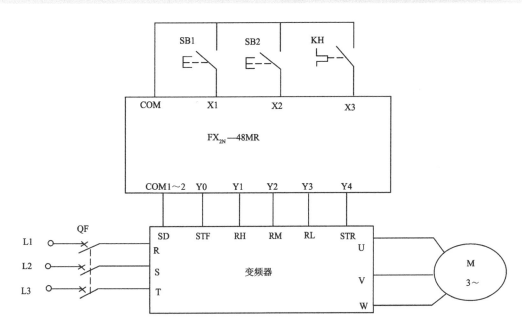

图 3-5-7 电梯轿厢开关门的接线图

6．实训器材

根据系统要求、PLC 的 I/O 分配及系统接线图，完成本实训需要配备如下器材：
（1）可编程控制器实训装置 1 台。
（2）变频器模块 1 个（含 FR-A540 或 A740 变频器，下同）。
（3）PLC 主机模块 1 个（含 FX_{2N}-48MR 或其他三菱 FX 系列 PLC，下同）。
（4）计算机 1 台。
（5）开关、按钮板模块 1 个。
（6）三相电动机 1 台。
（7）电工常用工具 1 套。
（8）导线若干。

7．运行调试

1）PLC 程序调试

（1）按图 3-5-6 所示输入程序，并按图 3-5-7 所示连接 PLC 输入电路，将 PLC 运行开关置 RUN。

（2）按 SB1 按钮（即 X1 闭合），输出指示灯 Y0、Y1 亮，2s 后 Y1 灭，Y0、Y2 亮；再过 4s 后 Y2 灭，Y0、Y3 亮；再过 4s 后全部熄灭。

（3）按 SB2 按钮（即 X2 闭合），输出指示灯 Y1、Y4 亮；2s 后 Y1 灭，Y2、Y4 亮；再过 4s 后 Y2 灭，Y3、Y4 亮；再过 4s 后全部熄灭。

（4）在前面运行过程中，热继电器动作（即 X3 闭合），所有指示灯全部熄灭。

（5）若观察输出指示灯是否正确，则用监视功能监视其运行情况，如果使用的是手持编程器，应处于在线模式。

2）空载调试

（1）按前面变频器的参数值设置好变频器的参数。

（2）按图 3-5-7 所示连接好主电路（不接电动机）和控制电路。

（3）按 SB1 按钮，变频器以 20Hz 正转，2s 后切换到 40Hz 运行，再过 4s 切换到 10Hz 运行，再过 4s 变频器停止运行。

（4）按 SB2 按钮，变频器以 20Hz 反转，2s 后切换到 40Hz 运行，再过 4s 切换到 10Hz 运行，再过 4s 变频器停止运行。

（5）在任何时刻，热继电器动作，变频器均停止运行。

（6）若按下 SB1 按钮，变频器不运行，请检查 PLC 输出点 Y0 与变频器 STF 的连接线路及 PLC 输出点 Y0 是否有故障。若变频器的运行频率与设定频率不一致，请检查 PLC 端子 COM1、COM2、Y1~Y3 与变频器的连接线及 PLC 的输出点 Y1~Y3 是否有故障，再检查变频器的参数 Pr.4、Pr.5、Pr.6 的设定值是否正确。

3）综合调试

（1）按图 3-5-7 所示连接好所有主电路和控制电路。

（2）按 SB1 按钮，电动机以 20Hz 正转，2s 后切换到 40Hz 运行，再过 4s 切换到 10Hz 运行，再过 4s 电动机停止运行。

（3）按 SB2 按钮，电动机以 20Hz 反转，2s 后切换到 40Hz 运行，再过 4s 切换到 10Hz 运行，再过 4s 电动机停止运行。

（4）在任何时刻，热继电器动作，电动机均停止运行。

（三）实训报告

1. 分析与总结

（1）注释图程序。

（2）在实训中，设置了哪些参数，使用了哪些外部端子？

（3）总结变频器与 PLC 联机运行的优点。

2. 巩固与提高

（1）电梯轿厢门正在关门时，若用手或脚阻止其关门，则轿厢门又自动打开，请问本实训程序是否具有此功能？若没有，请完善。

（2）设计一个三段调速控制系统，控制如下：按启动按钮，变频器以 30Hz 运行 5s→停止 2s→40Hz 运行 5s→停止 3s→50Hz 运行 4s→停止 4s，如此不断循环；按停止按钮变频器减速停止；变频器加减速时间设为 3s。

（3）请设计一个 15 段调速的控制系统，要求画出接线图，列出设置参数。

任务六 变频器的PID控制及应用

变频器的PID控制是与传感器元件构成的一个闭环控制系统,实现对被控量的自动调节,在温度、压力、流量等参数要求恒定的场合应用十分广泛,是变频器在节能方面常用的一种方法。

6.1 PID控制概述

PID控制是指将被控量的检测信号(即由传感器测得的实际值)反馈到变频器,并与被控量的目标信号(即设定值)进行比较,以判断是否已经达到预定的控制目标。若尚未达到,则根据两者的差值进行调整,直至达到预定的控制目标为止,其控制原理框图如图3-6-1所示。

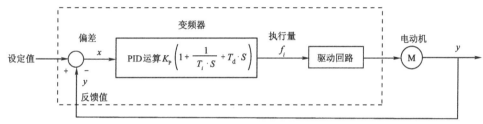

图3-6-1 PID控制原理框图

PID控制以其结构简单、稳定性好、工作可靠、调整方便而成为工业控制的主要技术之一。PID控制又称为PID调节,是比例微积分控制,是利用PI控制和PD控制的优点组合而成的。

1. PI控制

PI控制是由比例控制(P)和积分控制(I)组合而成的,即根据偏差及时间变化产生一个执行量,其动作过程如图3-6-2所示。

2. PD控制

PD控制是由比例控制(P)和微分控制(D)组合而成的,即根据改变动态特性的偏差速率产生一个执行量,其动作过程如图3-6-3所示。

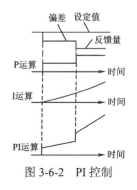

图3-6-2 PI控制

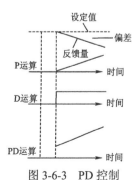

图3-6-3 PD控制

3. PID 控制

PID 控制是 PI 控制和 PD 控制的优点组合而成的控制，是 P、I 和 D 三个运算的总和。

4. 负作用

当偏差 X（设定值—反馈量）为正时，增加执行量（输出频率）；如果偏差为负，则减小执行量，其控制过程如图 3-6-4 所示。

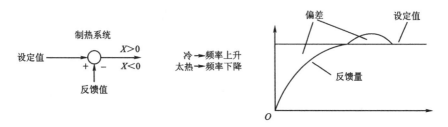

图 3-6-4　负作用控制过程

5. 正作用

当偏差 X（设定值—反馈量）为负时，增加执行量（输出频率）；如果偏差为正，则减小执行量，其控制过程如图 3-6-5 所示。

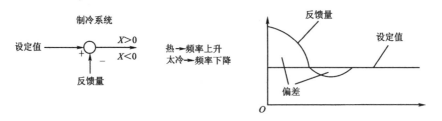

图 3-6-5　正作用控制过程

6.2　变频器的 PID 功能

通过变频器实现 PID 控制有两种情况：一种是变频器内部进行 PID 调节以改变输出频率；另一种是外部的 PID 调节器将给定信号与反馈信号进行比较后加到变频器的控制端，调节变频器的输出频率。变频器的 PID 的特点如下：

（1）变频器的输出频率 f_x 只根据实际值与目标值的比较结果进行调整，与被控量之间无对应关系。

（2）变频的输出频率 f_x 始终处于调整状态，其数值常不稳定。

1. 接线原理图

利用变频内置的 PID 功能进行控制时，其接线原理图如图 3-6-6 所示。

任务六 变频器的PID控制及应用

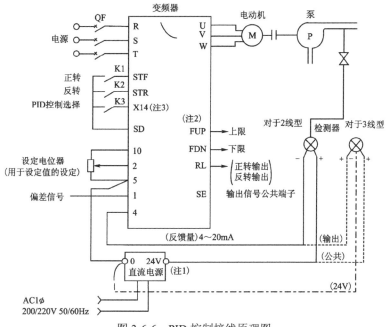

图 3-6-6 PID 控制接线原理图

注意事项：

（1）24V 直流电源应该根据所用传感器规格进行选择。

（2）输出信号端子由 Pr.191~Pr.195 设定。

（3）输入信号端子由 Pr.180~Pr.186 设定。

2．输入/输出端子功能定义

使用变频器内置 PID 功能进行控制时，当 X14 信号关断时，变频器的运行不含 PID 的功能；只有当 X14 信号接通时，PID 控制的功能才有效，此时其输入/输出功能如表 3-6-1 所示。

表 3-6-1 输入/输出端子功能

信 号		使用端子	功 能	说 明	备 注	
输入	X14	由参数 Pr.180~Pr.186 设定	PID 控制选择	X14 闭合时选择 PID 控制	设定 Pr.128 为 10、11、20 和 21 中的任一值	
	2	2	设定值输入	输入 PID 的设定值		
	1	1	偏差信号输入	输入外部计算的偏差信号		
	4	4	反馈量输入	从传感器来的 4~20mA 的反馈量		
输出	FUP	由参数 Pr.191~Pr.195 设定	上限输出	表示反馈量信号已超过上限值	（Pr.128=20，21）	集电极开路输出
	FDN		下限输出	表示反馈量信号已超过下限值	（Pr.128=10，11，20，21）	
	RL		正（反）转方向信号输出	参数单元显示"Hi"表示正转（FWD）或显示"Low"表示反转（REV）或停止（STOP）		
	SE	SE	输出公共端子	FUP、FDN 和 RL 的公共端子		

3. 输入信号

使用变频器内置 PID 功能进行控制时,变频器的输入信号主要有反馈信号、目标信号(即目标值)和偏差信号,其信号的输入途径如表 3-6-2 所示。

表 3-6-2 信号的输入途径

项 目	输 入	说 明	
设定值	通过端子 2~5	设定 0V 为 0%,5V 为 100%	当 Pr.73 设定为 "1,3,5,11,13 或 15" 时,端子 2 选择为 5V
		设定 0V 为 0%,10V 为 100%	当 Pr.73 设定为 "0,2,4,10,12 或 14" 时,端子 2 选择为 10V
	Pr.133	当 Pr.133 设定时,其设定值为百分数	
反馈值	通过端子 4~5	4mA 相当于 0%,20mA 相当于 100%	
偏差信号	通过端子 1~5	设定 -5V 为 100%,0V 为 0%,+5V 为 +100%	当 Pr.73 设定为 "2,3,5,12,13 或 15" 时,端子 1 选择为 5V
		设定 -10V 为 100%,0V 为 0%,+10V 为 +100%	当 Pr.73 设定为 "0,1,4,10,11 或 14" 时,端子 2 选择为 10V

(1)反馈信号的输入。反馈信号的输入通常有给定输入法和独立输入法。给定输入法是将传感器测得的反馈信号直接接到反馈端(如 4~5),其目标信号由参数设定。独立输入法是针对专门配置了独立的反馈信号输入端的变频器使用的,其目标值可以由参数(Pr.133)设定,也可以由给定输入端(如 2~5)输入。

(2)目标值的预置。PID 调节的根本依据是反馈量与目标值之间进行比较的结果,因此,准确地预置目标值是十分重要的。目标值通常是被测量实际大小与传感器量程之比的百分数。例如,空气压缩机要求的压力(目标压力)为 6MPa,所用压力表的量程是 0~10MPa,则目标值为 60%。主要有参数给定法和外接给定法两种。参数给定法即通过变频器参数(Pr.133)来预置目标值,外接给定法即通过给定信号端(如 2~5)由外接电位器进行预置,这种方法调整较方便,因此使用较广。

(3)偏差信号。当输入外部计算偏差信号时,通过端子 1~5 输入,且将 Pr.128 设定为 "10" 或 "11"。

4. 参数设置

使用变频器内置 PID 功能进行控制时,除了定义变频器的输入/输出端子功能,还必须设定变频器 PID 控制的参数,其主要参数的设置如表 3-6-3 所示。

表 3-6-3 变频器内置 PID 功能的主要参数表

参 数 号	设 定 值	名 称	说 明		
128	10	选择 PID 控制	对于加热、压力等控制	偏差量信号输入(端子1)	PID 负作用
	11		对于冷却等		PID 正作用
	20		对于加热、压力等控制	检测值输入(端子4)	PID 负作用
	21		对于冷却等		PID 正作用

任务六 变频器的 PID 控制及应用

续表

参 数 号	设 定 值	名 称	说 明
129	0.1%～1000%	PID 比例范围常数	如果比例范围较窄（参数设定值较小），反馈量的微小变化会引起执行量的很大改变。因此，随着比例范围变窄，响应的灵敏性（增益）得到改善，但稳定性变差，如发生振荡。增益 K =1/比例范围
	9999		无比例控制
130	0.1～3600s	PID 积分时间常数	这个时间是指由积分（I）作用时达到与比例（P）作用时相同的执行量所需要的时间，随着积分时间的减少，到达设定值就越快，但也容易发生振荡
	9999		无积分控制
131	0.1%～100%	上限	设定上限，如果检测值超过此设定，就输出 FUP 信号（检测值 4mA 等于 0%，20mA 等于 100%）
	9999		功能无效
132	0～100%	下限	设定下限，如果检测值超出设定范围，则输出一个报警。同样，检测值 4mA 等于 0%，20mA 等于 100%
	9999		功能无效
133	0～100%	用 PU 设定 PID 控制的定值	仅在 PU 操作或 PU/外部组合模式下有效。对于外部操作，设定值由端子 2~5 间的电压决定。（Pr.902 等于 0% 和 Pr.903 等于 100%）
134	0.01～10.00s	PID 微分时间常数	时间值仅要求向微分作用提供一个与比例作用相同的检测值。随着时间的增加，偏差改变会有较大的响应
	9999		无微分控制

5．注意事项

使用变频器内置 PID 功能进行控制时，要注意以下几点：

（1）在 PID 控制时，如果要进行多段速度运行或点动运行，请先将 X14 置于 OFF，再输入多段速度信号或点动信号。

（2）当 Pr.128 设定为"20"或"21"时，变频器端子 1～5 之间的输入信号将叠加到设定值 2～5 端子之间。

（3）当 Pr.79 设定为"5"（程序运行模式），则 PID 控制不能执行，只能执行程序运行。

（4）当 Pr.79 设定为"6"（切换模式），则 PID 控制无效。

（5）当 Pr.22 设定为"9999"时，端子 1 的输入值作为失速防止动作水平；当要用端子 1 的输入作为 PID 控制的修订时，请将 Pr.22 设定为"9999"以外的值。

（6）当 Pr.95 设定为"1"（在线自动调整）时，则 PID 控制无效。

（7）当用 Pr.180～Pr.186 和/或 Pr.190～Pr.195 改变端子的功能时，其他功能可能会受到影响，在改变设定前请确认相应端子的功能。

（8）选择 PID 控制时，下限频率为 Pr.902 的设定值，上限频率为 Pr.903 的设定值，同时 Pr.1"上限频率"和 Pr.2"下限频率"的设定也有效。

6.3 PID 控制实例

一变频恒压供水系统，采用变频器的内置 PID 控制，压力传感器采集的压力信号为 4～

20mA，其对于压力为 0~10kg（即 4mA 对应 0，20mA 对应 10kg），系统要求管网的压力为 4kg，并且设定值通过变频器端子 2~5（0~5V）给定。

1. 设置流程

一变频恒压供水系统进行 PID 控制时的设置流程如图 3-6-7 所示。

（1）确定设定值。确定设定值即确定被调节对象的设定值。该系统设定管网的压力为 4kg，然后设定 Pr.128，并且接通 X14 信号使 PID 控制有效。

（2）将设定值转换为百分数。计算设定值与传感器输出的比例关系，并用百分数表示。因为该系统选用的传感器规格为 4~20mA，当传感器在 4mA 时表示压力为 0，20mA 时表示压力为 10kg，即 4mA 对应 0%，20mA 对应 100%，所以 4kg 对应 40%。

（3）进行校准。当需要校准时，可用 Pr.902~Pr.905 校正传感器的输出，并且在变频器停止时，在 PU 模式下输入设定值。根据校准内容，对设定值的设定输入（0~5V）和传感器的输出信号（4~20mA），进行校准。

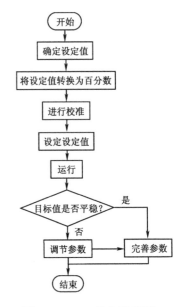

图 3-6-7　PID 控制的设置

（4）设定设定值。按照设定值的百分数（%）从端子 2~5 输入相应的电压。由于规定端子 2 在 0V 时等于 0%，5V 时等于 100%，而设定值的百分数为 40%，所以端子 2 的输入电压为 2.0V。对于 PU 操作，可在 Pr.133 中将设定值设定为 40%。

（5）运行。将比例范围和积分时间设定稍微大一点，微分时间流程设定稍微小一点，接通启动信号，再根据系统的运行情况，减小比例范围和积分时间，增加微分时间，直至目标值稳定，然后在此基础上完善参数，若不稳定，则要进行参数调节。

（6）调节参数。将比例范围和积分时间设定再增大一点。微分时间设定再减小一点，使目标值趋于平稳。

（7）完善参数。当目标值稳定时，可以将比例范围和积分时间降低点，微分时间加大点。

2. 信号校正

1）设定值的输入校正

（1）在端子 2~5 间输入电压（如 0V），使设定值的设定为 0%。

（2）用 Pr.902 校正，此时，输入的频率将作为偏差值=0%（如 0Hz）时变频器的输出频率。

（3）在端子 2~5 间输入电压（如 5V）使设定值的设定为 100%。

（4）用 Pr.903 校正，此时，输入的频率将作为偏差值=100%（如 50Hz）时变频器的输出频率。

2）传感器的输出校正。

（1）在端子 4~5 间输入电流（如 4mA）相当于传感器输出值为 0%。

（2）用 Pr.904 进行校正。

（3）在端子 4~5 间输入电流（如 20mA），相当于传感器输出值为 100%。
（4）用 Pr.904 和 Pr.905 所设定的频率必须与 Pr.903 所设定的一致。

以上所述如图 3-6-8 所示。

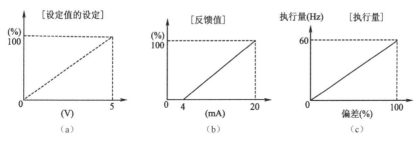

图 3-6-8　信号校正

实训 18　变频器 PID 控制的恒压供水系统

（一）实训任务

用 PLC、变频器设计一个基于变频器 PID 控制的恒压供水系统，并在实训室的恒压供水装置上完成模拟调试。

1．实训要求

（1）系统按设计要求只有一台水泵，并且变频器的内置 PID 进行变频恒压供水。
（2）系统要求管网的压力为 3kg，并采用压力传感器采集压力信号（4~20mA）。
（3）系统要求设 4kg 上限报警和 2kg 下限报警，报警 5s 后，系统自动停止运行。
（4）系统运行参数请根据需要设置。

2．实训目的

（1）掌握变频器 PID 控制的参数设置。
（2）掌握变频器 PID 控制的接线。
（3）理解 PID 控制的意义。
（4）学会利用 PLC 的 PID 控制解决实际工程问题。

（二）实训步骤

1．设计思路

利用变频器内置 PID 功能实现恒压供水，主要内容是设置变频器 PID 控制时的相关参数，即 PID 运行参数，输入/输出端子定义等，此外，还必须将变频器的输出信号（即 FDN、FUP）送给 PLC，再由 PLC 去控制变频器的运行。

2．变频器参数设置

根据控制要求，变频器的设定参数如下：

(1) Pr.79=1，运行模式设置为 PU 运行。

(2) Pr.128=20，PID 负作用，测量值由端子"4"输入，设定值由端子 2 设定。

(3) Pr.129=100，PID 比例（P）范围常数为 100%。

(4) Pr.130=10，PID 积分（I）时间为 10s。

(5) Pr.131=50，上限输出为 50%。

(6) Pr.132=30，下限输出为 30%。

(7) Pr.133=40，目标值设定为 40%。

(8) Pr.134=3，PID 微分（D）时间为 3s。

(9) Pr.180=14，RL 端子定义为 X14 信号，即 PID 控制有效。

(10) Pr.190=14，RUN 端子定义为 FDN 信号，即 PID 下限输出。

(11) Pr.191=15，SU 端子定义为 FUP 信号，即 PID 上限输出。

(12) Pr.192=16，IPF 端子定义为 RL 信号，即正转时输出（可以不设）。

(13) Pr.79=2，运行模式设置为外部运行。

3. I/O 分配

根据系统的控制要求、设计思路和变频器的设定参数，PLC 的 I/O 分配如下：X0——FUP，X1——FDN，X2——启动，X3——停止，Y0——STF，Y1——变频器的 X14 信号，Y4——报警输出。

4. 信号设计

根据控制要求及 PLC 的输入/输出分配，其系统的控制程序，如图 3-6-9 所示。

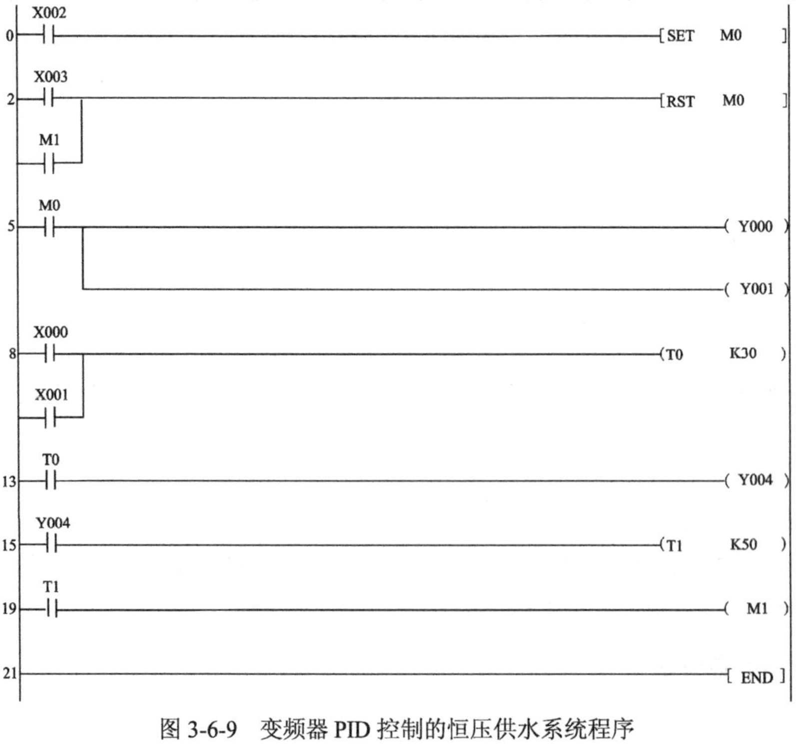

图 3-6-9 变频器 PID 控制的恒压供水系统程序

5. 系统接线图

根据实训要求及 PLC 的输入/输出分配，其系统接线如图 3-6-10 所示。

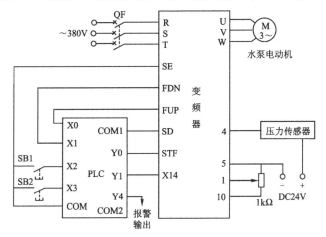

图 3-6-10 变频器 PID 控制的恒压供水系统接线图

6. 实训器材

根据系统控制要求，PLC 的 I/O 分配及系统接线图，完成本实训需要配备如下器材：

（1）可编程控制器实训装置 1 台。
（2）变频器模块 1 个。
（3）PLC 主机模块 1 个。
（4）恒压供水实训装置 1 台。
（5）计算机 1 台。
（6）三相电动机 1 台。
（7）电工常用工具 1 套。
（8）导线若干。

7. 系统调试

1）PLC 程序调试

（1）按图 3-6-9 所示输入程序，并将运行开关置于 ON。

（2）按启动按钮 SB1（X2），PLC 输出指示灯 Y0、Y1 亮；按停止按钮 SB2（X3），PLC 输出指示灯 Y0、Y1 熄灭。

（3）在输出指示灯 Y0、Y1 亮时，将 X0 或 X1 与 PLC 的输入公共端 COM 短接，则 Y0、Y1 延时 5s 后熄灭。

2）系统空载调试

（1）按图 3-6-10 所示接好主电路和控制电路，并按前面变频器的参数值设置好变频器参数。

（2）在端子 2~5 间设定好设定值（1.5V），并进行校正。

(3) 在端子 4~5 间输入反馈值，并进行校正。

(4) 按启动按钮，Y0、Y1 指示灯亮，变频器启动。

(5) 水压上升，上升到 6kg 基本稳定，转速降低；打开用水闸门，变频器转速上升。

(6) 观察水压表情况，如果指针抖动较大，则增加积分值和比例值，减小微分值。

(7) 如果变化比较慢，水压在设定值上和设定值下较大范围波动，则减小比例值和积分值，增加微分值。

(8) 反复以上（6）、（7）操作，直到系统稳定。

(9) 传感器输出信号线路不能太长信号，否则信号将会衰减，影响系统稳定。

（三）实训报告

1．分析与总结

(1) 总结变频器频率变化规律，画出频率变化曲线。

(2) 总结系统调试的步骤和方法。

(3) 分析系统不稳定的原因及解决措施。

2．巩固与提高

(1) 理解控制程序。

(2) 变频器输入/输出端子功能与设定参数的定义。

(3) 如需要设定负补偿，应如何接线？

任务七 PLC的PID控制及应用

前面学习了变频器 PID 控制的恒压供水系统，那么，PLC 的 PID 控制的恒压供水系统又如何实现呢？它需要哪些设备？如何设计 PLC 的程序？其系统的稳定性和供水质量又如何？下面具体讨论并解决这些问题。

PLC 的 PID 控制的恒压供水系统是通过压力传感器采集管网的压力，经 A/D 处理后转换为数字量送给 PLC，经 PLC 的 PID 运算后送给 D/A 处理模块，最后用 D/A 处理后的模拟信号来控制变频器的频率，进而控制电动机的转速，实现管网的压力恒定。

7.1 PLC 的 PID 指令

1. 指令形式

用于 PLC PID 控制的指令如下：

[S_1] 设定目标数据（SV），[S2] 测得的当前值（PV），[S3]～[S3]+25 设定控制参数，执行程序后的运算结果（MV）存入 [D] 中（见图 3-7-1）。

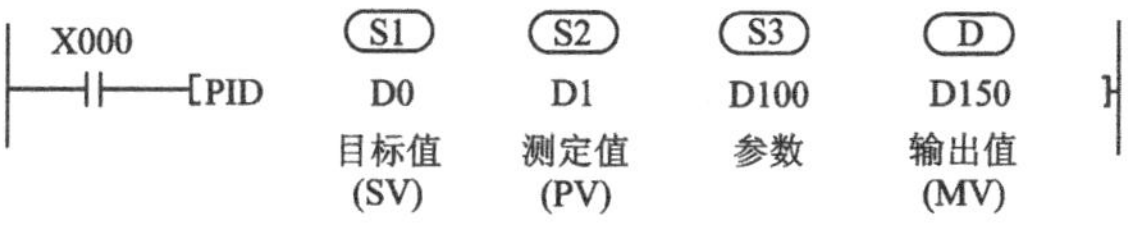

```
  X000         (S1)  (S2)   (S3)   (D)
───┤├───[PID   D0    D1    D100   D150 ]
            目标值  测定值  参数   输出值
            (SV)   (PV)           (MV)
```

图 3-7-1 PLC PID 控制的指令

2. PID 参数的定义

PID 运算指令的控制参数 [S3]～[S3]+25 的定义如表 3-7-1 所示。

表 3-7-1 [S3]～[S3]+25 的控制参数表

参　数	名称、功能	说　明	设 置 范 围
[S1]	设定采样时间	读取系统的当前值 [S2] 的时间间隔	1～32767ms
[S3]+1	设定动作方向	b0：为 0 时正动作，为 1 时逆动作 b1：为 0 时当前值变化不报警，为 1 时报警 b2：为 0 时输出值变化不报警，为 1 时报警 b3：不可使用 b4：为 0 时自动调谐不动作，为 1 时动作 b5：为 0 时输出上、下限设定无效，为 1 时有效 b6～b15：不可使用 b2 与 b5 不能同时为 ON	
[S3]+2	设定输入滤波常数	改变滤波器效果	0～99%

续表

参 数	名称、功能	说 明	设 置 范 围
[S3]+3	设定比例增益	产生比例输出的因子	0～32 767%
[S3]+4	设定积分时间	积分校正值达到比例校正值的时间,0为无积分	0～32 767%(*100ms)
[S3]+5	设定微分增益	在当前值变化时,产生微分输出因子	0～100%
[S3]+6	设定微分时间	微分校正值达到比例校正值的时间,0为无微分	0～32 767%(*100ms)
[S3]+7～[S3]+19 PID运算内部占用			
[S3]+20	当前值上限报警	一旦当前值超过用户定义的上限时报警	[S3]+1的b1=1时有效,0～32 767
[S3]+21	当前值下限报警	一旦当前值超过用户定义的下限时报警	
[S3]+22	输出值上限报警	一旦输出值超过用户定义的上限时报警	[S3]+1的b2=1、b5=0
		输出上限设定	[S3]+1的b2=0、b5=1
[S3]+23	输出值下限报警	一旦输出值超过用户定义的下限时报警	[S3]+1的b2=1、b5=0
		输出下限设定	[S3]+1的b2=0、b5=1
[S3]+24	报警输出(只读)	b0=1时,当前值超上限;b1=1时,当前值超下限	[S3]+1的b1=1时有效
		b2=1时,输出值超上限;b3=1时,输出值超下限	[S3]+1的b2=1时有效

3. 自动调谐

为了得到最佳的 PID 控制效果,最好使用自动调谐功能。当 [S3]+1 的 b4=1 自动调谐有效,系统通过自动调节,使 PID 的相关参数自动达到最佳状态。为了使自动调谐高效进行,在自动调谐开始时的偏差(设定值与当前值之差)必须大于150(可通过改变设定值来满足),当前值达到设定值的1/3时,自动调谐标志([S3]+1 的 b4=1)会被复位,自动调谐完成,转为正常的 PID 调节,这时可将设定值改回到正常设定值而不要令 PID 指令 OFF。

要完成 PLC 的 PID 控制的恒压供水系统,除了有 PID 指令外,还必须有模拟量处理模块,下面就介绍恒压供水系统中常用的 FX_{0N}—3A 模块。

7.2 模拟输入/输出模块 FX_{0N}—3A

FX_{0N}—3A 有两个模拟输入通道和 1 个模拟输出通道,输入通道将现场的模拟信号转化为数字量送给 PLC 处理,输出通道将 PLC 中的数字量转化为模拟信号输出给现场设备。FX_{0N}—3A 的最大分辨率为 8 位,可以连接 FX_{2N}、FX_{2NC}、FX_{1N}、FX_{0N} 系列的 PLC,FX_{0N}—3A 占用 PLC 的扩展总线上的 8 个 I/O 点,8 个 I/O 点可以分配给输入或输出。

1. FX_{0N}—3A 的 BFM 分配

FX_{0N}—3A 的 BFM 分配如表 3-7-2 所示。

表 3-7-2 FX_{0N}-3A 的 BFM 分配

BFM	b15～b8	b8	b7	b6	b5	b3	b2	b1	b0
#0	保留	存放 A/D 通道的当前值输入数据(8 位)							
#16		存放 D/A 通道的当前值输出数据(8 位)							
#17		保留					D/A 启动	A/D 启动	A/D 通道选择
#1～5, #18～31		保留							

BFM#17：b0=0 选择通道 1，b0=1 选择通道 2；b1 由 0 变为 1 启动 A/D 转换，b2 由 1 变为 0 启动 D/A 转换。

2．A/D 通道的校准

（1）A/D 校准程序，如图 3-7-2 所示。

（2）输入偏移校准。运行如图 3-7-2 所示的程序，使 X0 为 ON，在模拟输入 CH1 通道输入表 3-7-3 所示的模拟电压/电流信号，调整其 A/D 的 OFFSET 电位器，使读入 D0 值为 1。顺时针调整为数字量增加，逆时针调整为数字量减小。

（3）输入增益校准。运行如图 3-7-2 所示的程序，并使 X0 为 ON，在模拟输入 CH1 通道输入表 3-7-4 所示的模拟电压/电流信号，调整其 A/D 的 GAIN 电位器，使读入 D0 的值为 250。

图 3-7-2　A/D 校准程序

表 3-7-3　输入偏移参照表

模拟输入范围	0～10V	0～5V	4～20mA
输入的偏移校准值	0.04V	0.02V	4.064mA

表 3-7-4　输入增益参照表

模拟输入范围	0～10V	0～5V	4～20mA
输入的增益校准值	10V	5V	20mA

3．D/A 通道的校准

（1）D/A 校准程序，如图 3-7-3 所示。

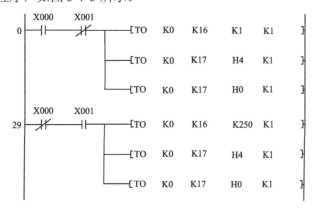

图 3-7-3　D/A 校准程序

（2）D/A 输出偏移校准。运行如图 3-7-3 所示程序，使 X0 为 ON，X1 为 OFF，调整模块 D/A 的 OFFSET 电位器，使输出值满足表 3-7-5 的电压/电流值。

（3）D/A 输出增益校准。运行如图 3-7-3 所示程序，使 X1 为 ON，X0 为 OFF，调整模块 D/A 的 GAIN 电位器，使输出满足表 3-7-6 的电压/电流。

表 3-7-5　输出偏移参照表

模拟输入范围	0～10V	0～5V	4～20mA
输出的偏移校准值	0.04V	0.02V	4.064mA

表 3-7-6　输出增益参照表

模拟输出范围	0～10V	0～5V	4～20mA
输出的增益校准值	10V	5V	20mA

实训 19　基于 PLC 模拟量方式的变频器闭环调速

（一）实训目的

(1) 利用可编程控制器及其模拟量模块，通过对变频器的控制，实现电机的闭环调速。

(2) 了解可编程控制器在实际工业生产中的应用及可编程控制器的编程方法。

（二）控制要求

变频器控制电机，电机上同轴连旋转编码器。编码器根据电机的转速变化而输出电压信号 V_{in} 反馈到 PLC 模拟量模块（FX_{2N}—3A）的电压输入端，在 PLC 内部与给定量经过运算处理后，通过 PLC 模拟量模块（FX_{2N}—3A）的电压输出端输出一路 DC0～+10V 电压信号 V_{out} 来控制变频器的输出，达到闭环控制的目的。

（三）系统原理图

图 3-7-4 为系统原理图。

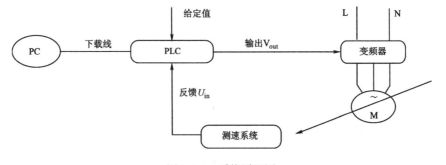

图 3-7-4　系统原理图

（四）接线图

图 3-7-5 为接线图。

任务七 PLC 的 PID 控制及应用

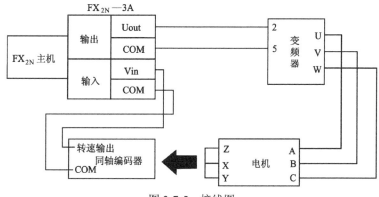

图 3-7-5 接线图

（五）实训步骤

（1）按表 3-7-7 对变频器进行参数设置。

表 3-7-7 变频器参数

Pr.30	Pr.73	Pr.79	n10
1	1	4	0

（2）按接线列表正确将导线连接完毕后，将程序下载至 PLC 主机，将"RUN/STOP"开关拨到"RUN"。

（3）先设定给定值。单击标准工具条上的"软元件测试"快捷项（或选择"在线"菜单下"调试"项中的"软元件测试"项），进入"软元件测试"对话框。在"字软元件/缓冲存储区"栏中的"软元件"项中输入 D0，设置 D0 的值，确定电机的转速。输入设定值 N, N 为十进制数，如 $N=1000$，则电机的转速目标值就为 1000r/min。

（4）按变频器面板上的"RUN"键，启动电机转动。电机转动平稳后，记录给定目标转速、电机实际转速和它们之间的偏差，再改变给定值，观察电机转速的变化并记录数据。（注意：由于闭环调节本身的特性，所以电机要过一段时间才能达到目标值）

请观察并记录数据填入表 3-7-8 中。

表 3-7-8 变频器调速数据记录表

给定目标转速（r/min）	电机实际转速（r/min）	变频器输出频率（Hz）	最大振荡偏差

（5）按变频器面板上的"STOP/RESET"键，使电机停止转动。

（六）梯形图参考程序

梯形图参考程序如图 3-7-6 所示。

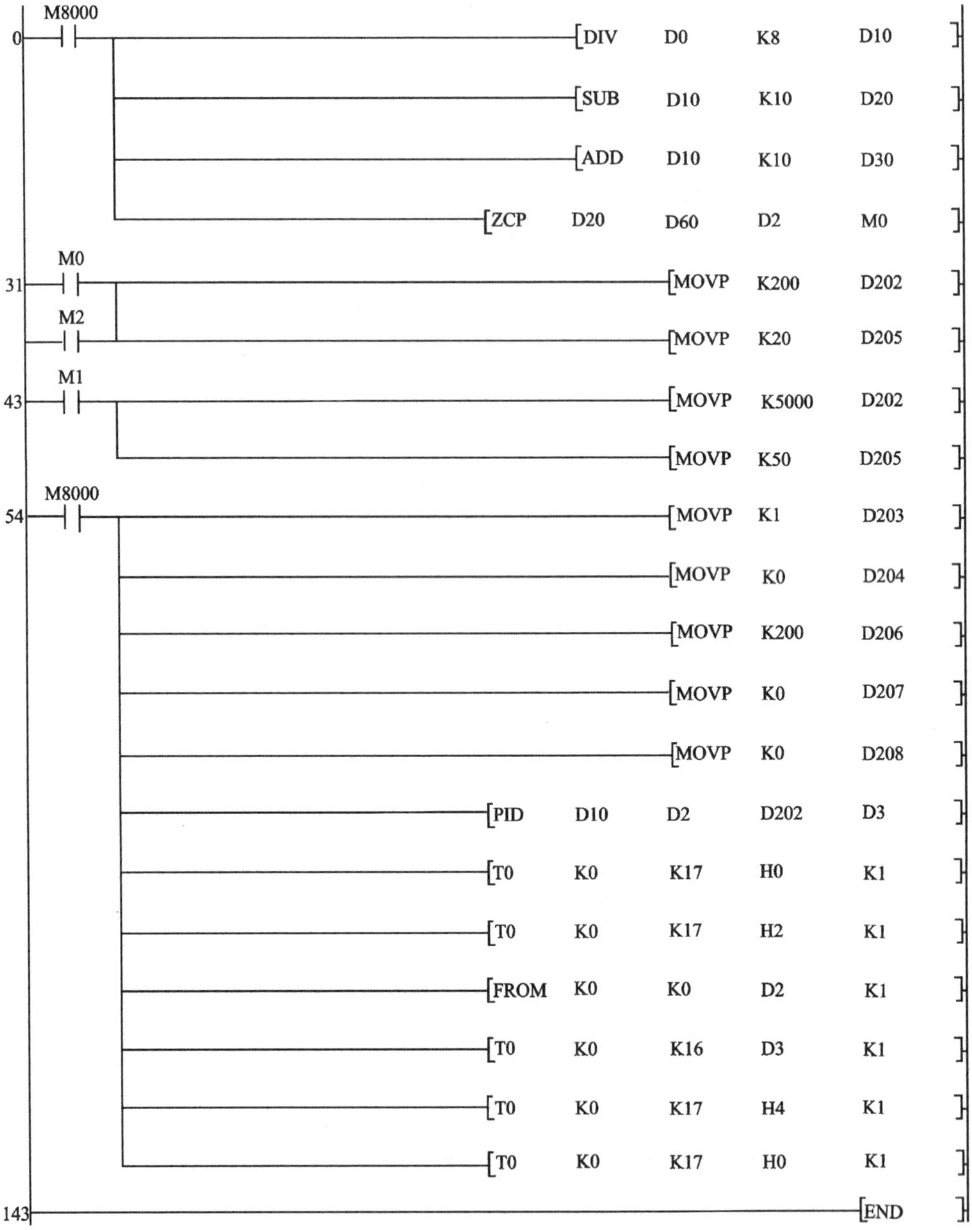

```
  M8000
0 ─┤├──┬──────────────────────────[DIV   D0    K8    D10 ]
       │
       ├──────────────────────────[SUB   D10   K10   D20 ]
       │
       ├──────────────────────────[ADD   D10   K10   D30 ]
       │
       └──────────────────────[ZCP   D20   D60   D2    M0 ]

   M0
31 ─┤├─────────────────────────────[MOVP  K200  D202]
   M2
   ─┤├─────────────────────────────[MOVP  K20   D205]

   M1
43 ─┤├──┬──────────────────────────[MOVP  K5000 D202]
       │
       └──────────────────────────[MOVP  K50   D205]

   M8000
54 ─┤├──┬──────────────────────────[MOVP  K1    D203]
       │
       ├──────────────────────────[MOVP  K0    D204]
       │
       ├──────────────────────────[MOVP  K200  D206]
       │
       ├──────────────────────────[MOVP  K0    D207]
       │
       ├──────────────────────────[MOVP  K0    D208]
       │
       ├────────────────────[PID   D10   D2    D202  D3 ]
       │
       ├───────────────[TO    K0    K17   H0    K1 ]
       │
       ├───────────────[TO    K0    K17   H2    K1 ]
       │
       ├───────────────[FROM  K0    K0    D2    K1 ]
       │
       ├───────────────[TO    K0    K16   D3    K1 ]
       │
       ├───────────────[TO    K0    K17   H4    K1 ]
       │
       └───────────────[TO    K0    K17   H0    K1 ]

143─────────────────────────────────────────────[END]
```

图 3-7-6　梯形图参考程序

实训 20　PLC 的 PID 控制的恒压供水系统

（一）实训任务

用 PLC、变频器设计一个基于 PLC 的 PID 控制的恒压供水系统，并在实训室的恒压供水装置上完成模拟调试。

1．实训要求

（1）系统按设计要求只有一台水泵，并且采用 PLC 的 PID 指令进行变频恒压供水。
（2）系统要求管网的压力为 3kg，并采用压力传感器采集压力信号（4～20mA）。
（3）系统要求设 4kg 上限报警和 2kg 下限报警，报警 5s 后，系统自动停止运行。
（4）系统运行参数请根据需要设置。

2．实训目的

（1）掌握 A/D（D/A）模块程序编写及偏移，增益的调节操作。
（2）掌握 PLC 的 PID 控制的参数设置和程序设计。
（3）学会利用 PLC 的 PID 控制解决实际工程的问题。

（二）实训步骤

1．设计思路

利用 PLC 内置 PID 功能实现恒压供水，主要内容是设置 PLC 的 PID 参数，而 PID 参数的设置可以采用自动调谐来实现；模拟量的输入/输出可以采用 FX_{0N}—3A 模块来完成。

2．变频器参数设置

根据控制要求，变频器设定参数如下：
（1）PU 操作模式 Pr.79=1，清除所有参数。
（2）PU 操作模式 Pr.79=1。
（3）上限频率 Pr.1=50Hz。
（4）下限频率 Pr.2=20Hz。
（5）加速时间 Pr.7=3s。
（6）减速时间 Pr.8=3s。
（7）电子过电流保护 Pr.9=电动机的额定电流。
（8）运行模式 Pr.79=2，设置为外部运行。

3．I/O 分配

根据系统的控制要求、设计思路和变频器的设定参数，PLC 的 I/O 分配如下：X0——自动调谐选择开关，X1——正常 PID 调节选择开关；Y0——变频器的 STF，Y1——超下限报警，Y2——压力在规定范围内，Y3——超上限报警，Y4——错误报警。

4．程序设计

根据控制要求及 PLC 的输入/输出分配，其系统的控制程序，如图 3-7-7 所示。

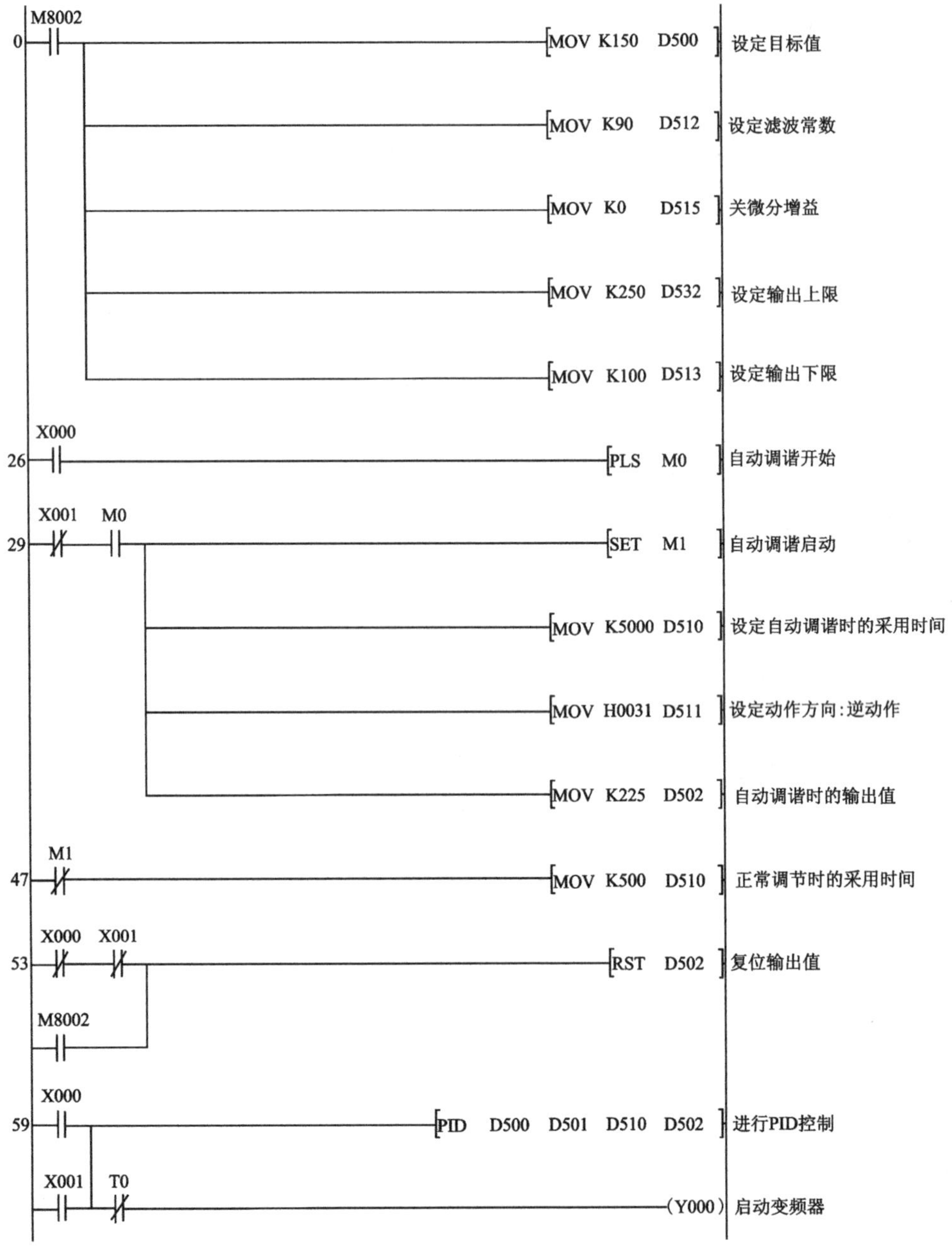

电机调速技术与技能训练

```
     M8002
0 ───┤├─────────────────────────────────────[ MOV  K150   D500 ]  设定目标值
                                            [ MOV  K90    D512 ]  设定滤波常数
                                            [ MOV  K0     D515 ]  关微分增益
                                            [ MOV  K250   D532 ]  设定输出上限
                                            [ MOV  K100   D513 ]  设定输出下限

     X000
26 ──┤├──────────────────────────────────────────────[ PLS  M0 ]   自动调谐开始

     X001   M0
29 ──┤/├───┤├────────────────────────────────────────[ SET  M1 ]   自动调谐启动
                                            [ MOV  K5000  D510 ]  设定自动调谐时的采用时间
                                            [ MOV  H0031  D511 ]  设定动作方向:逆动作
                                            [ MOV  K225   D502 ]  自动调谐时的输出值

     M1
47 ──┤/├────────────────────────────────────[ MOV  K500   D510 ]  正常调节时的采用时间

     X000  X001
53 ──┤/├──┤/├────────────────────────────────────────[ RST  D502 ] 复位输出值
     M8002
     ─┤├─

     X000
59 ──┤├─────────────────────────────[ PID  D500  D501  D510  D502 ]  进行PID控制
     X001  T0
     ─┤├──┤/├──────────────────────────────────────────( Y000 )      启动变频器
```

图 3-7-7 PLC 的 PID 控制程序

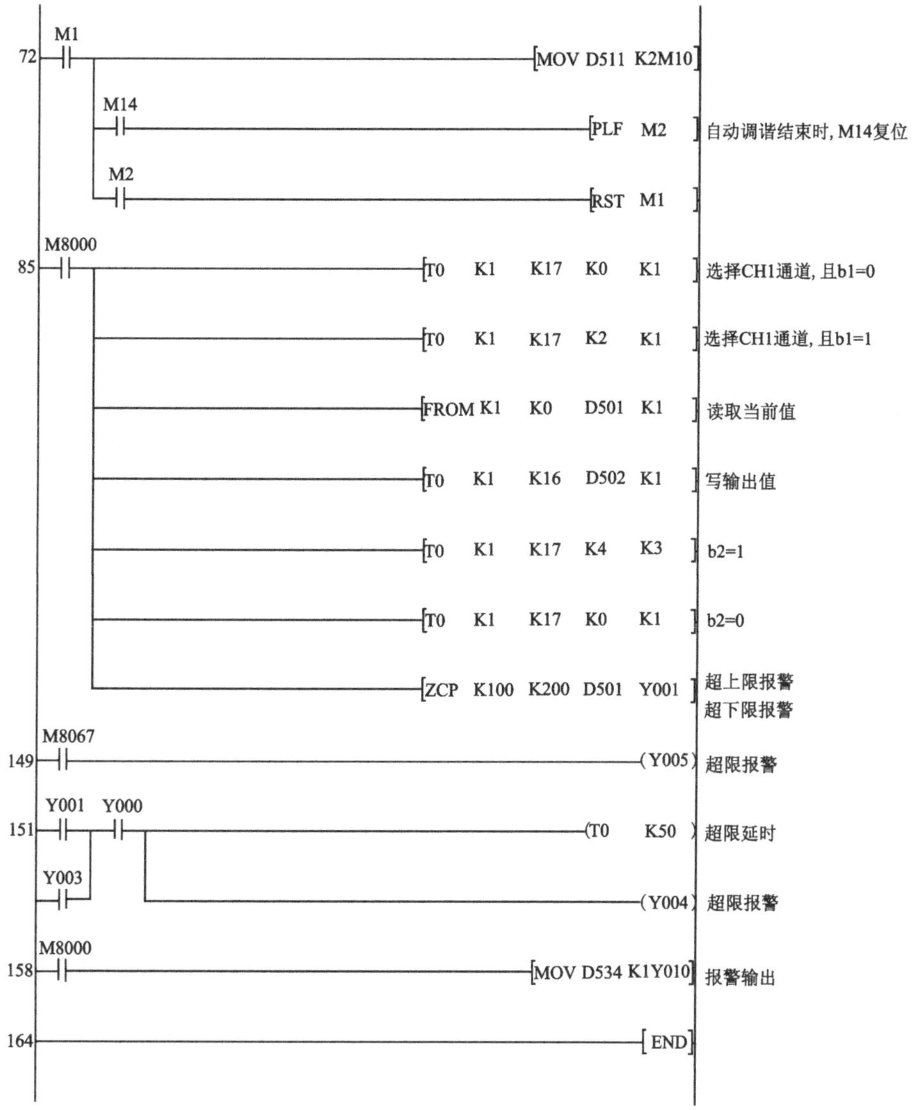

任务七 PLC 的 PID 控制及应用

```
       M1
72    ─┤├─────────────────────────────[MOV D511 K2M10]
       M14
       ─┤├─────────────────────────────────[PLF  M2]     自动调谐结束时,M14复位
       M2
       ─┤├─────────────────────────────────[RST  M1]
       M8000
85    ─┤├──────────────────[TO   K1   K17   K0   K1]    选择CH1通道,且b1=0
        │
        ├───────────────────[TO   K1   K17   K2   K1]    选择CH1通道,且b1=1
        │
        ├───────────────────[FROM K1   K0   D501  K1]    读取当前值
        │
        ├───────────────────[TO   K1   K16   D502  K1]   写输出值
        │
        ├───────────────────[TO   K1   K17   K4   K3]    b2=1
        │
        ├───────────────────[TO   K1   K17   K0   K1]    b2=0
        │
        └───────────────[ZCP  K100  K200  D501  Y001]    超上限报警
                                                         超下限报警
       M8067
149   ─┤├─────────────────────────────────(Y005)        超限报警
       Y001 Y000
151   ─┤├──┤├──┬─────────────────────────(T0  K50)      超限延时
       Y003    │
       ─┤├─────┘
               └──────────────────────────(Y004)        超限报警
       M8000
158   ─┤├─────────────────────────────[MOV D534 K1Y010]  报警输出
164                                                [END]
```

图 3-7-7 PLC 的 PID 控制程序(续)

注:在实际调试时,因控制对象存在差别,PID 参数可以有较大幅度的变动。

5. 系统接线图

根据控制要求、PLC 的 I/O 分配及控制程序,其系统接线图如图 3-7-8 所示(报警信号未画出)。

6. 实训器材

根据编程系统控制要求,PLC 的 I/O 分配及系统接线图,完成本实训需要配备如下器材:
(1)可编程控制器实训装置 1 台。
(2)变频器模块 1 个。
(3)PLC 主机模块 1 个。

（4）恒压供水实训装置1台。

（5）计算机1台。

（6）三相电动机1台。

（7）电工常用工具1套。

（8）导线若干。

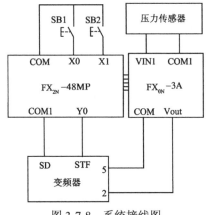

图 3-7-8　系统接线图

7．系统调试

（1）编写好 FX_{0N}—3A 偏移/增益调整程序，连接好 FX_{0N}—3A 输入/输出电路，通过 OFFSETT 和 GAIN 旋钮调整好偏移/增益分别为 0V 和 5V。

（2）按图 3-7-8 所示接线图接好线路，按图 3-7-7 编写好 PLC 程序，并传送到 PLC。

（3）设置好变频器参数。

（4）首先使自动调谐开始时的偏差大于 150°，然后选择自动调谐选择开关 X0，Y0 有输出，变频器运行，如变频器不运行，则检查 Y0 输出是否有问题，或模拟输出是否正确，可用万用表测试输出电压是否正确，或查看 PID 运行的出错码。

（5）当 M0 线圈失电时，表示自动调谐结束，此时合上 X1、断开 X0 进行正常 PID 控制，观察 PID 运行是否正常，如出现振荡，则可以停止运行，重新进行自动调谐，直到运行稳定。

（6）通过编程软件，查看 PID 运行参数，改变 PID 参数，观察运行情况的变化，理解 PID 控制中每个参数的含义。

（三）实训报告

1．分析与总结

（1）通过编程软件，查看 PID 运行参数，写出最佳参数。

（2）总结系统调试的步骤和方法。

（3）总结 FX_{0N}—3A 偏移/增益调整的过程和方法。

2．巩固与提高

（1）与实训 18 进行比较，分析其异同和优劣。

（2）若要求管网压力设为 4kg，则系统程序如何设计？

附录A 可控整流电路的调试步骤和方法

调试的重要性：晶闸管整流电路的调试是整流电路投入运行前的一项重要工作，调试质量在很大程度上决定了整流电路在生产中运行能否安全可靠，其性能技术指标能否达到预定要求。

A.1 晶闸管整流电路的主要调试步骤

晶闸管整流电路组成：一般由主电路、控制电路、触发电路、保护及显示电路等部分组成。

整机调试原则：断电前先对整机做全面检查和整机检查；通电后先由单元电路调试再到整机调试；先由静态调试再到动态调试；先由轻载调试再到满载调试。

1. 调试前的整机检查

在整机通电前，应根据整流电路的电路图和安装图对整机线路及有关元器件的安装、连接做全面检查。

1) 主电路的检查

一般从交流电源输入端开始，经熔断器、变压器、晶闸管到输出端。

（1）熔断器、电流互感器、变压器、过压过流等保护装置的规格型号是否符合要求，装接是否有误。

（2）主回路大电流导线的连接是否可靠。

（3）晶闸管及散热器安装是否牢靠。

（4）通过目测和用万用表等仪表检查电路中是否有短路、断路、脱焊、虚焊等现象。

（5）各相晶闸管门极引线与触发电路连线是否正确，有无短路。

2) 控制回路和触发电路检查

检查触发电路印制板各元件焊接情况，有无虚焊、脱焊或短路现象。检查控制开关、接插件等装插有无错误，接触是否良好，各线路是否牢靠。

2. 轻载静态调试

整机电路检查无误后，可进行整机通电调试。

1）控制单元通电检查

将触发电路到主电路的接插件断开,给控制单元通电。

（1）有无冒烟现象,各元件是否发热。

（2）如正常,用万用表测量供电直流电压是否符合技术要求。

（3）如电源正常,用示波器观察锯齿波波形是否存在,调节电位器,观察锯齿波波形是否变化。

（4）调整控制电压 U_c 的电位器,观察触发脉冲是否存在,波形是否符合要求,脉冲变压器次级是否有正向脉冲输出。

2）主电路轻载检查

待触发电路一切正常后,接通主电路、控制及触发电路的接插件,负载端接入轻载（如灯泡）,用示波器观察输出电压波形:波头数目是否符合要求（如三相全控桥应有六个电压波头）;电压波形是否随控制电压 U_c 的变化而变化。若电压波形能跟随控制电压 U_c 的变化而变化,则可进入动态调试,若改变 U_c 时输出电压波形不变,即出现失控现象,须检查以下内容:

（1）触发脉冲是否存在。

（2）触发顺序是否有误。

（3）若"（1）、（2）"都无问题,则应检查同步变压器接线,解决三相可控整流电路的相序问题。

（4）若晶闸管阳极有正电压,触发脉冲也存在等一切正常,则可能晶闸管已损坏或触发电流过小。

3. 动态调试

动态调试基本要求:输出电压应满足技术要求;三相输出应平衡,反馈环节应能正常工作;过流等保护环节应发挥作用。

（1）在较大负载条件下,调整锯齿波形成电路中的微调电位器,使三相输出电压波头基本一致,避免个别的晶闸管因过载而烧毁。

（2）使输出电流为额定值的 1.1 或 1.2 倍（可根据要求确定）,调整过流保护单元,使其动作。

（3）调整控制电压 U_c,使直流输出电压表显示值能在满刻度范围内变化,即当 $U_c=0$ 时,表针指示在下限值,当 $U_c=U_{cm}$ 时（控制电压调整电位器旋转到底）,表针指示在输出的上限值。

4. 整机调试的注意事项

晶闸管整流电路的调试是一项十分细致的工作,应在熟悉电路原理,清楚各连线的来龙去脉,做好充分准备的情况下才能进行。在调试过程中,一旦发现异常现象,应立即停机,查明故障,故障排除后才能继续进行调试。禁止在带电的情况下,拆装印制电路板,严禁在故障未排除时,继续通电运行,否则造成故障扩大,损坏元器件。

A.2 调试的主要方法和常见问题

1. 晶闸管阳极电压相序的调试

相序是否正确是整流电路能否正常工作的前提。在整流设备安装、调试、电力线路维修等方面经常会遇到相序不正确的问题,造成整流电路不能正常工作,因此都必须及时调整。

调整相序时,先断开触发电路电源,主回路输出端开路,用同步示波器或相序测定器,检查各晶闸管阳极电压的相序是否与编号相符。若发现相序不符,可调换电源进线的接头,使相序符合要求,并标上标记。

2. 触发电路的调试

1) 逐相逐级检查触发电路的波形

在触发电路电源正常情况下,按照同步、移相、脉冲形成、功放等环节的顺序,用示波器观察各点波形是否正常,有无输出脉冲。改变触发电路的控制电压,使触发脉冲移相并用示波器观察触发脉冲移相情况。

2) 确定触发脉冲的相序

确定触发脉冲的相序就是根据晶闸管整流电路的要求,使各触发脉冲按一定的顺序,依次加到各相晶闸管的门极来触发晶闸管。检查时可用双踪示波器观察各相晶闸管门极触发脉冲是否按要求超前或滞后相应的角度。例如,在三相全控桥整流电路中,要求加到晶闸管 VT_1 门极上的触发脉冲应比加到 VT_2 门极上的触发脉冲超前 $60°$,而加到 VT_2 门极上的触发脉冲又应比加到 VT_3 门极上的触发脉冲超前 $60°$。若相序不对,可调换触发电路同步变压器电源接头。

3. 定相

1) 概念

触发电路的定相——触发电路应保证每个晶闸管触发脉冲与施加于晶闸管的交流电压保持固定、正确的相位关系。

2) 措施

同步变压器原边接入为主电路供电的电网,以保证频率一致。触发电路定相的关键是确定同步信号与晶闸管阳极电压的关系。

(1) 初相角的调整。

在晶闸管整流电路中,当控制电压 $U_c=0$ 时,要求整流电路无输出电压。可通过调整直流偏移电压 U_b,使触发脉冲移到某一相位,使输出电压为零,这时触发脉冲的相位角称为初相角。根据不同整流系统要求调整触发电路的初相角 α_0。不同的整流系统,触发电路的初相角是不同的,一般要求 $\alpha_0 \geqslant 90°$。

(2) 触发脉冲与晶闸管阳极相位检查。

将触发装置的输出端与晶闸管门极接通,然后在晶闸管主回路上加三相电压,在晶闸管输出的负载上接上轻载,再用示波器和电压表判断触发脉冲的相位与晶闸管阳极电压的相位是否相符。平稳调节控制电压时,整流电压能连续在零与最大值之间变化,无间断和跳跃现象,示波器上的波形的导通角从零逐渐增加,波形向全导通方向逐渐上升,则说明触发脉冲相位与阳极电压相位相符。

若调节控制电压时,整流电压虽然连续变化,却不能调到最大值或零,说明触发脉冲相位与晶闸管阳极电压相位不符,但相差不大。例如,触发脉冲相位超前于阳极电压相位,整流输出电压就调整不到零,若触发脉冲相位滞后时,整流输出电压便调不到最到值。此时只要顺序调换加到晶闸管门极上的触发脉冲。例如,把原来接在 VT_2 的触发脉冲改接到 VT_1 上,把原来接在 VT_3 上的触发脉冲改接到 VT_2 上,按此顺序逐个倒换,也可按相反的顺序倒换。但必须三相依次换,以保证相序不变。

若随着控制电压的变化,整流电压虽可调到零或最大值,却是跳跃性变化的,则说明两者相位与要求不符,且相差较大。此时则可倒换触发电路的同步变压器的电源接头。例如,把 U_c 相的电源进线改接到 U_a 相,把 U_a 相改接到 U_b 相,把 U_b 相改接到 U_c 相,也可按相反顺序改接,但三相必须顺序改接,不能使相序混乱。改接后重复上述试验,直到正常为止。

4. 三相不平衡的调整

1)三相不平衡的危害

主回路三相不平衡,如果是轻微不平衡会造成整流装置的噪声增大,严重的不平衡或缺相会使整流装置输出电压过低,产生机械振动,甚至损坏主回路整流元件,导致装置无法工作。所以,不允许整流装置在三相严重不平衡的情况下运行,必须及时调整,确保三相平衡。

2)三相平衡的检查方法

(1)从主回路整流元件的温度判别:若各晶闸管的冷热程度相差悬殊,说明三相不平衡。温度较低说明晶闸管中流过的电流小,如果某相晶闸管温度与室温一样,则说明该相没有工作,处于缺相状态。

(2)用直流电流表检查:把每个晶闸管的阴极接线断开,串入直流电流表,测量三相输出电流,若三相输出电流基本相等,则三相基本平衡。

(3)用示波器检查:用示波器能方便直观地观察整流输出波形变化情况,当调整控制电压电位器时,整流装置的输出电压波形的幅度、宽度也相应逐渐增大或减小,若三相波形变化情况一样表示三相平衡。

3)三相不平衡的主要原因及解决方法

造成三相不平衡的主要原因是三相晶闸管门极上的三组触发脉冲没有在相应时刻加入,从而造成各相晶闸管的导通角不同。若某相施加触发脉冲的时间过早,会造成该相晶闸管导通角过大;若施加触发脉冲的时间过迟,则该相的晶闸管导通角过小,使三相输出波形不同。所以解决三相不平衡的方法是,应细心调整各相触发电路输出脉冲的对称度,即在同一控制电压下,使各相触发脉冲移相角一致,各相触发脉冲间隔均匀,即可使三相平衡。有时在某一输出电压时,三相波形很对称,而在另一电压情况下却不对称,所以必须在不同输出电压下反复调整,直到输出电压波形在整个调压范围内都比较对称。由于三相交流电压不对称也会引起三相输出不平衡,因此要注意主回路中的三相交流电压是否对称。

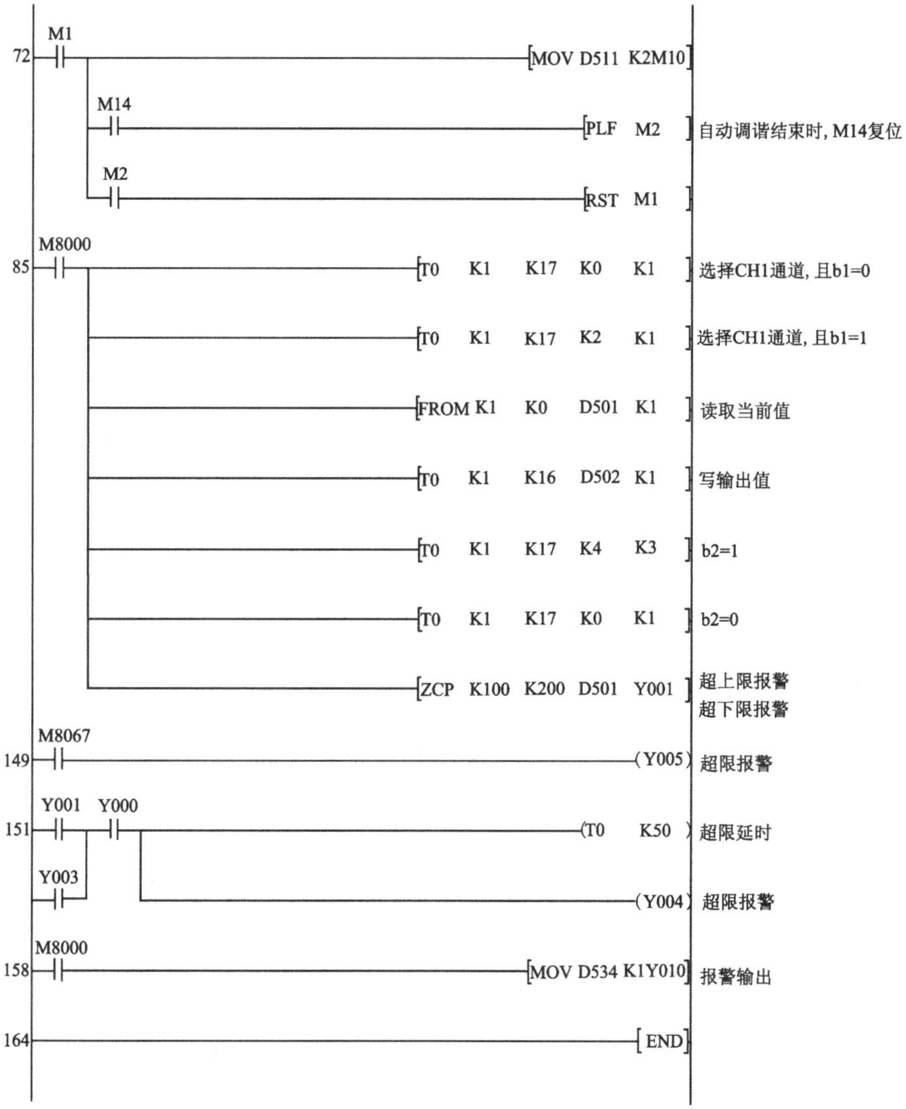

任务七　PLC 的 PID 控制及应用

```
       M1
72    ─┤├─────────────────────────[MOV  D511  K2M10]
       M14
      ─┤├─────────────────────────[PLF   M2  ]  自动调谐结束时，M14复位
       M2
      ─┤├─────────────────────────[RST   M1  ]
       M8000
85    ─┤├───────────────[TO   K1   K17   K0   K1 ]  选择CH1通道，且b1=0
         │
         ├───────────────[TO   K1   K17   K2   K1 ]  选择CH1通道，且b1=1
         │
         ├───────────────[FROM K1   K0   D501  K1 ]  读取当前值
         │
         ├───────────────[TO   K1   K16   D502  K1 ]  写输出值
         │
         ├───────────────[TO   K1   K17   K4   K3 ]  b2=1
         │
         ├───────────────[TO   K1   K17   K0   K1 ]  b2=0
         │
         └───────────────[ZCP  K100  K200  D501  Y001 ]  超上限报警
                                                         超下限报警
       M8067
149   ─┤├─────────────────────────────────────( Y005 )  超限报警
       Y001  Y000
151   ─┤├────┤├──────────────────────────( T0   K50 )  超限延时
       Y003 │
      ─┤├───┘                    ─────────( Y004 )  超限报警
       M8000
158   ─┤├─────────────────────────[MOV  D534  K1Y010]  报警输出
164                                              [END]
```

图 3-7-7　PLC 的 PID 控制程序（续）

注：在实际调试时，因控制对象存在差别，PID 参数可以有较大幅度的变动。

5. 系统接线图

根据控制要求、PLC 的 I/O 分配及控制程序，其系统接线图如图 3-7-8 所示（报警信号未画出）。

6. 实训器材

根据编程系统控制要求，PLC 的 I/O 分配及系统接线图，完成本实训需要配备如下器材：
（1）可编程控制器实训装置 1 台。
（2）变频器模块 1 个。
（3）PLC 主机模块 1 个。

（4）恒压供水实训装置 1 台。

（5）计算机 1 台。

（6）三相电动机 1 台。

（7）电工常用工具 1 套。

（8）导线若干。

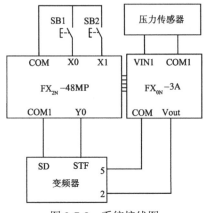

图 3-7-8 系统接线图

7．系统调试

（1）编写好 FX_{0N}—3A 偏移/增益调整程序，连接好 FX_{0N}—3A 输入/输出电路，通过 OFFSETT 和 GAIN 旋钮调整好偏移/增益分别为 0V 和 5V。

（2）按图 3-7-8 所示接线图接好线路，按图 3-7-7 编写好 PLC 程序，并传送到 PLC。

（3）设置好变频器参数。

（4）首先使自动调谐开始时的偏差大于 150°，然后选择自动调谐选择开关 X0，Y0 有输出，变频器运行，如变频器不运行，则检查 Y0 输出是否有问题，或模拟输出是否正确，可用万用表测试输出电压是否正确，或查看 PID 运行的出错码。

（5）当 M0 线圈失电时，表示自动调谐结束，此时合上 X1、断开 X0 进行正常 PID 控制，观察 PID 运行是否正常，如出现振荡，则可以停止运行，重新进行自动调谐，直到运行稳定。

（6）通过编程软件，查看 PID 运行参数，改变 PID 参数，观察运行情况的变化，理解 PID 控制中每个参数的含义。

（三）实训报告

1．分析与总结

（1）通过编程软件，查看 PID 运行参数，写出最佳参数。

（2）总结系统调试的步骤和方法。

（3）总结 FX_{0N}—3A 偏移/增益调整的过程和方法。

2．巩固与提高

（1）与实训 18 进行比较，分析其异同和优劣。

（2）若要求管网压力设为 4kg，则系统程序如何设计？

附录A 可控整流电路的调试步骤和方法

调试的重要性：晶闸管整流电路的调试是整流电路投入运行前的一项重要工作，调试质量在很大程度上决定了整流电路在生产中运行能否安全可靠，其性能技术指标能否达到预定要求。

A.1 晶闸管整流电路的主要调试步骤

晶闸管整流电路组成：一般由主电路、控制电路、触发电路、保护及显示电路等部分组成。

整机调试原则：断电前先对整机做全面检查和整机检查；通电后先由单元电路调试再到整机调试；先由静态调试再到动态调试；先由轻载调试再到满载调试。

1. 调试前的整机检查

在整机通电前，应根据整流电路的电路图和安装图对整机线路及有关元器件的安装、连接做全面检查。

1）主电路的检查

一般从交流电源输入端开始，经熔断器、变压器、晶闸管到输出端。

（1）熔断器、电流互感器、变压器、过压过流等保护装置的规格型号是否符合要求，装接是否有误。

（2）主回路大电流导线的连接是否可靠。

（3）晶闸管及散热器安装是否牢靠。

（4）通过目测和用万用表等仪表检查电路中是否有短路、断路、脱焊、虚焊等现象。

（5）各相晶闸管门极引线与触发电路连线是否正确，有无短路。

2）控制回路和触发电路检查

检查触发电路印制板各元件焊接情况，有无虚焊、脱焊或短路现象。检查控制开关、接插件等装插有无错误，接触是否良好，各线路是否牢靠。

2. 轻载静态调试

整机电路检查无误后，可进行整机通电调试。

1) 控制单元通电检查

将触发电路到主电路的接插件断开,给控制单元通电。

(1) 有无冒烟现象,各元件是否发热。

(2) 如正常,用万用表测量供电直流电压是否符合技术要求。

(3) 如电源正常,用示波器观察锯齿波波形是否存在,调节电位器,观察锯齿波波形是否变化。

(4) 调整控制电压 U_c 的电位器,观察触发脉冲是否存在,波形是否符合要求,脉冲变压器次级是否有正向脉冲输出。

2) 主电路轻载检查

待触发电路一切正常后,接通主电路、控制及触发电路的接插件,负载端接入轻载(如灯泡),用示波器观察输出电压波形:波头数目是否符合要求(如三相全控桥应有六个电压波头);电压波形是否随控制电压 U_c 的变化而变化。若电压波形能跟随控制电压 U_c 的变化而变化,则可进入动态调试,若改变 U_c 时输出电压波形不变,即出现失控现象,须检查以下内容:

(1) 触发脉冲是否存在。

(2) 触发顺序是否有误。

(3) 若"(1)、(2)"都无问题,则应检查同步变压器接线,解决三相可控整流电路的相序问题。

(4) 若晶闸管阳极有正电压,触发脉冲也存在等一切正常,则可能晶闸管已损坏或触发电流过小。

3. 动态调试

动态调试基本要求:输出电压应满足技术要求;三相输出应平衡,反馈环节应能正常工作;过流等保护环节应发挥作用。

(1) 在较大负载条件下,调整锯齿波形成电路中的微调电位器,使三相输出电压波头基本一致,避免个别的晶闸管因过载而烧毁。

(2) 使输出电流为额定值的 1.1 或 1.2 倍(可根据要求确定),调整过流保护单元,使其动作。

(3) 调整控制电压 U_c,使直流输出电压表显示值能在满刻度范围内变化,即当 $U_c=0$ 时,表针指示在下限值,当 $U_c=U_{cm}$ 时(控制电压调整电位器旋转到底),表针指示在输出的上限值。

4. 整机调试的注意事项

晶闸管整流电路的调试是一项十分细致的工作,应在熟悉电路原理,清楚各连线的来龙去脉,做好充分准备的情况下才能进行。在调试过程中,一旦发现异常现象,应立即停机,查明故障,故障排除后才能继续进行调试。禁止在带电的情况下,拆装印制电路板,严禁在故障未排除时,继续通电运行,否则造成故障扩大,损坏元器件。

A.2 调试的主要方法和常见问题

1. 晶闸管阳极电压相序的调试

相序是否正确是整流电路能否正常工作的前提。在整流设备安装、调试、电力线路维修等方面经常会遇到相序不正确的问题,造成整流电路不能正常工作,因此都必须及时调整。

调整相序时,先断开触发电路电源,主回路输出端开路,用同步示波器或相序测定器,检查各晶闸管阳极电压的相序是否与编号相符。若发现相序不符,可调换电源进线的接头,使相序符合要求,并标上标记。

2. 触发电路的调试

1) 逐相逐级检查触发电路的波形

在触发电路电源正常情况下,按照同步、移相、脉冲形成、功放等环节的顺序,用示波器观察各点波形是否正常,有无输出脉冲。改变触发电路的控制电压,使触发脉冲移相并用示波器观察触发脉冲移相情况。

2) 确定触发脉冲的相序

确定触发脉冲的相序就是根据晶闸管整流电路的要求,使各触发脉冲按一定的顺序,依次加到各相晶闸管的门极来触发晶闸管。检查时可用双踪示波器观察各相晶闸管门极触发脉冲是否按要求超前或滞后相应的角度。例如,在三相全控桥整流电路中,要求加到晶闸管 VT_1 门极上的触发脉冲应比加到 VT_2 门极上的触发脉冲超前 60°,而加到 VT_2 门极上的触发脉冲又应比加到 VT_3 门极上的触发脉冲超前 60°。若相序不对,可调换触发电路同步变压器电源接头。

3. 定相

1) 概念

触发电路的定相——触发电路应保证每个晶闸管触发脉冲与施加于晶闸管的交流电压保持固定、正确的相位关系。

2) 措施

同步变压器原边接入为主电路供电的电网,以保证频率一致。触发电路定相的关键是确定同步信号与晶闸管阳极电压的关系。

(1) 初相角的调整。

在晶闸管整流电路中,当控制电压 $U_c=0$ 时,要求整流电路无输出电压。可通过调整直流偏移电压 U_b,使触发脉冲移到某一相位,使输出电压为零,这时触发脉冲的相位角称为初相角。根据不同整流系统要求调整触发电路的初相角 α_0。不同的整流系统,触发电路的初相角是不同的,一般要求 $\alpha_0 \geqslant 90°$。

(2) 触发脉冲与晶闸管阳极相位检查。

将触发装置的输出端与晶闸管门极接通,然后在晶闸管主回路上加三相电压,在晶闸管输出的负载上接上轻载,再用示波器和电压表判断触发脉冲的相位与晶闸管阳极电压的相位是否相符。平稳调节控制电压时，整流电压能连续在零与最大值之间变化，无间断和跳跃现象，示波器上的波形的导通角从零逐渐增加，波形向全导通方向逐渐上升，则说明触发脉冲相位与阳极电压相位相符。

若调节控制电压时，整流电压虽然连续变化，却不能调到最大值或零，说明触发脉冲相位与晶闸管阳极电压相位不符，但相差不大。例如，触发脉冲相位超前于阳极电压相位，整流输出电压就调整不到零，若触发脉冲相位滞后时，整流输出电压便调不到最到值。此时只要顺序调换加到晶闸管门极上的触发脉冲。例如，把原来接在 VT_2 的触发脉冲改接到 VT_1 上，把原来接在 VT_3 上的触发脉冲改接到 VT_2 上，按此顺序逐个倒换，也可按相反的顺序倒换。但必须三相依次换，以保证相序不变。

若随着控制电压的变化，整流电压虽可调到零或最大值，却是跳跃性变化的，则说明两者相位与要求不符，且相差较大。此时则可倒换触发电路的同步变压器的电源接头。例如，把 U_c 相的电源进线改接到 U_a 相，把 U_a 相改接到 U_b 相，把 U_b 相改接到 U_c 相，也可按相反顺序改接，但三相必须顺序改接，不能使相序混乱。改接后重复上述试验，直到正常为止。

4．三相不平衡的调整

1）三相不平衡的危害

主回路三相不平衡，如果是轻微不平衡会造成整流装置的噪声增大，严重的不平衡或缺相会使整流装置输出电压过低，产生机械振动，甚至损坏主回路整流元件，导致装置无法工作。所以，不允许整流装置在三相严重不平衡的情况下运行，必须及时调整，确保三相平衡。

2）三相平衡的检查方法

（1）从主回路整流元件的温度判别：若各晶闸管的冷热程度相差悬殊，说明三相不平衡。温度较低说明晶闸管中流过的电流小，如果某相晶闸管温度与室温一样，则说明该相没有工作，处于缺相状态。

（2）用直流电流表检查：把每个晶闸管的阴极接线断开，串入直流电流表，测量三相输出电流，若三相输出电流基本相等，则三相基本平衡。

（3）用示波器检查：用示波器能方便直观地观察整流输出波形变化情况，当调整控制电压电位器时，整流装置的输出电压波形的幅度、宽度也相应逐渐增大或减小，若三相波形变化情况一样表示三相平衡。

3）三相不平衡的主要原因及解决方法

造成三相不平衡的主要原因是三相晶闸管门极上的三组触发脉冲没有在相应时刻加入，从而造成各相晶闸管的导通角不同。若某相施加触发脉冲的时间过早，会造成该相晶闸管导通角过大；若施加触发脉冲的时间过迟，则该相的晶闸管导通角过小，使三相输出波形不同。所以解决三相不平衡的方法是，应细心调整各相触发电路输出脉冲的对称度，即在同一控制电压下，使各相触发脉冲移相角一致，各相触发脉冲间隔均匀，即可使三相平衡。有时在某一输出电压时，三相波形很对称，而在另一电压情况下却不对称，所以必须在不同输出电压下反复调整，直到输出电压波形在整个调压范围内都比较对称。由于三相交流电压不对称也会引起三相输出不平衡，因此要注意主回路中的三相交流电压是否对称。

4) 产生缺相的原因和解决方法

用示波器能方便地看出三相输出电压波形的缺相情况，可出现缺一相或二相的波形。造成缺相的原因是有一相或二相晶闸管没有工作，故障可能在主回路，也可能在触发回路。解决方法：用示波器进一步查明具体缺哪一相，哪一相的晶闸管没有导通。例如，三相交流电因熔断丝烧断、接触不良等原因没有加到晶闸管的阳极；因触发电路故障，晶闸管门极没有触发脉冲；触发脉冲功率过小；晶闸管阳极、阴极间击穿；晶闸管门极开路或门极与阴极之间短路；门极触发功率随环境温度变低而变大，使原有功率不能触发导通等，均可造成输出波形缺相。

应该注意的是，在分析清楚造成故障原因并采取了有效措施后，才能更换损坏的器件，否则可能会造成接入电路的新器件再次损坏。

反侵权盗版声明

电子工业出版社依法对本作品享有专有出版权。任何未经权利人书面许可，复制、销售或通过信息网络传播本作品的行为；歪曲、篡改、剽窃本作品的行为，均违反《中华人民共和国著作权法》，其行为人应承担相应的民事责任和行政责任，构成犯罪的，将被依法追究刑事责任。

为了维护市场秩序，保护权利人的合法权益，我社将依法查处和打击侵权盗版的单位和个人。欢迎社会各界人士积极举报侵权盗版行为，本社将奖励举报有功人员，并保证举报人的信息不被泄露。

举报电话：（010）88254396；（010）88258888
传　　真：（010）88254397
E-mail：　dbqq@phei.com.cn
通信地址：北京市万寿路173信箱
　　　　　电子工业出版社总编办公室
邮　　编：100036